安全科学与工程专业系列教材

雷电安全导论

李祥超　游志远　储　蕾　刘步鸿　主编

气象出版社
China Meteorological Press

内容简介

本书系统地介绍了雷电的产生、破坏作用、危害及其防护方法。本教材具有一定的理论深度，较宽的专业覆盖面，注重应用性，以提高学生的防雷装置试验理论与实践能力。

全书共分为 6 章，第 1 章讲述了雷电的基本特性；第 2 章讲述了雷电流的破坏作用；第 3 章讲述了雷电感应过电压；第 4 章讲述了雷电直击雷防护和感应雷防护；第 5 章介绍了一部分雷电防护的标准；第 6 章从电气设备和电气环境等方面介绍了雷电安全管理以及一些雷电安全法规。

本书可作为安全科学与工程类专业教材。

图书在版编目(CIP)数据

雷电安全导论/李祥超等主编. --北京：气象出版社，2020.12

ISBN 978-7-5029-7368-1

Ⅰ.①雷…　Ⅱ.①李…　Ⅲ.①防雷—教材　Ⅳ.①P427.32

中国版本图书馆 CIP 数据核字(2020)第 267127 号

Leidian Anquan Daolun

雷电安全导论

李祥超　游志远　储　蕾　刘步鸿　主编

出版发行：气象出版社

地　　址：北京市海淀区中关村南大街 46 号　　邮政编码：100081

电　　话：010-68407112(总编室)　010-68408042(发行部)

网　　址：http://www.qxcbs.com　　E-mail：qxcbs@cma.gov.cn

责任编辑：张锐锐　郝　汉　　终　　审：吴晓鹏

责任校对：张硕杰　　责任技编：赵相宁

封面设计：地大彩印设计中心

印　　刷：北京中石油彩色印刷有限责任公司

开　　本：720 mm×960 mm　1/16　　印　　张：15.75

字　　数：370 千字

版　　次：2020 年 12 月第 1 版　　印　　次：2020 年 12 月第 1 次印刷

定　　价：58.00 元

编 委 会

前　言

南京信息工程大学在国内率先开设雷电科学与技术专业，所有问题都是新的探索。由于该学科建设时间较短，经验还不足，许多问题需要我们共同探索和研究。

为满足普通全日制高等院校安全科学与工程专业教学基本建设的需要，组织编写了《雷电安全导论》，供安全科学与工程专业师生使用，以改善该类教材匮乏的局面。

本教材是根据安全科学与工程专业培养计划而撰写的，从而保证了与其他专业课内容的衔接，理论内容和实践内容的配套，体现了专业内容的系统性和完整性。本教材力求深入浅出，将基础知识点与实践能力点紧密结合，注重培养学生的理论分析能力和解决实际问题的能力。本教材适用于安全科学与工程专业教学。

随着电子设备的大规模普及和人们防雷意识的日益提高，国内外已将雷电安全防护列为重要的科研领域之一。本教材通过精选内容，以有限的篇幅取得比现有相关教材更大的覆盖面，在注重传统较为成熟的雷电安全防护基本内容的前提下，更充实了雷电安全防护方法的新思路，拓宽了知识面，并紧跟高新技术的发展，以适应雷电安全防护、应用的需要。

鉴于雷电安全涉及学科广泛，本教材在编写中力求突出对雷电产生原理的分析及防护设计方法，并针对雷电防护器件的选择与安装，给出各类防护器件的测试方法和技术参数。

本书在编写过程中得到江苏华云防雷检测有限公司和常州市防雷设施检测所有限公司等国内知名防雷企业的支持，在此表示感谢。限于编者水平，书中可能存在错误和不足之处，恳请读者批评指正。

李祥超

2020 年 7 月

目　录

绪　论

1. 电气安全

从古至今，人类一直在努力地认识和改造自然，并取得了辉煌的成就。但辉煌的光芒掩盖不了另一个事实，那就是与文明发展如影随形的人类对其自身及周围环境的危害。以近代工业革命为发端，伴随着科学技术的迅速发展，各种危害较之以往显著加剧，其涉及面之广已几乎涵盖每一个技术领域，程度之严重已足以威胁人类自身的生存，这已有悖于人类认识和改造自然的初衷。作为一个庞大的工程领域，电气工程的情况不可能例外。电气工程是现代社会的支撑性技术体系之一，它几乎无处不在、无所不需，因此其产生的危害涉及面广，程度严重且影响深刻。面对危害，防范的要求自然产生，由此形成电气安全问题的第一个现实背景。

除了人为地利用电磁能量以外，自然界本身也存在着各种电磁过程，如雷电、静电、宇宙电磁辐射等。这些自然现象也时刻影响着正常的人类活动。社会科学技术发展水平越高，这些自然界电磁过程可能造成的危害越大。如何应对这些危害，也是必须研究的课题，这构成了电气安全问题的另一个现实背景。

按照一般规律，一个学科在其发展初期，总是以研究事物的原理并利用所获得的成果来谋取利益为主要方向。而当与这个学科领域相关的工程技术高度发展并建立起庞大的工程体系之后，由于负面效应的显现，如何抑制其危害又会成为研究的重点之一。因此，研究电气安全问题符合技术发展的客观规律。

作为一种物理现象，“电”被人们利用的途径主要有两条。一条是作为能源，另一条是作为消息的载体。因此，电气安全问题是包括电力、通信、计算机、自动控制等在内的诸多技术领域所共同面临的问题，这使它具有了广泛性和基础性的特征；同时，电气安全又涉及材料选用、设备制造、设计施工、安装调试及运行维护等诸多环节，这又使它具有了系统性和综合性的特征；再者，电气安全问题通常发生在我们预期以外的电磁过程中，这表明它具有突发性和随机性的特征。综合以上特征可知，从问题本身的基础性，到研究问题所涉及的学科跨度及理论深度，电气安全问题具有丰富的学术内涵和广阔的应用范围，这表明电气安全问题具有坚实的学科背景。

2. 电气危害

电气危害是电气安全首先要研究的问题。按产生电气危害的源头分类，可将电气危害分为自然因素产生和人为因素产生两大类。自然因素有如雷电、静电等，人为因素主要是各种电气系统和设备产生诸如电击、电弧灼伤、电气火灾等危害。按电气危害发生的特征分类，可将电气危害划分为电气事故和电磁污染两大类。电气事故具有偶然性与突发性的特征，而电磁污染具有必然性和持续性的特征。

3. 电气危害源

(1)雷电与静电

雷电是一种大气放电现象，可使人、畜遭受电击和灼烧，使建筑物受到损坏，电力系统、通信系统、电子设备等遭到破坏，还可能引发火灾与爆炸。我国曾有因雷击引发大型油库特大火灾的案例，也有雷击引发火灾烧毁文物古建筑的记录。近年来因建筑物中电子设备大量增加，雷击损坏电子设备和系统的事件高频度发生。雷击产生危害的根本原因在于雷电所蕴含的巨大能量。因此，控制雷电能量的泄放，是预防雷电危害的关键。在有些场所，静电产生的危害也不能忽视。静电可以是有意生成的，但造成危害的静电多是生产过程或日常行为中自然产生的。静电危害主要在于静电产生的强场强和高电压，它是电气火灾的原因之一，对电子设备的危害也很大。

(2)供配电系统

供配电系统产生的电气危害有两个方面，一方面是系统对自身的危害，如短路高温损坏线路、过电压破坏绝缘等；另一方面是系统对用电设备、环境和人员的危害，如电击、电气火灾、电压异常升高造成的用电设备损坏等，其中尤以电击和电气火灾危害最为严重。

电击是最严重的电气危害之一，它可直接导致人员死亡、伤残，或因电击产生的坠落等二次事故导致人员伤亡。因此，对电击伤害的研究是电气安全问题最为重要的组成部分之一。

雷电安全是安全类本科专业课程中综合性和实践性较强的课程之一，需要从两个方面入手：一是从技术原理上深刻认识，找到众多雷电安全问题的共同理论基础，形成纵向的知识结构；二是明晰有关各种雷电安全问题的工程体系，找到每一具体的雷电安全问题在工程体系中的位置，形成横向的知识结构。为此，既需要积极运用专业基础课程知识来解决实际问题，又需要勤于查阅雷电方面相关工程标准、设计规范及技术资料，以掌握雷电防护的基本方法。

第 1 章　雷电基础知识

1.1　闪电类型

闪电是长度大于 1 km 的超长电火花，是一种自然现象。大多数闪电发生在夏季雷暴中，典型的长度为 5～10 km，最长的可达 100 km。而一般情况下，在实验室里产生的电火花长 1～3 m，最长的可达到 10～20 m。在呈涡旋运动的沙漠沙尘暴中，会产生数米长的火花(Kamra，1972a，b)，通常不把这种短距离电火花称为闪电。此外，一些火山的喷发物质当中可以产生数千米长的放电，即所谓的火山闪电(Brook *et al.*，1974a，b；McNutt *et al.*，2000)。甚至还有更长的放电，产生于 20 世纪 50 年代近地面的热核(氢弹)爆炸中(自此以后，这种试验不再继续进行)，被称为核闪电。爆炸过程中被向上输送到大气中的负电荷(电子)是产生核闪电的电荷源(Uman *et al.*，1972；Williams *et al.*，1988)。来自绕木星运动的伽利略号轨道飞行器及早期的航天飞行器的影像记录均表明木星的云中有闪电出现(Borucki *et al.*，1992；Little *et al.*，1999)，并且有证据表明土星上也会发生闪电。图 1-1 和图 1-2 给出的是地球上发生在云和地之间的两种不同的闪电。图 1-1 给出的是最常见的地闪，即起始于云中，然后向地面传播的闪电。图 1-2 给出的是不常见的地闪照片，这种闪电起始于地面某一物体上，然后向上传输或进入云中电荷区。在这两类地闪中，通道的方向，即初始放电过程的传播方向向上或向下。

图 1-1　亚利桑那州沙漠上的地闪(由 Hastings 提供)

图 1-2　上行地闪(Kitterman,1981)

注:堪萨斯的一次锋面雷暴过程中,4 个上行闪电同时从 4 个 300 m 高的电视发射塔上激发;电视塔分布在一条 10 km 长的直线上。

闪电是短电火花的远亲。在干冷的环境中,当你走在地毯上时,手指和门把手之间就会产生短电火花。或是冬天,当你从汽车的座位上往下滑时,手指和汽车门之间也能产生短电火花。这种通过鞋子在地面拖动和裤子与汽车座位摩擦的起电过程,能导致人体产生大约 10 kV 的电压,这样大小的电压可以使带电手指和任何一个不带电的导体(包括朋友)之间的空气中产生一个约 1/3 cm 长的电火花(在标准温度和气压下,相距 1 cm 的平行平板电极间的击穿电压是 30 kV)。地毯与鞋子之间或是汽车座位与裤子之间的摩擦起电(摩擦带电效应)与发生在雷暴云内的各种冰和水之间相互作用导致的起电过程具有相同的特征。当两种不同材料的物体摩擦时,比如橡胶鞋底和尼龙地毯之间,电子会从尼龙向橡胶转移,使橡胶带上负电(得到电子),尼龙带上正电(失去电子)。在雷暴云中,电荷的转移被认为是通过软雹与小冰晶的碰撞过程产生的。软雹较重,所以会降落或是稳定地停留在雷暴中的上升气流中;小冰晶粒子较轻,被上升气流抬升到云体上部。冰晶—冰雹之间的相互碰撞只有发生在温度低于冻结温度(冻结温度是 0 ℃)以下,且有过冷水出现的高度上时,才能在雷暴云中产生观测到的主要电荷,对应的温度通常为−20～−10 ℃。当碰撞的冰晶与雹粒子之间发生电荷转移之后:带正电荷的冰晶在上升气流中被进一步抬升达到雷暴云的顶部,温带的夏季雷暴中,这个高度大约是海拔 10 km;带负电的雹粒子则存在于 6～8 km 的高度上。因此,一个孤立、成熟的雷暴云的主电荷结构由其顶部数十库伦的正电荷和底部电荷量与正电荷区相当的负电荷组成(1 C 是指 1 A 的电流在 1 s 内通过导线的电荷量)。在典型的雷暴云中,有时也发现主负电荷下方存在一个小的正电荷区,位于大约 0 ℃的高度。

人们提出很多机制来解释底部正电荷的形成，其中包括不同类型降水之间的碰撞理论。

以上讨论的雷暴云电荷结构及不同类型闪电所发生的位置如图 1-3 所示，其中标注了两个主电荷区的中心。由于空间限制，图 1-3 中没有标注存在于主负电荷区之下的小的正电荷区，上行闪电（图 1-2）的示意图以及起始于两个正电荷区的地闪、起始于正电荷区域之外其他电荷区的云空闪电和主负电荷中心与其下方小正电荷区域之间的云闪。雷暴云中的电荷结构实际上要比图 1-3 所描述的复杂得多。雷暴和雷暴之间电荷结构不同，有时和图示的结构差异极大，甚至有上负下正的反极性结构。此外，如图 1-3 所示的两个孤立雷暴可以组成大的雷暴系统中的许多相邻且相互作用的雷暴单体的一部分。如果想了解更多雷暴云电荷结构和雷暴云起电知识，可以参阅 MacGorman *et al*. (1998)的专著及其参考文献中提到的资料。

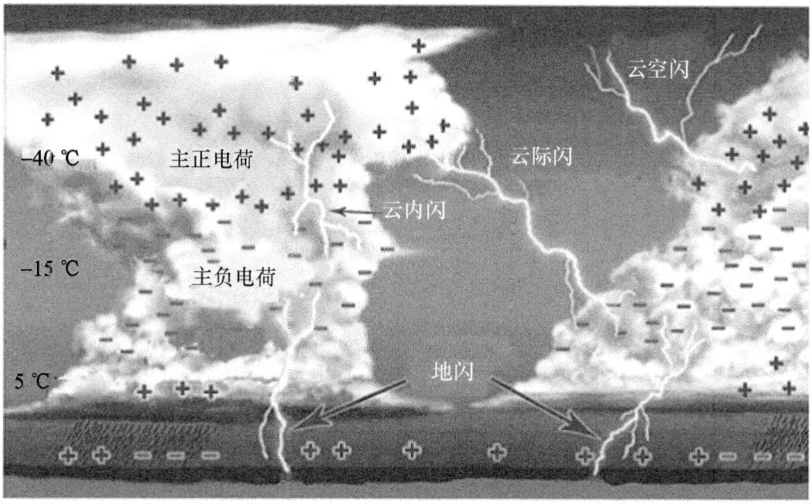

图 1-3　两个简单的单体雷暴云的电荷结构以及一些会发生闪电的位置
（取自大英百科全书网络版《闪电》(2007)（见 http://search.eb.com/eb/article-9048228））

闪电可以分为两类：一类是云内电荷区和地面之间的放电，称为地闪；另一类是闪电通道不到达地面的放电，称作云闪。云闪占闪电总数的绝大部分。如图 1-3 所示，完全发生在单个云（或单体）内的闪电被称为云内闪电（这种闪电被认为是云闪中最常见的一种，同时也是所有闪电中最常见的）；发生在云和云之间的云闪被称为云际闪电（也很常见，但是比云内闪电少）；云和周围空气之间的放电被称为云空闪电。在雷电防护中，对云闪的防护值得注意，因为它可以和空中飞行器，如大型飞机、小型飞机及运载火箭相互作用。由于大多数建筑物和动物（包括人）都暴露于地面上，所以地闪的属性是决定雷电防护措施的主要因素。

发生在云和地之间的闪电有四种类型，图 1-4 分别给出了这四种类型的闪电。它们之间的区别主要在于起始区域的电荷极性以及起始过程传播的方向。图 1-4a 和 c 所示的闪电被称为下行闪电；图 1-4b 和 d 被称为上行闪电。大约 90％的地闪由起始于负电荷区并向下传播的先导引起，如图 1-4a 所示。这种闪电将雷暴云中部主负电荷区中的负电荷向地面输送。图 1-4a 中描述的闪电类型可参见图 1-1 给出的闪电图片，说明见图 1-3。这种闪电在本章 1.3 中有进一步的介绍。大约 10％的地闪由起始于正电荷区并向下传播的先导引起，如图 1-4c 所示。这种闪电将雷暴云上部或下部正电荷区中的正电荷向地面输送。其余两种地闪（实际上是地对云的放电）类型（图 1-4b 和 d）很少见，它们通常起始于山顶、高塔或者其他高的目标物并向上传输，随后进入雷暴云中的某一个电荷区。图 1-2 是一幅起始于高塔的上行闪电的照片。需要注意的是，图 1-4b 和 d 中的上行闪电通道的分叉是向上的，如图 1-2 所示；而图 1-4a 和 c 中的下行闪电通道的分叉是向下的，如图 1-1 所示。

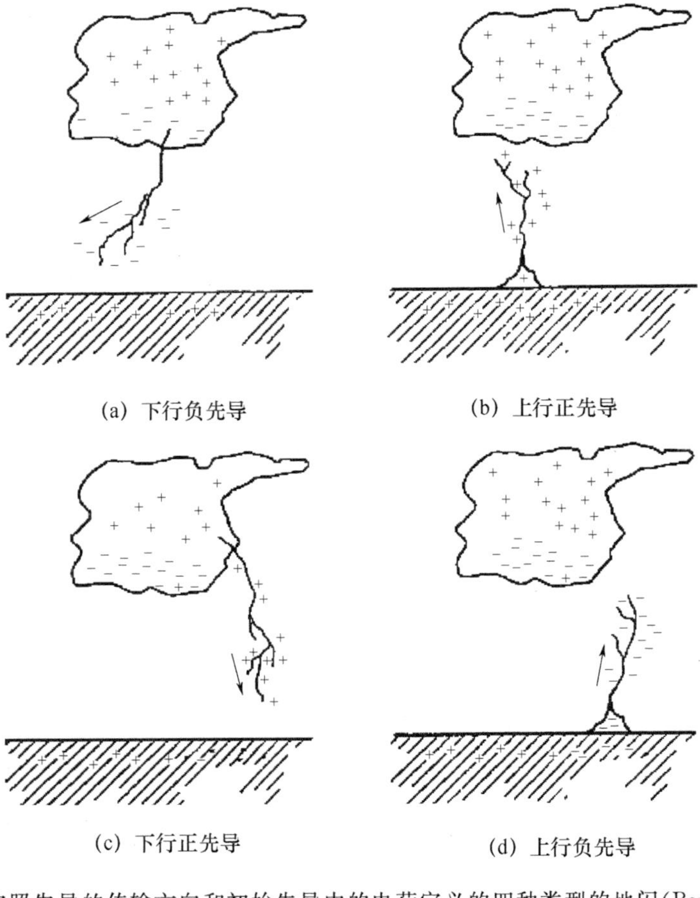

(a) 下行负先导　(b) 上行正先导

(c) 下行正先导　(d) 上行负先导

图 1-4　按照先导的传输方向和初始先导中的电荷定义的四种类型的地闪(Berger,1978)

1.2 地闪

最常见的地闪(下行负地闪)是从云内主负电荷区与其下部的一小块正电荷区之间的局部放电开始的(图 1-3)。这种局部放电可以提供自由移动的电子,而这些电子最初依附在冰雹及其他大粒子上,并不能自由移动(电子携带的是最小单位的负电荷,电量为 1.6×10^{-19} C,质量不到最小原子质量的千分之一)。由于电子的质量极小,所以相对于失去了电子(被电离)的较重的空气原子或分子,或在闪电的时间尺度上几乎不变且带有电荷的冰雹、冰晶或液滴而言,电子移动得更快。因此,闪电电流主要由自由电子产生。在负地闪中,自由电子会穿越底部的正电荷区,并中和掉其中大部分的正电荷,然后继续向地面移动。负电荷移向大地的物理机制是一种被称为梯级先导的放电现象,该过程以及负地闪其他方面的特点见图 1-5、1-6 及 1-7。对于地闪特征的研究工作最早开始于 20 世纪 30 年代的南非(Schonland,1956;Malan,1963)。

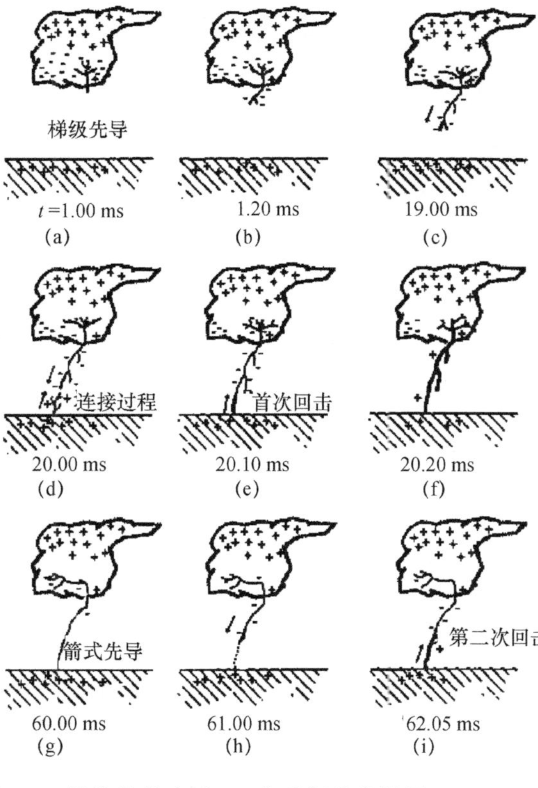

图 1-5　最常见的地闪——负地闪的发展图(Uman,1987)

注:从云内首次击穿过程开始,时间尺度为毫秒量级。

图 1-6　连接过程和避雷针成功接闪过程的近距离图示

(a)向下移动的最终阶段，即负的梯级先导；(b)起始于两个避雷针以及树木的向上发展的正先导；(c)回击过程；从(a)到(b)的时间大约为 0.5 ms；从(b)到(c)的时间大约为 0.2 ms

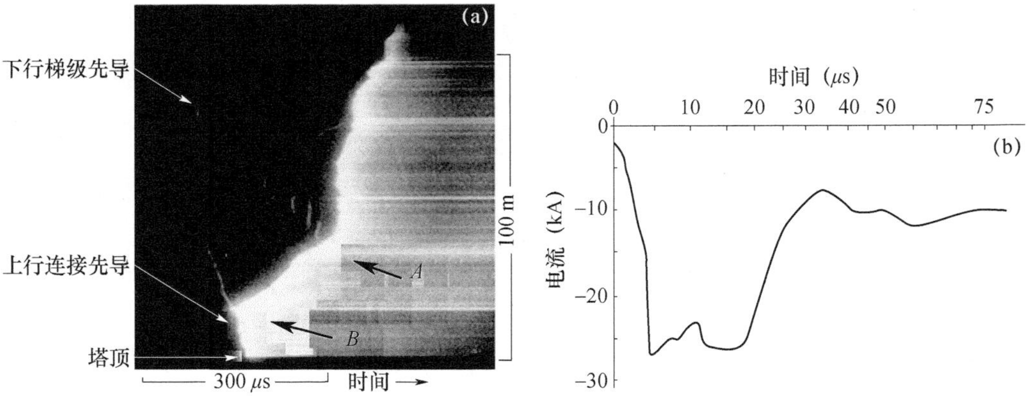

图 1-7　下行负地闪的连接过程和回击电流波形示意图(Berger *et al.*，1966)

(a)条纹相机拍摄的一次下行负地闪的连接过程，下行闪电携带负电荷至位于瑞士卢加诺的圣萨尔瓦托尔山顶 55 m 高的塔顶，至点 *A* 处的下行梯级先导的梯级亮度明显增强；(b)在塔顶测量到的回击电流波形(使用对数标度)，峰值电流为 27 kA。

地闪中梯级先导的移动并不是连续的，而是以大约 50 m 长的不连续发光段的形式向下移动，然后停下来，继而再向下移动大约 50 m，并如此继续下去。先导每次增加的长度称为一个梯级。从图 1-7 可见，在由云内向下延伸的亮度较暗的先导通道中，发光的梯级顶部是暗淡的。每个发光的梯级先导持续时间为 1 μs(百万分之一秒)或更短。当梯级先导离地面很远时，两个发光梯级之间的时间间隔为 50 μs；而当梯级接近地面时，时间间隔会缩短到 10 μs 左右。如前所述，向下发展的梯级先导的分支也是向下的。负电荷以电子的形式，几乎连续不断地从云中部的主负电荷区向下输送至先导通道中（图 1-3）。在梯级先导向地面发展的过程中，其底部的平均下行速度约为 2×10^5 m/s。因此，梯级先导从云中电荷区发展到地面仅需约 20 ms。当一个典型的梯级先导接近地面时，在其整个长度之中大约分布有 5 C 的负电荷。为了使先导通道内的电荷变得稳定，整个先导过程中必须持续存在平均强度为 100～200 A 的电流。梯级先导内流动的脉冲电流峰值可达 1000 A。每个梯级先导会产生一个可见光脉冲、一个射频能量脉冲和一个 X 射线脉冲（Dwyer *et al.*，2005）。经摄像技术测量，梯级先导的发光直径在 1～10 m。然而，大多数梯级先导电流是在先导中心一个直径仅为数厘米的狭窄导电核中流动的，而所拍摄的大直径先导可能是发光的电晕产生的，是一种导电核周围的弱放电现象。

当梯级先导接近地面时，其内部大量的负电荷就会在先导下方的导电大地和地面的突出物上感应出聚集的正电荷，在地面突出物中更为明显。如果极性相反的两种电荷之间的吸引力足够大，那么地面的正电荷或地面上物体感应出的正电荷，将会企图与其上方的负电荷连接并中和。这一机制是地面或者地面上的物体产生向上放电的开始。如图 1-5d、图 1-6（尤其是图 1-6b）以及图 1-7 所示，这些上行放电流光中的一支与下行先导的一个分支相连，以确定雷击点及云地之间主要的雷电流路径（通道）。图 1-7 是对伴随着随后产生的回击电流中连接过程的测量，这或许是对连接过程的最科学测量。Berger *et al.*（1966）获得了时间分解的条纹照片，当相机快门打开时，胶卷在一个固定的镜头后面连续地水平移动，这样在胶片上，梯级先导的每一个发光梯级都会和上一个梯级产生一个横向的位移。在图 1-7 中，明显的梯级先导有 300 μs 左右，起始于左上角，下行梯级先导向下发展到 A 点终止。一个上行且可能是以梯级发展的连接先导（在照片上看不到，可能是由于正极性放电的亮度相对较低），是从一个 55 m 高的塔顶激发并向上发展，到 B 点处分成两支，其中一支向左上方发展，另一支向右上方发展，且与从梯级先导的末端（A 点处）向下移动的放电相互连接。连接过程发生在 A 和 B 之间的某处，根据左边一支没有连接的上行先导长度来判断，这一连接可能发生在 A 点附近。观测表明，下行梯级先导发展到塔顶上方约 30 m 处时，其水平距离同样约为 30 m。从 A 点处的最后一个梯级到塔顶的直线距离为 37 m，但是连接过程选择了一个更长、更迂回的路径。如果连接过程发生的位置低于图中下行先导的最后一个梯级（即低于点 A），则下行先导的最后几级梯级有可能成为连接过程的一部分。了解连接过程对设计合适的雷电防护系统而言是很重要的。遗憾的是，连接过程非常复杂多变，因此我们的认识还比较粗略。

当下行负先导分支和上行正先导相连接时，先导通道底部的负电荷迅速地向下移动到地面，导致大量的电流流入大地，并且使接近地面的通道变亮。因为电信号（或者是闪电的任何信号）最大的速度约为 3×10^8 m/s（即光速），因此无法在短时间内得知地面上部的先导通道的底部是否已经与地面连接且具有高亮度和高导电性。闪电通道中的亮度和电流沿通道持续向上传播，并以光速的 1/3～1/2 沿先导通道的分支向外（向下）传播，这一过程被称为首次回击，如图 1-5e 和 f 及图 1-6c 所示。从图 1-7a 可见，在约 1 μs 时间内（开始于约 150 μs），回击发出的光照亮了 100 m 长的梯级先导通道和连接过程路径，随后通道中的亮光迅速向右偏转。虽然回击的高电流和高亮度在主通道中向上移动，但是在主通道中各点的电子总是向下移动的。当回击在向外和向下的分支中进行时，电子沿着分支向上流动到主闪电通道。最终，在回击开始数毫秒之后，沉积在梯级先导中的数库仑负电荷将流入大地。一旦回击到达云中，额外的电流也会从云中直接流入大地。

回击能产生一条高温的发光通道，最高回击温度几乎能达到 30000 ℃。通常用肉眼无法看到相对较暗的下行梯级先导，但可通过高速摄像来记录（图 1-8）。之所以无法用肉眼观测到首次回击之前的梯级先导，是因为人眼无法分辨亮度微弱的先导的形成过程和由回击产生的具有强烈发光的先导通道之间的差别。人眼同样无法对向上传播的回击迅速做出反应，所以看起来像回击通道上的所有点同时发亮。回击可以瞬时加热携带电流的空气，空气受热膨胀，我们所听到的雷声随之产生。

在首次回击电流停止流动之后，闪电也许会停止，这种放电称为单闪击闪电。大约 80%的负地闪包含的闪击不止一次，通常有 3～5 次，闪击之间间隔 40 ms 或 50 ms。当上一次闪击电流停止后的 100 ms 内，前一闪电通道的上部仍有额外的负电荷存在时，第一次闪击之后的闪击才会被激发，称为继后闪击。当有额外的电荷存在时，一个连续传播的先导（与梯级先导相对）会沿着之前的回击通道向下移动，随后又一次沿闪电通道将负电荷从负电荷区泄放，称为箭式先导，如图 1-5g 和 h 所示。从而，箭式先导为第二次（或者任何继后的）回击做好了准备。箭式先导到达地面的过程需要数毫秒。高速摄像资料表明，箭式先导表现为数十米长的发光通道，以 1/30 的光速（约 1×10^7 m/s）平稳地向地面移动。箭式先导沿着它的路径泄放的电荷比梯级先导少，大概是梯级先导的 1/10。因此，继后回击泄放到地面的电荷也相对较少；与首次闪击相比，其峰值电流也更小。

继后回击的峰值电流一般为 10～15 kA，而首次回击的峰值电流约为 30 kA。图 1-7b 中，首次回击电流的峰值为 27 kA。图 1-8 所示的是一个击中南非一座 60 m 高塔且有三次闪击过程的回击电流。在这次特别的闪电中，首次闪击的峰值电流约为典型峰值电流的 2 倍，第二次闪击大约是典型的继后回击峰值电流的 5 倍，而第三次闪击有着与第一次闪击相同的电流。继后闪击电流的上升时间（通常指从峰值的 10%～90%的时间）通常小于 1 μs（一般是数十分之一微秒），然而第一次闪击电流的上升时间却是若干微秒（图 1-7，图 1-8）。

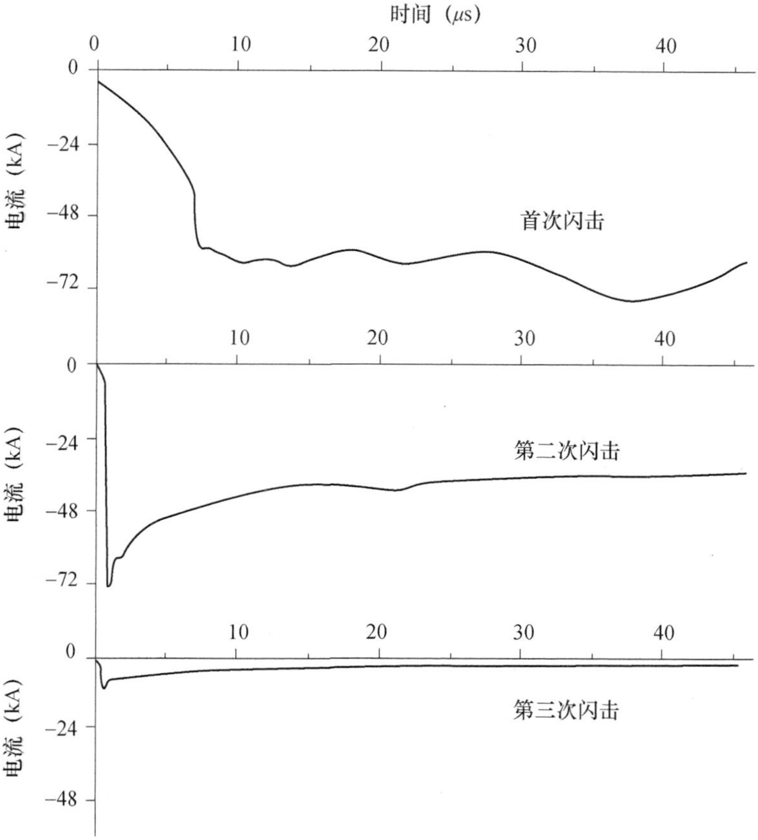

图 1-8　在南非地面观测到的首次闪击和两次继后闪击的回击电流(Eriksson,1978)

注:闪击将负电荷传输到位于平地上的 60 m 高的塔上,头两次闪击大得不同寻常。

由于负地闪的首次回击是沿着先前梯级先导的路径发展的,因此呈现出明显的向下分支。箭式先导通常只是沿着之前闪击的主通道发展,因此继后回击只呈现出很少的分支。有一种先导介于梯级先导和箭式先导之间。当箭式先导沿着被破坏后残留的(或由于时间间隔太长、受到更多风的湍流影响以及条件不太好)回击通道向下传播时,在某些点可能会呈现出梯级。当先导通道被限制在暖而密度低的空气中或者是偏离先前的通道传输到未被电离的大气中时,都会发展成所谓的箭式—梯级先导。由于一些箭式—梯级先导形成了到达地面的新路径,所以 1/3～1/2 的地闪有不止一个接地点。

一次典型的地闪可以将云中三负电荷区中约 30 C 的负电荷释放入地(图 1-3),这些电荷在数百毫秒的时间内,通过几次闪击和一些连续电流过程发生转移。连续电流过程发生在回击过程之后,把云中电荷传输入地。大多数连续电流都跟随着继后回击,一半的闪电中包含了至少一次持续时间大于 40 ms 的连续电流过程。沿着同一通道,伴随由云中电荷区向通道流动的连续电流过程之间的闪击间隔可以达到数百毫秒。显然，只有当包括连续电流在内的所有电流过程结束后，一次新的箭式先导才能通过这个通道传输。先导—回击过程分两步将电荷传输到地面(首先云中电荷被从上至下地输送至先导通道中；然后电荷沿着通道自下而上中和通道中的电荷，以完成对地放电过程)，而连续电流是主负电荷区与地面之间的相对稳定的电荷泄放过程。

正如前文提到的，大约10%的地闪始发于下行的正极性梯级先导(图 1-4c)。这些正先导起始于云上部主正电荷区或者是云下部小的正电荷区(图 1-3)。正极性梯级先导的梯级没有负极性梯级先导的梯级那么明显。在地面测量到的最大正极性回击电流峰值比最大的负极性回击电流峰值大得多。最大正极性的回击电流峰值可以超过300 kA，而最大负极性的回击电流峰值却很少超过100 kA。然而典型的正极性峰值电流与典型的负极性电流峰值差不多，约30 kA。通常正极性放电只有一次回击过程，随后是相对较长时间的连续电流。正地闪中总的电荷传输量比负地闪大得多。虽然正地闪没有负地闪那么常见，但是由于正地闪具有潜在的大峰值电流和大的电荷传输量，所以正地闪的危害相较于负地闪更大，在雷电防护中必须考虑到这一点。

在上行闪电(图 1-4b 和 d)中，第一次先导由地面传输到云中。但是当其到达云中电荷区时，并未触发能观测到的回击或是类似回击的过程。在一定程度上，上行先导主要是将云中电荷区与地面相连接，连接完成且初始电流停止泄放后，就可能会出现继后闪击。继后闪击始发于从云中电荷区下行的箭式先导，与下行负地闪中第一次闪击之后的闪击有相同的特性。大约一半的上行闪电存在这种继后回击。自然的上行闪电与使用人工火箭导线技术触发的上行闪电相似，在自然上行闪电和人工触发的上行闪电中，第一次上行先导并没有产生一个可探测的下行回击，这可能是因为没有一个明显区域与云中先导有足够大的电势差，而击打在零电位地面的下行负先导的电势可以达到$1\times10^7\sim1\times10^8$ V。

1.3 云闪

自然界中大多数闪电属于云闪，云闪的危害远小于地闪。但航空事业不断发展，云闪对飞机的飞行存在巨大的危险。此外，多数云闪发生于云内，对其观测也较地闪要困难很多，获取云闪的资料十分有限，因此对其研究远少于地闪。

1.3.1 云闪结构

1. 初始流光：云闪包括云内闪电、云际闪电和云空闪电。通常在积雨云的上部为正电荷中心，下部为负电荷中心。当正电荷中心附近局部地区的大气电场达到1×10^4 V/cm 左右时，云雾大气便会被击穿而形成连续发光的正流光，持续地向下方负电荷中心发展，这就是初始流光，这一过程称为初始流光过程。初始流光的持续时间约为200 ms，传播速度为 1×10^4 m/s，持续电流强度为 100 A 左右。

2. 负流光：当初始流光到达下方负荷电中心时，将形成不发光的负流光，沿着初始流光所形成的通道，向相反方向发展，使负荷电中心与上方正荷电中心相连接。这过程与地闪中闪击间歇的 J 过程十分相似，所以也称为 J 过程，其持续时间约为 100 ms，持续电流强度一般不超过 100 A。

3. 反冲流光：在负流光与正流光相接期间，出现时间间隔约为 10 ms、持续时间约 1 ms 并伴有明亮发光的强放电过程，称为反冲流光过程。反冲流光过程是中和初始流光所输送并贮存在通道中电荷的主要过程。这一过程与地闪中闪击间歇的 K 过程十分类似，因此称为 K 过程，它在云闪中的作用也与地闪中的回击过程很相似。反冲流光的传播速度比初始流光高 2 个数量级，为 1×10^5 m/s 左右，其峰值电流可达 1×10^3 A。一次反冲流光过程中和的电荷为 0.5～3.5 C，其电矩为 3～8 C·km。

可见，云闪主要由初始流光过程和反冲流光过程构成放电过程。通常在积雨云上部存在正荷电中心，下部存在负荷电中心，在负荷电中心下方往往还存在有较弱的正电荷中心。因此，云闪多起始于由云体上部正荷电中心的向下初始正流光过程，以及云体下部负荷电中心随之而形成的向上反冲负流光组成的放电过程。有时，云闪起始于由云体下部负荷电中心的向上初始负流光过程，以及云体上部正荷电中心随之而形成的向下反冲正流光过程构成的放电过程。此外，云闪还可以由起始于云体下部负荷电中心同时形成的向上初始负流光过程和向下的负流光过程、分别由云体上部正荷电中心随之而形成的向下反冲正流光过程以及与负荷电中心下方较弱正荷电中心随之而形成的向上反冲正流光过程构成复杂的放电过程，如此等等。

1.3.2 云闪产生的电场

1. 云闪电场的发生阶段

Kitagawa *et al.* (1960)得到大约 1400 个电场记录，如图 1-9 中，把发生云闪时近地面电场分为三个阶段。

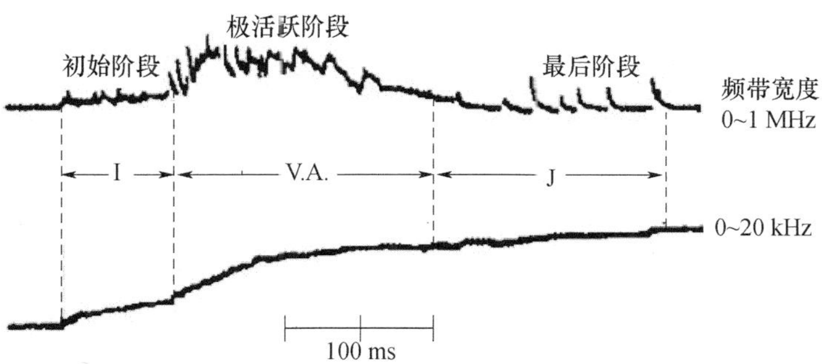

图 1-9 云闪的电场变化(Kitagawa *et al.*, 1960)

(1)初始阶段:具有大量较小振幅的脉冲,平均脉冲间隔为 680 μs,云放电时间为 30～50 ms。云闪与地闪初始阶段的主要不同点是:云闪初始阶段的脉冲之间的间隔和云初始的持续时间明显比地闪的梯式先导的脉冲时间间隔和持续时间更长。另外,Schonland(1956)报告,叠加于慢电场变化的脉动是由于与梯式先导的脉动时间间隔相同的云放电引起的。Kitagawa *et al*.(1960)发现云闪和地闪电场变化的不同表现为最初的 10 ms,可以预测闪电是云闪或地闪的准确率达 95%。

(2)极活跃阶段:具有大量较大幅度的脉冲和迅速变化的电场,但是从初始活动阶段到极活跃阶段没有明显的突变。

(3)最后阶段:大气电场变化与地闪的 J 变化类似,出现间歇脉冲。与极活跃阶段明显不同,云闪的 J 变化不是迅速变化,而是 J 过程叠加 K 过程引起的,并以反冲流光的 K 过程为主要起因。

Kitagawa *et al*.(1960)所观测的 1400 多个云闪,50%包含有以上讨论的三个阶段,40%具有很活跃的阶段和 J 类型部分(最后阶段),余下的 10%没有很活跃的阶段和 J 类型阶段。

图 1-10 给出了云闪时的静电场变化ΔE(小圆点)和电场仪记录的每次放电脉动平滑后的电场 E(实线)。为表示随时间的变化过程,图中还标出雷暴的大致距离("/"表示各雷暴近似距离)。图中表示了云闪电场变化的符号与距离的关系,近闪时的ΔE 基本为正,远闪时则基本为负。在图中 E 与ΔE 的极性相反,当 E 为负时,电场变化ΔE 为正。

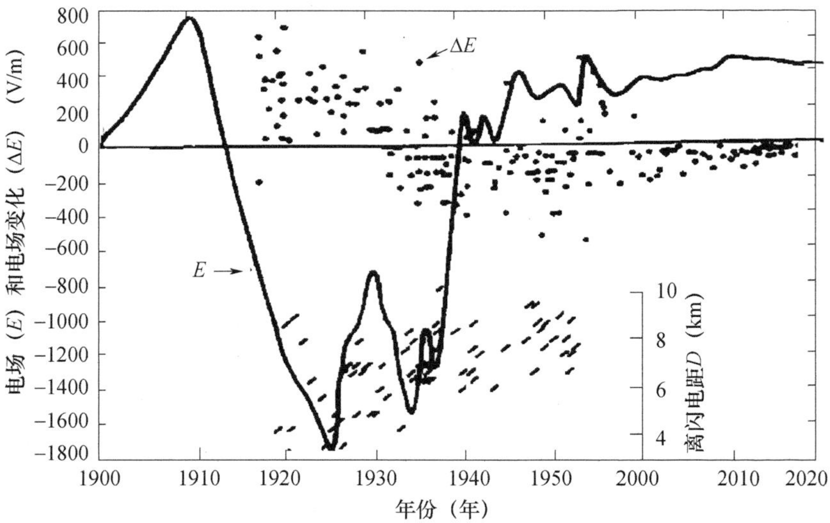

图 1-10　一个孤立雷暴的电场 E 和电场变化ΔE 与时间的关系(Ogawa *et al*.,1964)

2. 云闪电场的类型

图 1-11 给出了云闪时电场变化的四种基本类型,左图表示电场变化出现的次数,右图绘出了放电情况。其中第Ⅰ类电场变化曲线和斜率均为正,一般在距雷暴不到 6 km 处观测,总持续时间很短,一般仅为 1000 ms,很少超过 300 ms;第Ⅱ类电场为正,但斜率为负;第Ⅲ类电场最初与第Ⅱ类相似,只是到后来电场为负,第Ⅱ、Ⅲ类电场变化常在距雷暴 4～10 km 处观测到;第Ⅳ类电场变化和斜率都为负值,此类电场可在距闪电约 8 km 以外处观测到。

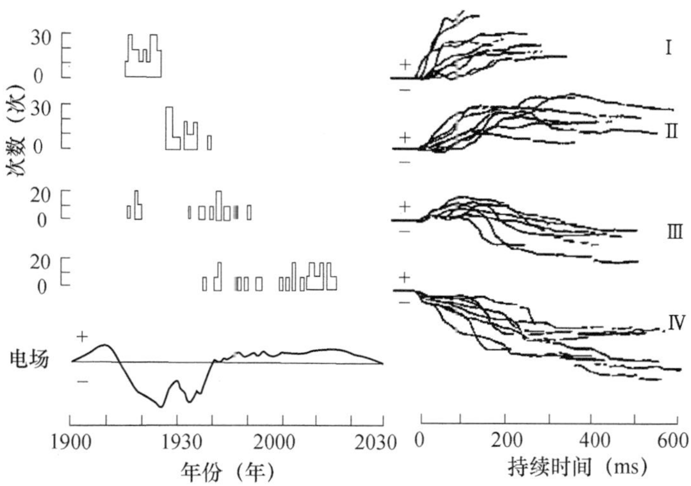

图 1-11　云闪地面电场类型(Ogawa *et al.* ,1964)

3. 云闪的电学参量

云闪的电学参量有流光的持续时间、传播速度、峰值、持续电流强度以及电荷和电矩等,其值见表 1-1。

云闪电矩:云闪前、后积雨云的电矩变化。当云中正负电荷中心为垂直分布的条件下,云闪电矩表示为:

$$M_c = 2Q_c \Delta H \qquad (1\text{-}1)$$

式中:M_c 是云闪电矩(C · m);Q_c 是云闪时云中正负电荷中心所中和的电荷(C);ΔH 是云中正负荷电中心的垂直距离(m)。

表 1-1　云闪结构参量和电学参量的典型值和变化范围

放电过程	结构参量和电学参量	典型值	变化范围
初始流光	持续时间(ms)	100～300	—
	传播速度(m/s)	8×10^5～5×10^6	—
	持续电流强度(A)	100	—

续表

放电过程	结构参量和电学参量	典型值	变化范围
反冲流光过程	持续时间(ms)	1	—
	间隔时间(ms)	10	2～20
	传播速度(m/s)	$1\times10^{8}\sim4\times10^{8}$	—
	总持续时间(ms)	50～200	—
	峰值电流强度(A)	$1\times10^{3}\sim4\times10^{3}$	—
	电荷(C)	0.5～3.5	—
	电矩(C·m)	3～8	—
云闪全过程	持续时间(ms)	150～500	—
	高度(km)	4～10	—
	长度(km)	1～3	—
	电荷(C)	30	10～100
	电矩(C·m)	100	20～400

1.3.3 云闪数与地闪数之比

闪电以云闪为主，云闪数要大于地闪数。云闪数与地闪数比值与地理纬度有关，纬度越低，地闪数之比越大，反之，当纬度高时，比值就小。观测表明，热带地区云地闪之比达5.7，亚热带为3.6，温带地区为2.9。其原因可能与积雨云中0 ℃层高度有关系。在纬度较低时，积雨云中的0 ℃层较高，云中负电荷中心的高度较高，不易形成地闪，则更多形成云闪；而纬度较高时，积雨云中的0 ℃层较低，云中的负电荷中心也低，较易形成地闪。由观测资料求得云闪 N_c 与地闪 N_g 比的经验公式为：

$$\frac{N_c}{N_g}=4.16+2.16\cos3\varphi$$

$$\frac{N_g}{N_c+N_g}=0.1+0.25\sin\varphi \tag{1-2}$$

式中：N_c 是云闪(次)；N_g 是地闪(次)；φ 是纬度(°)。

地闪比还与年雷暴日有关，年雷暴日是指一年中发生雷暴的天数。对于雷暴日少的地区，比值较低，年雷暴日多的地区，比值较高。根据观测，地闪之比可以用经验关系表示：

$$P(\varphi,N_y)=[4.16+2.16\cos3\varphi]\left[0.6+\frac{0.4N_y}{72-0.98\varphi}\right] \tag{1-3}$$

式中：φ 是纬度(°)；N_y 是年雷暴日(天)。

图1-12给出了四位研究者得出的地闪比随纬度的变化，可以看出纬度愈高，地闪与云闪的比越大。

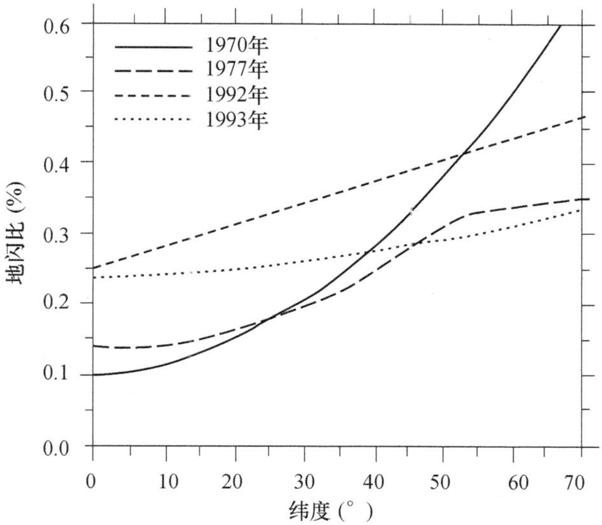

图 1-12　云闪随纬度的变化(Price *et al.*,1993)

地闪比与云的厚度有关。如图 1-13 中,0 ℃层高度基本不随云高而变,地闪比随云的厚度增加而增大,云厚与地闪比的关系式写为:

$$z=a\Delta H_C^4+b\Delta H_C^3+c\Delta H_C^2+d\Delta H_C+e \tag{1-4}$$

式中:ΔH_C 是云厚(m);a、b、c、d 和 e 是拟合系数,分别为 0.021、−0.648、7.493、−36.54 和 63.09。

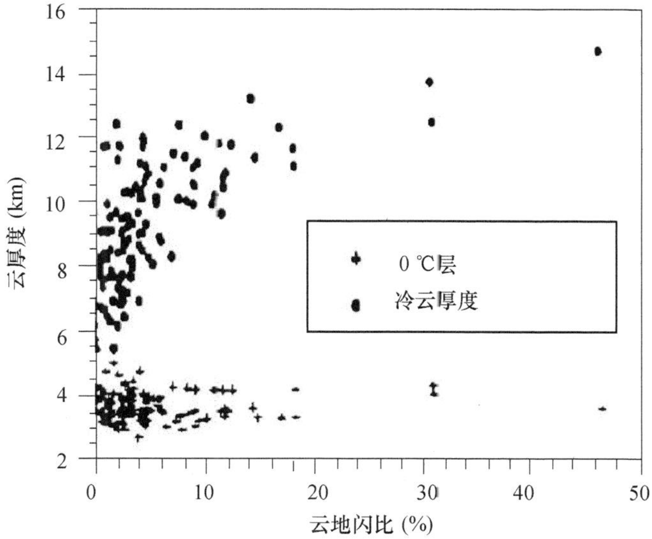

图 1-13　地闪比与云厚度关系(Price *et al.*,1993)

参考文献

BERGER K,1978. Blitzstrom-Parameter von Aufwärtsblitzen[J]. Bull Schweiz Elektrotech,69:353-360.

BERGER K,Vogelsanger E,1966. Photographische Blitzuntersuchugen der Jahre 1955—1965 auf dem Monte San Salvatore[J]. Bull Schweiz Elektrotech,57:599-620.

BORUCKI W J,MAGALHAES J A,1992. Analysis of Voyager 2 images of Jovian lightning[J]. Icarus,96:1-14.

BROOK M,MOORE C B,SIGURGEIRSSON T,1974a. Lightning in volcanic clouds[J]. J Geophys Res,79:472-475.

BROOK M,MOORE C B,SIGURGEIRSSON T,1974b. Correction to "Lightning in volcanic clouds" [J]. J Geophys Res,79:3102.

DWYER J R,RASSOUL H K,Al-DAYEH M,et al,2005. X-ray bursts associated with leader steps in cloud-to-ground lightning[J]. Geophys Res Lett,32:L01803. doi:10. 1029/2004GL021782.

ERIKSSON A J,1978. Lightning and tall structures[J]. Trans SAIEE,69:238-252.

KAMRA A K,1972a. Visual observation of electric sparks on gypsum dunes[J]. Nature,240:143-144.

KAMRA A K,1972b. Measurements of electrical properties of dust storms[J]. J Geophys Res,77:5856-5869.

KITTERMAN C G,1981. Concurrent lightning flashes on two television transmission towers[J]. J Geophys Res,86:5378-5380.

KITAGAWA N,BROOK M,1960. A comparison of intracloud and cloud-to-ground lightning discharges[J]. J Geophys Res,65(4):1189-1201.

LITTLE B,ANGER C D,INGERSOLL A P,et al,1999. Galileo images of lightning on Jupiter[J]. Icarus,142:306-323.

MACGORMAN D R,RUST W D,1998. The Electrical Nature of Storms[M]. Oxford:Oxford University Press.

MALAN D J,1963. Physics of Lightning[M]. London:The English Universities Press Ltd.

MCNUTT S R,DAVIS C M,2000. Lightning associated with the 1992 eruptions of Crater Peak, Mount Spurr Volcano,Alaska[J]. J Volcanol Geoth Res,102:45-65.

OGAWA T,BROOK M,1964. The mechanism of the intracloud lightning discharge[J]. J Geophys Res,69(24):5141-5150.

PRICE C,RIND D,1993. What determines the cloud-to-ground lightning fraction in thunderstorms? [J]J Geophys Res,20(6):463-466.

SCHONLAND B F,1956. The lightning discharge[J]. Encyclopedia of Physics,22:576-628.

UMAN M A,1987. The Lightning Discharge[M]. London:Academic Press.

UMAN M A,SEACORD D F,PRICE G H,PIERCE E T,1972. Lightning induced by thermonuclear detonations[J]. J Geophys Res,77:1591-1596.

WILLIAMS E R,COOKE C M,WRIGHT K A,1988. The role of electric space charge in nuclear lightning[J]. J Geophys Res,93:1679-1688.

第 2 章　雷电损坏

2.1　与损害相关的雷电特征

雷电击中物体所造成的损害主要取决于两个因素:闪击的特征和物体的重要性,尤其取决于该物体是否导电及其散热能力。雷电最有趣的物理特征是时变电流和频率变化的电磁场(即雷电接近而产生静电时听到的广播信号杂音和电视机上的雪花的来源)。物理损害,如玻璃能因雷电非常接近时所产生的声波震荡而碎裂。由此可见,雷电距离非常近时会产生很高的空气压力,尽管这种现象并不常见。如果雷电流穿过并引爆一个如树般大小的绝缘体,那么这种自由空气振荡冲击波将增强。

2.1.1　峰值电流

多数情况下,对于雷电流起到阻碍作用的物质或系统,相当于一个引导电流入地的垂直接地体或长距离传输线。相对于远处的大地(此处可考虑为零电位),加在这个物质或系统的电压与电流是成比例的,$V(t)=I(t)\times R$。这里电压 V 是时间的函数,单位为 V;电流 I 的单位为 A;R 为位于闪击点的有效阻抗,单位为 Ω。因此,峰值电压 V_P 的值等于 R 和峰值电流 I_P 的乘积。假设一个首次回击产生的 30 kA 峰值电流打在了传导性良好的相线上,相线本身具有约 500 Ω 的特征阻抗,考虑到雷击点电流向不同的方向传导,则传输线上雷击点的有效阻抗为 250 Ω(一般讨论中,计算过程这里不再赘述)。如果不采用电涌保护器(SPD)限制过电压,那么峰值电流就会产生一个 7.5×10^6 V 的对地峰值电压。这种高压会引起导体放电,如雷击相邻相位、中性导体、地面而使绝缘体或空气击穿放电。对于实验室(垂直的金属棒和水平的金属盘)中 1 m 宽的非均匀空气火花间隙所需的击穿电压,如果金属棒是负极性的,而电压的升高时间约为 1 μs,则击穿电压需要达到 500 kV。这样高达 7.5×10^6 V 的电压将会产生一个放电现象,其电火花曲线在空中划过 15 m 长。在相邻的输电线上(配电线),击穿电压(绝缘水平)在不同相位和中性导体之间为 100～300 kV。相对来说,输电线路被设计有更高的绝缘水平,典型值为数十万伏特。

2.1.2 雷电流变化率最大值

对于导体(如电子系统)中的线路或雷电保护系统中的引下线存在感应阻抗,在一定时间内,线上的感应电压 $V(t)$ 与雷电流的变化率 $\mathrm{d}I(t)/\mathrm{d}t$ 是成比例的,即:$V(t)=L\mathrm{d}I(t)/\mathrm{d}t$,这里 L 是线缆的电感。因此,雷电流的初始值到峰值之间,峰值感应电压与雷电流变化率的最大值成比例。如图 2-1 所示,假设一根建筑物内连接两个电子系统的等电位连接线(如电话地线和电力地线)的电感量为 1×10^{-6} H/m,典型继后回击电流 1×10^{11} A/s(100 kA/μs)变化率最大值的 1%流经等电位连接线,在线上产生 1×10^{9} A/s 的变化量。这种情况下,每 1 m 线上将会产生 1000 V 的电压。如图 2-2 所示,连接电话地线和电力地线的接地棒一般布设在室外。这样,如果闪电击中电力线、电话线、房屋附近的地面甚至房屋本身等电位连接线就会携带一部分雷电流。随之产生的电位差将会对电话线和电力线所连电路板和元器件造成损坏。类似地,当某人背对着冰箱(连接到电力地线)打电话时,很有可能遭到雷击,甚至死亡。不难理解,当变化迅速的雷电流的极小部分经过各种接地线和连接线时,也足可以毁坏牢固的电力系统。而半导体在这种情况下只能带走数十伏特的电压。

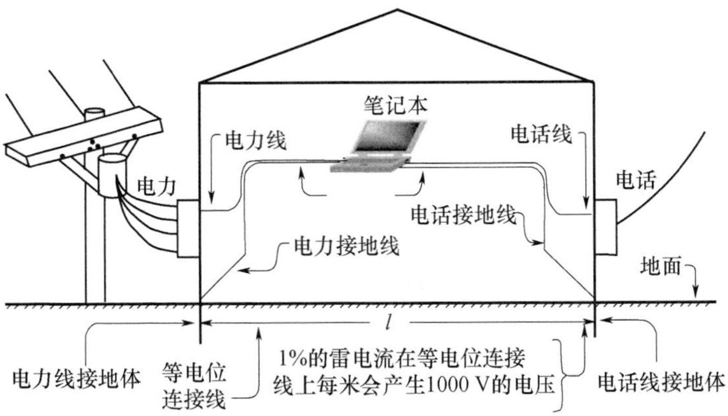

图 2-1 由闪电击中建筑物或其附近,接地点相连的电力或电信系统所受到的感应电压带来的危害示意图

感应电压的火花可以点燃易燃物。澳大利亚发生的一次爆炸事件,造成了 1 人死亡,如图 2-3 中的图 a 和图 b 所示。图 2-3a 中爆炸的储料仓有标准的外部防雷保护。有人认为,房顶和储料仓边墙上未连接的金属钢筋条(螺纹钢筋)上的电位差引起了仓内的火花闪络并点燃了整个储料仓。但是更可能是因为外部防雷保护系统上产生的感应电压使钢筋间产生闪络,因为仓内也产生了高的电压场。

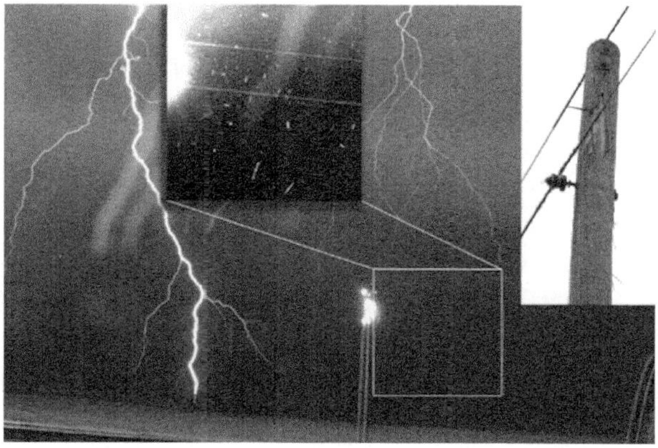

图 2-2　美国田纳西州夏伊洛附近雷击 12 kV 单向电力线引起的闪络(Bryan 摄)

图 2-3　一处炸药库遭受雷击(Marvin 提供)

(a)雷击之前;(b)雷击之后。

Berger *et al*. (1975)发现，首次回击产生的雷电流变化值远小于继后回击产生的值。而最近的实验数据显示，首次回击后半部分产生的雷电流值增大到峰值电流值的过程与继后回击整个过程电流值增大到峰值电流值的过程是相类似的。因此，首次回击和继后回击所产生的雷电流变化值的最大值是相似的。

2.1.3 电荷转移

雷电流随时间所转移的总电荷量(即雷电流随时间曲线所经过的面积)，或者等效为平均电流与电流流经时间的乘积，就是这段时间中总的电流值对时间的积分。初步估计，产生的热量或在金属表面(如机翼表面或金属屋顶)的强度与闪电传输的电荷量成比例，而电荷量又与传输到表面的能量成正比。这是由于导体表面的输入功率 $P(t)$ 是电流 $I(t)$ 和相对恒定的闪电放电形成电弧的金属接触面之间的电压 V(电弧电压)之乘积。通常这个电压估为 10 V。在 t 时间内传输到表面的能量 $E(t)$ 等于功率对时间的积分，也就是电压降 V 与 t 时间内电荷传输量 Q 的乘积，其中电压降几乎恒为 10 V。

$$E(t) = \int_0^t VI(t')\mathrm{d}t' \approx VQ(t) \tag{2-1}$$

式中：E 是能量(J)；V 是电压(V)；I 是电流(A)；t 是时间(s)；Q 是电荷量(C)。

通常，大电荷转移取决于长时间的雷电流(数十到数百微秒)，例如闪击之间的连续电流(长时间雷击)，幅值为 100～1000 A，转移的电荷量比拥有高幅值但时间短的回击电流要大得多。典型的雷电放电中的总电荷转移为 30 C 左右。金属板的过热或者烧毁不仅取决于由雷电流引起的能量传递至金属上的一点，而且取决于金属的热传导率和厚度，即雷电发生时从闪击点转移热量的能力。例如，大约 30 C 的电荷在 0.1 s 内传递至 3 mm 铝制厚度板的表面将击穿铝板；而电荷转移发生在 0.5 s 内则需要 100 C 电荷才能击穿板，使有足够的时间将热量从闪击点传递走。薄板需要更少的电荷就能击穿。在相同持续时间内，若铝板厚度降为一半，则只需大约一半的电荷就可击穿该铝板。通过典型的雷电电荷转移将危害传递至固定金属表面，类似于电焊机将数百安培的电流在不到 1 s 时间内传入金属表面。有趣的是，雷电有时会击中住宅以及商业结构，导致在铜水管上出现一个小洞，从而产生泄漏。更多对于各种材料以及不同厚度的金属板的热量和击穿细节都可在 Bellaschi(1941)、McEachron *et al*. (1942)、Brick (1968)、Kofoid(1970)和 Testé *et al*. (2000)等文献中找到。

2.1.4 作用积分(特征能量)

在雷电流流经导电材料时有加热和融化过程，雷电流流经导电能力差的绝缘材料时可能出现爆炸。对于首次估计，它们与作用积分值(也称为特征能量)有关。也就是说，焦耳功率耗散的时间积分，$V(t)\times I(t)=I(t)^2\times R$，其中 $V(t)=R\times I(t)$，特殊情况下，$R=1\ \Omega$ 因此，作用积分可以写为：

$$E_f=\int_0^t I^2(t')\,\mathrm{d}t' \tag{2-2}$$

式中：E_f是特征能量(J)；I 是电流(A)；t 是时间(s)。

这个作用积分是测量在特征电阻 R 为 1 Ω 的情况下，雷电流闪击物体产生的热量。在任何特殊闪击物体上产生的热量由积分变量乘以物体的电阻值得出。大约 5% 的首次负地闪的积分变量值超过了 $5.5\times10^5(\mathrm{A}^2\cdot\mathrm{s})$；还有大约 5% 的首次负地闪的积分变量值超过了 $1.5\times10^7(\mathrm{A}^2\cdot\mathrm{s})$。在大多数导电能力差的材料中，由特征能量表示的热量在金属内部蒸发，产生的气体压力导致爆裂。如图 2-4a 和 b 的一个例子，雷电将一所房屋烧为平地的前后对比。有时，被雷电击中后房屋没有烧毁，只是木结构断裂。另一种普遍的、与积分变量有关的、对于住宅结构的危害类型为灯泡爆裂，通常伴随电源插头烧焦。除了这种热效应外，特征能量也能考量一些机械效应(电动力)。雷电流有在它流过处粉碎空心金属管的能力(例如飞机的某些结构部分)。破坏效应(由流经的雷电流产生的磁场)是与电流平方成比例的瞬时力的作用，以及与这个力所对应的时间的函数。为了粉碎金属管，相应的力必须超过一定值。

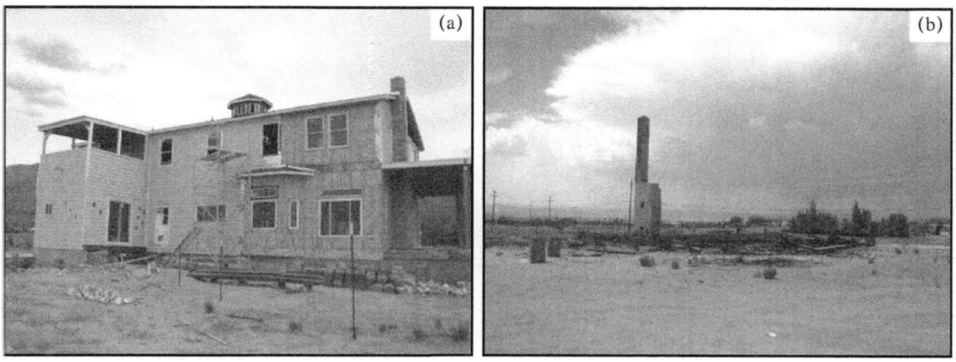

图 2-4　雷电击中房屋引发火灾的前后对比照

(a)美国新墨西哥州阿尔伯克基附近一座建筑；

(b)雷击引起火灾后的建筑残骸，如图所示，当雷击发生时，建筑物脚手架将雷电引入室内。

雷电电磁场(电和磁)冲击任意导体，导致在物体上感应出电流和电压。两种电磁场的特性足以描述大多数重要的危害效应。一般电子线路上的电子元器件是否会损坏取决于以下两个条件：〈1〉电磁场的峰值；〈2〉这些场的变化率的最大值。对于具有对地耦合电容的导体这一类型的天线，导体上感应的峰值电压与电场峰值成正比。诸如电路板上的回路导线天线、地下通信电缆以及对地耦合的导体，感应的峰值电压与电或磁场的变化率的最大值成正比。在飞机和航天器金属表面通过孔径(非金属开口区，像窗口)进行的电场耦合度与电磁场变化率成正比。

最普遍的电磁耦合危害可能是雷电电磁场对回路导线的耦合，通常发生在电子线路上。根据法拉第定律，在回路导线中感应的电压幅值，与磁感应强度 $B(t)$ 的变化率乘以回路垂直(法向)分量上的面积 A 的值成正比(Sadiku，2007)。

$$|V_{\text{loop}}| = A \cdot \mathrm{d}B_{\text{n}}(t)/\mathrm{d}t \tag{2-3}$$

式中：B_n 是法向分量(Wb)，即回路大致不变的磁感应强度；V_{loop} 是感应电压(V)；A 是面积(m^2)；t 是时间(s)。

法拉第定律没有给出这个假设，在图 2-5 中补充说明。例如，雷电保护系统中从流经雷电流 $I(t)$ 的引下导体 10 m 处，如图 2-6 给出的说明，磁感应强度近似为：

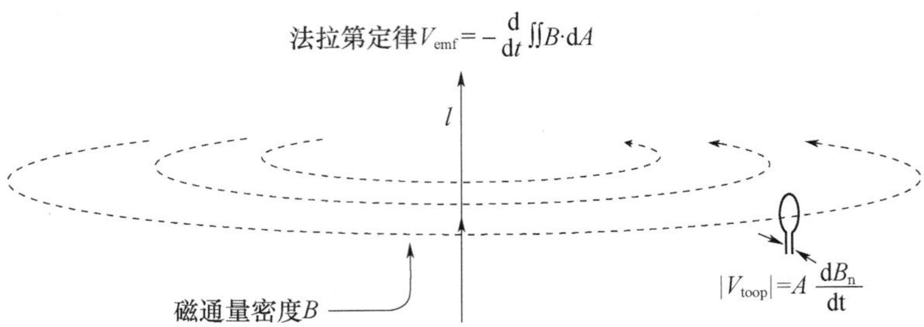

图 2-5　长导体周围产生的磁感线密度、法拉第定律和在磁场内面积为 A 的圆环内产生的感应电压大小示意图

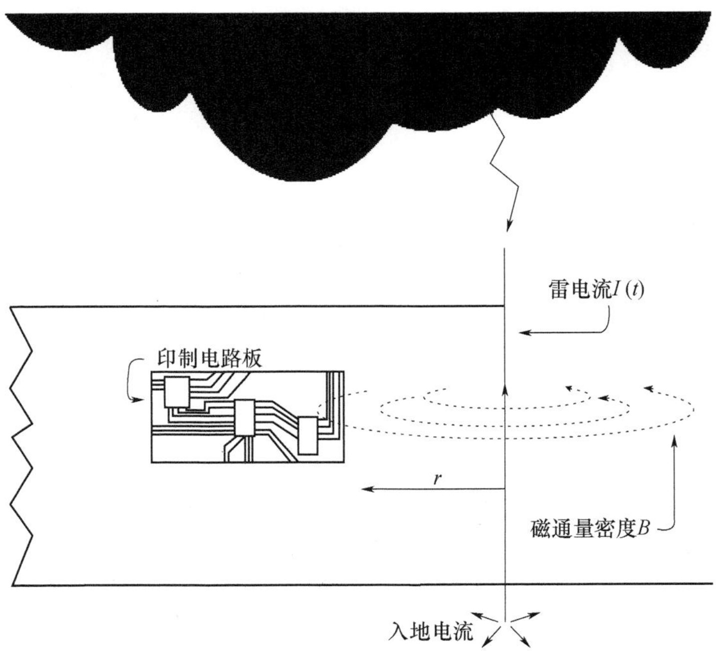

图 2-6　雷电防护系统引下线中雷电过电流引起电路板耦合示意图

$$B(t)=\frac{\mu_0 I(t)}{2\pi r}=\frac{4\pi\times10^{-7}I(t)}{2\pi\times10}=2\times10^{-8}I(t) \tag{2-4}$$

式中：r 是从雷电流到环路的距离(m)；μ_0 是空气的磁导率(Wb/(A·m))。

因此，对于一个峰值电流的变化率 $\mathrm{d}I(t)/\mathrm{d}t$ 为 10^{11} A/s，$B(t)$变化率为：

$$\frac{\mathrm{d}B(t)}{\mathrm{d}t}=2\times10^{-8}\frac{\mathrm{d}I(t)}{\mathrm{d}t}=2\times10^{1} \tag{2-5}$$

式中：B 是磁感应强度(Wb)。

对于一个小的含有缺口的小环，面积为 1×10^{-2} m^2(一个边长为 10 cm 的印制电路板)，闪电电流在 10 m 之外的环形回路上会出现变化的磁场，开口处会有 20 V 的电位差出现。对于相同的闪电电流，距离它越近或者环形越大，将会感应出更大的电位差。在一个建筑物中所有的电力线和通信线都有可能出现环路，而这些环路区域很有可能达到数十平方米。由于闪电电流在建筑外的引下线中向下传输，因此电流会分成几个支流向下，建筑物内部感应的变化磁场则会降低。当电流在建筑物的边墙上传散开，相似的影响也将会发生，这种建筑的钢筋墙连接着强度大的金属钢筋。作为这种影响的一个简单例子，对于两个引下线传输等量的电流，那么在其之间的总的磁场强度为零，因为有这两个单独的电流所感应的磁场强度大小是相等而方向相反。建筑物中各种不同的引下线或者一些导电墙，都会呈现出不完美的法拉第笼。

2.2　雷电流的破坏作用

雷电也是电流，它具有电流的一切效应。不同的是它能在很短的时间内以脉冲的形式通过强大的电流。尤其是直击雷，它的峰值电流有数十千安，乃至数百千安，持续时间只有数微秒到数十微秒，这使雷电流具有特殊的破坏作用。

2.2.1　雷电流热效应的破坏作用

强大的雷电流通过被击穿的物体时会产生大量的热量。根据焦耳定律，一次闪击的雷电流产生的热量(Q)：

$$Q = R\int_0^t I^2\,\mathrm{d}t \tag{2-6}$$

式中：Q 是发热量(J)；I 是电流(A)；R 是雷电流通道的电阻(Ω)；t 是雷电流持续时间(s)。

实际上，雷电流作用的时间很短，散热影响可以忽略，在雷电流通路上由雷电流引起的升温(ΔT)为：

$$\Delta T=\frac{Q}{mc} \tag{2-7}$$

式中：ΔT 是升温(K)；m 是通过雷电流的物体质量(kg)；c 是通过雷电流的物体的比热容[J/(kg · K)]。

由于雷电流很大，通过的时间很短，如果雷电击在树木或建筑物构件上，被雷击的物体将瞬间产生大量的热量。热量不能及时散发，会导致物体内部的水分大量变成水蒸气，并迅速膨胀，产生巨大的爆炸力，造成破坏。当雷电流通过金属体时，根据式(2-6)和(2-7)可以计算出其温度。如果金属体的截面积不足够大时，甚至可使其熔化。

与雷电通道直接接触的金属因高温而熔化的可能性很大，因为通道的温度可达6000～10000 ℃，甚至更高。因此，在雷电流通道上遇到易燃物质，可能引起火灾。

2.2.2 雷电流冲击波的破坏作用

雷电流通道的温度高达数千至数万摄氏度，空气受热急剧膨胀，并以超声速度向四周扩散，其外围附近的冷空气被强烈压缩，形成激波。被压缩空气层的外界称为激波波前。激波波前到达的地方，空气的密度、压力和温度都会突然增加。激波波前过去后，该区压力下降，直到低于大气压力。这种激波在空气中传播，会使其附近的建筑物和人、畜受到破坏和伤亡。这种冲击波的破坏作用就跟炸弹爆炸时附近的物体和人、畜损害一样。

与上面讲的冲击波相似的另一种冲击形式是次声波。庞大体积的雷雨云因迅速放电而突然收缩，当应电力(典型值为 100 V/cm)突然解除时，在一部分带电雷雨云中的流体压力将减小到 0.399 hPa。这样形成稀疏区和压缩区，它们以零点几赫兹到几赫兹的频率向外传播，这就形成次声波，次声波对人、畜有伤害作用。

2.2.3 雷电流电动力效应的破坏作用

由物理学可知，在载流导体周围空间存在磁场，磁场里的载流导体受到电磁力的作用。如图 2-7a 所示，如果导线 A、B 都有电流，那么导线 A 的电流会在它的周围空间产生磁场，而导线 B 在导线 A 所产生的磁场里将受到电磁力的作用。同理，导线 B 上的电流也会在它的周围空间形成磁场，导线 A 在该磁场里，也会受到电磁力的作用。这样两根载流导体相互间有作用力存在，我们把这种作用力称为电动力。

根据安培定律的推导，如图 2-7a 的每根平行导体，当 A、B 上分别通过电流 i_1 和 i_2(kA)，AB 的距离为 d(m)时，每米导线所受的作用力按下式计算：

$$F = 1.02\,\frac{2l_0}{d} i_1 i_2 \times 10^{-8} \tag{2-8}$$

式中：F 是每米导线所受的作用力(N)；l_0 是 1 m。

假定雷击的瞬间两根导线的电流 i_1 和 i_2 都等于 100 kA，两导线的距离为 50 cm。计算结果表明，这两根导线每米约受到 4080 N 的力。由电工学可知，这两根导线受到的力有迫使它们靠拢的趋势。因此，雷击的时候，电动力的作用也可能使导线折断。同样如图 2-7b 所示，在同一根导线或金属构件的弯曲部分有雷电流通过时，流过 AO 段的电流产生的磁场可使 BO 段金属构件受到电动力；流过 BO 段的电流产生的磁场可使 AO 段构件受到电动力；当电动力足够大时也会使构件受到破坏。由安培定律推导可知，凡是拐弯的导体或金属构件，在弯曲部分将受到电动力作用。其间的夹角越小，受到的电动力越大。当拐弯处的夹角为锐角时，受到作用力最大，钝角则较小。故接闪器及其引下线不应出现锐角的拐弯，尽可能采用钝角拐角。在不得已采用直角拐角时，应加强构件强度，尤其是引下线应尽可能采用弧形拐弯，俗称软连接。这样可使构件受到的应力更小，且不集中在一点，雷击造成的损失就相对小一些。

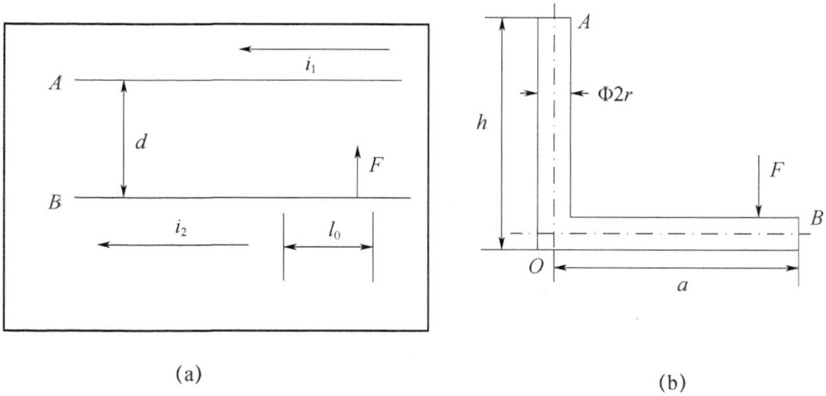

图 2-7　雷电流通过导线时，导线上的电动力

(a)两根平行导线间的电动力；(b)弯曲导线的电动力。

2.2.4　雷电的静电感应和电磁感应的破坏作用

1. 雷电的静电感应

当空间存在带电的雷云时，雷云下的地面及建筑物等，会因为静电感应的作用而带上相反的电荷。由于从雷云的出现到发生雷击(主放电)所需要的时间相对于主放电过程要长得多，因此大地可以有充分的时间积累大量电荷。当雷击发生后，雷云上所带的电荷，通过闪击与地面的异种电荷迅速中和。而某些局部，例如架空导线上的感应电荷，由于与大地间的电阻比较大，不能在同样短的时间内消失，这样就会形成局部地区感应高电压。电压从雷击开始随时间的推移而下降，符合 RC 电路放电的规律，即：

$$V_C = V_e^{-\frac{t}{Rc}} \tag{2-9}$$

$$V = \frac{Q}{C} \tag{2-10}$$

式中：V_C 是雷击发生后，局部高电压地区与大地之间瞬间的电压(V)；V 是发生闪击那一瞬间，即 t 等于零那一瞬间，局部高电压地区对大地间的电压(V)；R 是高电压局部地区对大地的散流电阻(Ω)；C 是局部高电压的地区对雷云之间的电容(F)；Q 是局部高电压地区积累的电荷量(C)；t 是以发生闪击瞬间为零，闪击发生后延续的时间(s)。

这样形成的局部地区感应高电压在高压架空线路上可达 300～400 kV，一般低压架空线路可达 100 kV，电信线路可达 40～60 kV。建筑物也可以产生相当高的有危险的电压，这种由静电感应产生的过电压对接地不良的电气系统有破坏作用。在建筑内部的金属构架与接地不良的金属器件之间容易发生火花，这对存放易燃物品的建筑物，如汽油、瓦斯、火药库以及有大量可燃性微粒飞扬面粉厂、亚麻厂等，有引起爆炸的危险。

2. 雷电的电磁感应

由于雷电流有极大峰值和陡度，在它周围的空间有强大的变化的电磁场，处在变化的电磁场中的导体会感应出较大的电动势。如图 2-8 所示，在雷电流引下线附近放置一个开口的金属环，环上的感应电动势足以使气隙 a、b 间放电，放电时 a、b 间随即产生火花，这些火花可以引起易燃物品着火，使易燃气体爆炸。如果回路中有导体接触不良，也会使回路过热，导致易燃物品燃烧，引发火灾。防止的办法是把互相靠近的金属物品用金属很好地连接起来。雷电的电磁感应引起火灾的例子也不少。1985 年 7 月 26 日，上海的北蔡仓库，棉花包外面用铁丝捆扎，在电磁感应中，铁丝上有强大的感应电流通过，其接触点发热，产生火花，引起棉包着火。

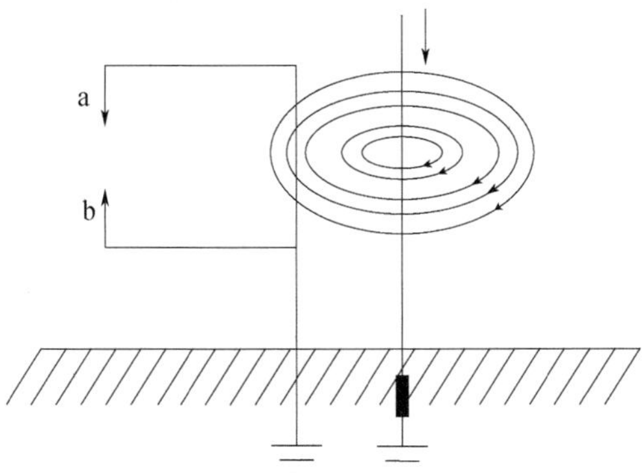

图 2-8　电磁感应的原理图

为了防止感应过电压发生，应将建筑物的金属屋顶和建筑物内的大型金属物品等，进行良好的接地处理，以便感应电荷迅速地流向大地。对较大的缺口金属环，应用金属将缺口处连成闭合环，防止在缺口处形成高电压和放电火花。

3. 雷电感应过电压分析

一般来说，感应过电压没有直击雷那么猛烈，但发生的概率比直击雷高得多。直击雷只有发生在雷云对地闪击时，才会对地面造成灾害，而感应过电压则不论雷云对地闪击或雷云对雷云之间闪击（据观测资料介绍，雷云对雷云闪击比雷云对地闪击概率高得多），都可能发生并造成灾害。此外，直击雷一次只能袭击 1～2 个小范围的目标，而一次雷闪击可以在比较大范围内多个小局部同时发生感应雷电过电压现象，且这种感应高电压可以通过电力线、通信线路和电话线等金属导线传输到很远，致使雷害范围扩大。

了解雷电闪击时感应体和电流注（雷电闪击时的主电流通道或避雷针）的距离，以及雷电流对时间的一次导数与感应电势的关系，对分析和防止感应雷电过电压有着重要意义。以图 2-9 为例作理论分析。

设图 2-9 避雷针（电流注）AM 与一个有气隙的正方形金属环处于同一平面上，x_1 为正方形方框与避雷针（电流注）的距离，x_2 是方框的另一边与避雷针（电流注）的距离，金属环的边长为 l。由电磁感应定律可知，开口金属环上最大感应电压：

$$E_m = -M\frac{dI}{dt}$$

如果不考虑电压的方向，则：

$$E_m = M\frac{dI}{dt}$$

式中：E_m 是感应电动势（V）；M 是互感系数（H）；dI/dt 是闪击电流变化率（A/s）。

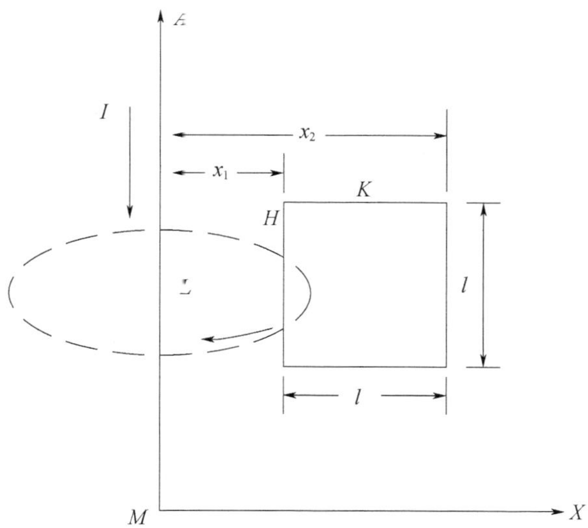

图 2-9　避雷针附近的开口金属杯

根据电磁场理论：

$$
\begin{aligned}
&\oint \cdot H \cdot \mathrm{d}L = I \\
&2H \cdot \pi \cdot X = I \\
&\mathrm{d}\phi = B \cdot \mathrm{d}s = \mu_0 \cdot H \cdot \mathrm{d}s \\
&\mathrm{d}\phi = \mu_0 \cdot H \cdot l \cdot \mathrm{d}X
\end{aligned}
\tag{2-11}
$$

$$
\phi = \int_{X_1}^{X_2} \mu_0 \cdot H \cdot l \cdot \mathrm{d}x = \frac{\mu_0 I \cdot l}{2\pi}\int_{X_1}^{X_2} \frac{\mathrm{d}X}{X}
$$

$$
\begin{aligned}
M &= \frac{\phi}{I} = \frac{\mu_0 \cdot l}{2\pi}\int_{X_1}^{X_2} \frac{\mathrm{d}x}{x} = \frac{\mu_0 \cdot l}{2\pi}[\ln X]_{X_1}^{X_2} \\
&= \frac{\mu_0 \cdot l}{2\pi}\ln\frac{X_2}{X_1} = \frac{\mu_0 \cdot l}{2\pi}\ln\frac{l+X_1}{X_1}
\end{aligned}
$$

式中：H 是磁场强度(A/m)；B 是磁感应强度(T)；ϕ 是穿过金属环的磁通量(Wb)；M 是互感系数(H)；μ_0 是空气磁介常数(H/m)，$\mu_0=4\pi\times10^{-7}$；l 是矩形金属环的长和宽(m)；L 是闭环积分线路(m)；s 是矩形金属环的面积(m^2)。

因 $X_2=l+X_1$ 代入(2-11)式得：

$$
M=2\times10^{-7}l \cdot \ln\frac{l+X_1}{X_1} \tag{2-12}
$$

由式(2-12)可知，在避雷针(电流注)附近开口金属环上最大感应电动势：

$$
E_m=2\times10^{-7}l \cdot \ln\frac{l+x_1}{x_1} \cdot \frac{\mathrm{d}I}{\mathrm{d}t} \tag{2-13}
$$

若避雷针(闪击电流注)与金属环之间的夹角为 α，则式(2-13)后应乘以 $\cos\alpha$。如果图 2-9 中的金属环边长 l 等于 5 m，则金属环开口 K 的电压与金属环一避雷针距离之间的关系如图 2-10 所示。

图 2-10 中闪击电流峰值分别选 50 kA 和 100 kA(这是较常见的闪击电流峰值)。通常雷电闪击电流波形前沿为 2～5 μs，取 2.5 μs。

从图 2-10 可以看出，一个即使只有 5 m×5 m 的开口金属框，在雷电流峰值为 100 kA 时，距离雷击点 200 m 也可以感应 1 kV 左右的电压。在潮湿环境下，零点几毫米的气隙就可能被击穿，发生有害的火花。

4. 某油库特大火灾分析

山东省某油库是一大型油库，1991 年 8 月 12 日 9 时 55 分起火，历时 100 余小时才扑灭。这次火灾伤亡百余人，数万立方米油库被烧毁，上万升原油流失，直接经济损失数千万元，是一次惨痛的教训。经专家反复论证认为是雷害事故，并最后认定是感应雷电引起爆炸。

根据前面的式(2-13)对感应电势的粗略计算，油罐的容量为数万升。如果罐内有

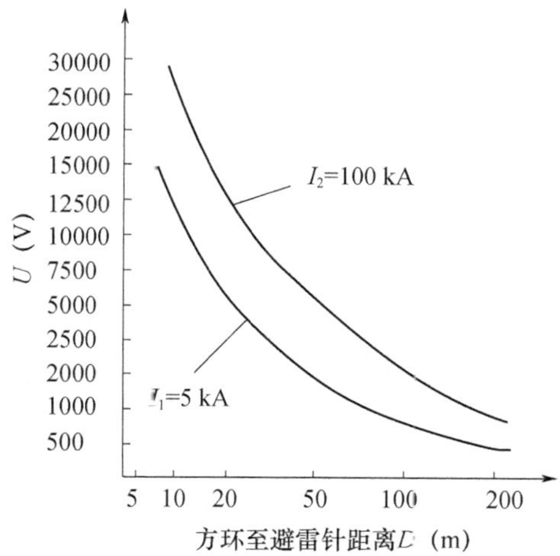

图 2-10　5 m×5 m 金属环上的开口感应电动势

10 m×10 m 连接不良(开口)金属环，则根据中国科学院国家空间科学中心测得：当时该地区有2～3 次落地雷，其中最大一次的雷电流峰值为 104 kA，如果雷电流波的前沿为 2.5 μs，在距离 500 m 以外发生闪击，为了简化计算，工程上往往近似地采用峰值电流 I 作为波前的电流增量 $\mathrm{d}I$，波前的时间作为相应的时间增量 $\mathrm{d}t$，其感应电势可达：

$$E_{\mathrm{m}}=2\times10^{-6}\ln\frac{510}{500}\times\frac{104000}{2.5\times10^{-6}}=1.6\ \mathrm{kV}$$

可见，这样高的感应电压在潮湿的雷雨天气下，即使 1 mm 左右的气隙也会产生火花并引爆石油挥发的气体。

鉴于非金属体油罐中的钢筋等金属物连接不可靠的地方颇多，一些混凝土中的钢筋外露或连接不良，使感应雷电间隙放电容易发生，导致非金属油罐的雷击事故概率比金属油罐明显更大。据不完全统计，这种油罐使用以来已发生火灾 20 多次。建议今后不再建造非金属贮油罐，现有的非金属贮油罐也应尽快淘汰，以便加强对感应雷电的防范。

根据以上对感应雷害的分析，建议对可能露天存放，或存放在屏蔽不好的仓库内的棉花、麻及其制品等易燃物品，均不使用金属丝捆扎。有易燃气体和粉尘的工厂、仓库应加强对构成环型金属体的间隙和厂房电磁屏蔽检查，一些大件的金属器件、构件和金属窗框等必须接地良好，以策安全。

2.2.5　雷电反击和引入高电位

雷电反击通常是指接受直击雷的金属体(包括接闪器、接地引线和接地体)，在接闪瞬间与大地间存在很高的电压 U。此类电压对与大地连接的其他金属物品发生闪击

(又叫闪络)的现象称为雷电反击。此外,当雷击到树时,树木高电压与其附近房屋、金属物品之间也会发生反击。对于一般只有数十米的单根接闪器引下线上电压 U 可按下式计算:

$$U=iR_{\mathrm{i}}+L_0 l\frac{\mathrm{d}i}{\mathrm{d}t} \tag{2-14}$$

式中:i 是雷电流(kA);R_{i} 是接地装置冲击电阻(Ω);L_0 是单位长度电感(μH/m);l 是引下线的长度(m);$\mathrm{d}i/\mathrm{d}t$ 是雷电流陡度(kA/μs)。

由式(2-14)可知,全部电压由两部分组成,一部分是雷电流瞬时值的电阻压降,另一部分是雷电流在电感上的压降,它与雷电流的陡度有关。雷电流和雷电流波形的陡度是不同的,它们作用于空气间隙的击穿强度也不同。对于电阻压降,空气击穿强度为500～600 kV/m,而对电感压降则为前者的2倍,为1000～1200 kV/m。沿木材、砖石等非金属材料的沿面闪络强度为上述两种强度的1/2,分别为250 kV/m和500 kV/m。为了防止反击的发生,一般应使防雷装置与建筑物金属体间隔一定距离,使它们之间间隙的闪络电压大于反击电压。即:

$$E\cdot S\geqslant U_{反击} \tag{2-15}$$

式中:E 是介质闪络强度(kV/m);S 是绝缘间隙距离(m)。

由于雷电电压的大小是在很大范围变化的,为了使各种建筑物能有效地防止雷电反击,在具体做法上各国都有不同的要求。西方有些国家对避雷装置与建筑物金属体间规定要保留一定间隙,而我国在规范中对不同种类建筑物的间隙距离分别作出明确规定。在因为条件限制而无法达到所规定的间隔尺寸时,应把避雷引下线与金属体用金属导线连接起来,使它们成为等电位体而避免发生闪击。对房屋周围的高大树木都应留有足够距离,以免树木与房屋间发生雷电反击。

雷电引入高电位是指直击雷或感应雷电过电压从输电线、通信电缆、无线电天线等金属引入线引入建筑物内,发生闪击而造成的雷击事故。这种事故的发生率很高,而且往往事故比较严重。如1970年广东曲江大塘机械厂因雷电高电位从低压输电线引入,结果在低压输电线下面的四人同时被击倒在地,其中一人死亡;1985年华南理工大学南秀村某住宅,因直击雷从无线电视天线引入,致使引线穿过的墙壁被炸开一个直径约30 cm的大孔,室内低压线路保险丝全部被烧断,并发出闪击雷鸣声,幸无人员伤亡;1987年7月4日广州三元里图强电器厂的一个仓库,因高电位从低压线路引入,电表被击得粉碎,并引起大火。

直击雷电压低则数百万伏,高则数千万伏,甚至更高。即使是感应雷电压,往往也有数万伏乃至数十万伏。雷击电流往往是数十千安,甚至数百千安,会产生很大的破坏力。然而雷电流的波头时间一般只有数微秒,波尾也只有数十微秒,可见其只是一个短暂的随机波。雷电流随时间以近似指数函数规律上升至峰值,由傅里叶变换可知,其包含丰富的高次谐波。高电位沿导线输入是用电设备被雷击的原因，高电位输入造成的雷击事故，占雷击事故的大多数。因此，凡是有用电装置的地方，都必须对高电位输入加以防备。

参考文献

BELLASCHI P L，1941. Lightning strokes in field and laboratory Ⅲ[J]. Trans SAIEE，60：1248-1256.

BERGER K，ANDERSON R B，LRONINGER H，1975. Paramrters of lightning flashes[J]. Electra，80：23-37.

BRICK R O，1968. A method for establishing lightning-resistant skin thickness requirements for airceaft[J]. Lightning and Static Electricity Conference，AFAL-TR-68-290，Part Ⅱ，295-317.

KOFOID M J，1970. Lightning Discharge heating of aircraft skins[J]. J Aircraft，1：21-26.

MCEACHRON K B，Hagenguth J H，1942. Effects of lightning on thin metal skind[J]. Trans SAIEE，61：559-64.

SADIKU M，2007. Element of Electromagnetics，4th edition[M]. Oxford：Oxford University Press.

TESTÉ P，LEBLANC T，UHLIG F，CHABRERIE J P，2000. 3D modeling of the heating of a metal sheet by a moving arc：application to aircraft lightning protection[J]. Eur phys J，AP11(3)：197-204.

第 3 章 雷电过电压

3.1 直接雷击和邻近雷击

雷电通道和防雷保护系统导线上的雷电流作用:〈1〉在接地系统的冲击接地电阻上产生电压降;〈2〉在建筑物内部导线形成的环路上感应出浪涌电压和电流。由于冲击接地电阻上的电压降,雷电流也会通过作为防雷等电位连接措施相连的电源线泄流。

特别是由于雷击的磁干扰辐射,周围区域的雷击在设备环路上感应浪涌电压和电流。如果雷击架空供电线,在电源进线上就有传导的浪涌电压和电流。由于电磁干扰的辐射,云际闪电在电力线和其他大范围的导线系统上也会产生传导的浪涌电压和电流。

下述标准给出各雷电流成分的参数(首次雷击浪涌电流,后续雷击浪涌电流和长时间连续电流):VG 95 371-2—1994(与 IEC 61024-1-1—1990 相一致)、DIN V ENV 61024-1—1996(VDE 0185 第 100 部分)、IEC 61312-1—1995 和 DIN VDE 0185 第 103 部分(图 3-1)。在此,三级防雷保护等级遵循 IEC 标准的规定,而二级危险度依照 VG 标准的规定(表 3-1)。

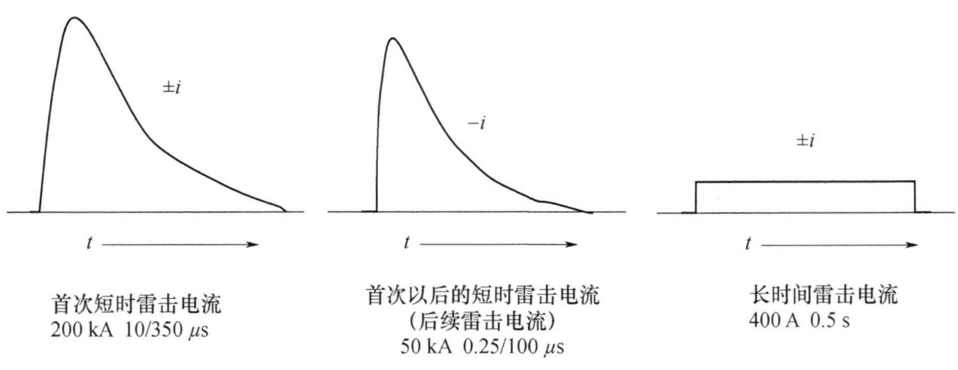

图 3-1 雷电流各分量

表 3-1　雷电流参数

按照 IEC 的保护等级	按照 VG 的威胁等级	首次回击雷电冲击电流				
		I(kA)	T_1(μs)	T_2(μs)	Q_S(C)	W/R(MJ/Ω)
Ⅰ	高	200	10	350	100	10
Ⅱ		150	10	350	75	5.6
Ⅲ－Ⅳ	普通	100	10	350	50	2.5

按照 IEC 的保护等级	按照 VG 的威胁等级	后续回击雷电冲击电流				长持续时间雷电流	
		I(kA)	T_1(μs)	T_2(μs)	I/T_1(kA/μs)	Q_l(C)	T(s)
Ⅰ	高	50	0.25	100	200	200	0.5
Ⅱ		37.5	0.25	100	150	150	0.5
Ⅲ－Ⅳ	普通	25	0.25	100	100	100	0.5

注：I 是电流峰值；T_1 是波头时间，T_2 是半波时间，T 是电流持续时间；Q_s是脉冲电荷量；Q_l是长持续时间电荷量；W/R 是电流的比能量。

如果精确的分析不可能进行或者太昂贵，电源线上来自被击建筑物的雷电流可以按照 IEC 61312-1—1995 和 DIN VDE 0185 第 103 部分估算。如图 3-2 所示，假定 50％的雷电流流进建筑物的接地系统，50％均匀地分布于远处接地的供给系统（如管道、电源和通信线）。为简便起见，假定在各供给系统中，分雷电流在各导体上（如电力电缆的 L1、L2、L3 和 PEN，或数据线的四根芯线上）均匀分布。

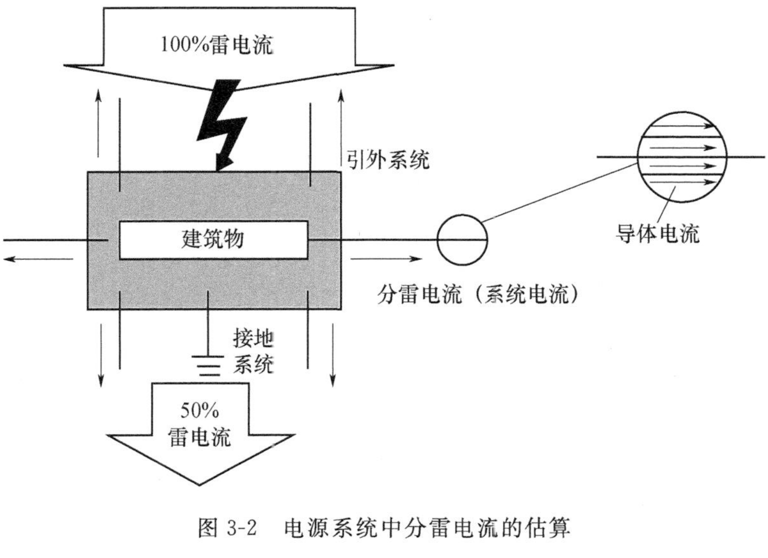

图 3-2　电源系统中分雷电流的估算

雷电流将在接地系统、外部导体和进线（直接连接或者通过避雷器连接）上分配如下：各外部导体和导线分担的雷电流 I_t 取决于外部导体和导线的数量、其等效接地电阻和接地系统的等效接地电阻，即：

$$I_t=\frac{Z\times I}{n_t\times Z+Z_t} \tag{3-1}$$

式中：Z 是接地系统的等效接地电阻(Ω)；Z_t 是外部导体或导线的接地电阻(Ω)；n_t 是外部导体或导线的总数；I 是按保护等级确定的雷电流(A)。

如果电气或者信息系统所用的导线没有屏蔽或者未置于金属管中，则各导体分担的电流为 I_t/n'。n'为电气或者信息系统的导线的总数(表 3-2)

表 3-2 取决于土壤电阻率的等效接地电阻 Z 和 Z_1

ρ(Ω·m)	Z_1(Ω)	各保护等级的等效接地极电阻 Z(Ω)		
		Ⅰ	Ⅱ	Ⅲ和Ⅳ
100	8	4	4	4
200	13	6	6	6
500	16	10	10	10
1000	22	10	15	20
2000	28	10	15	40
3000	35	10	15	60

3.1.1 冲击接地电阻上的电压降

被击中建筑物的冲击接地电阻 R_{st} 上的最大压降 $\hat{u}_E$ 是按雷电流的最大值 $\hat{i}$ 来计算的(图 3-3)，即：

$$\hat{u}_E=\hat{i}R_{st} \tag{3-2}$$

保护等级	峰值电流(kA)
Ⅰ	200
Ⅱ	150
Ⅲ－Ⅳ	100

算例：

$\hat{u}_E=100\ \text{kA}\times 1\ \Omega=100\ \text{kV}$

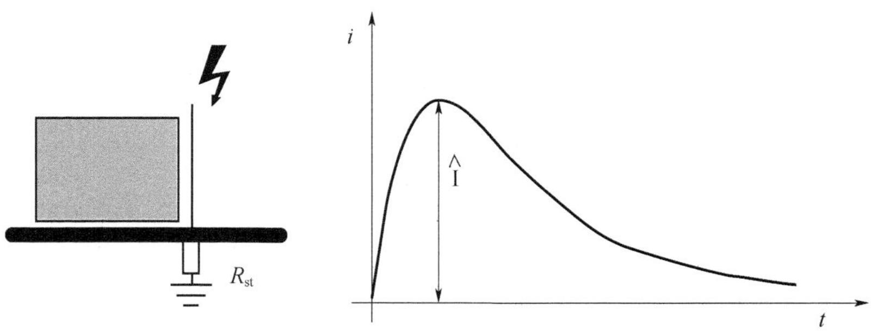

图 3-3 雷电流峰值下与远处大地相比的电位升高

如果已经有效地建立了防雷保护的等电位连接，那么这一电压降$\hat{u}_E$对被保护系统并不危险。目前，国内和国际的防雷保护标准都要求实施综合等电位连接。在综合等电位连接的系统中，所有的导线（进线或出线）都直接或者通过火花间隙、电涌保护器连接到接地系统。在遭雷击时，整个系统的电位将升高$\hat{u}_E$，但在系统内，不会出现危险的电位差。

3.1.2　金属环中的感应电压

雷电流上升的最大速度（$\Delta i/\Delta t$，在Δt时间内有效）决定了雷电流载流导体周围所有开口或闭合的设备环路中的电磁感应电压的峰值。

在Δt时间内，金属环上的磁感应电压U由下式给出（图 3-4）：

$$U=M\left(\frac{\Delta i}{\Delta t}\right) \tag{3-3}$$

式中：U是磁感应方波电压（V），M是环的互感（H），$\Delta i/\Delta t$是电流上升速度（A/s）。

在设计防雷保护系统时，可用表 3-1 给出的波头电流平均上升速度的最大值I/T_1（在波头时间T_1内有效）。

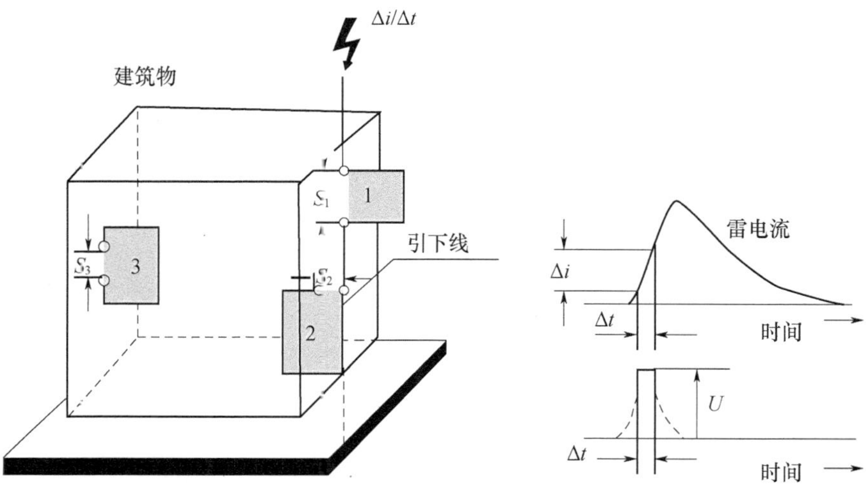

图 3-4　雷电沉上升速度$\Delta i/\Delta t$下环中的感应电压

1：闪络距离S_1的引下线形成的固有环路；2：闪络距离S_2的引下线与设备线路形成的环路；3：闪络距离S_3的设备环。

在估算设备环路上（如在一座建筑物内）的最大感应电压U时，假定该环处于无限长雷电流引下线的附近。

对于一个由无限长雷电流载流导线和设备线（例如，在等电位连接排处与防雷保护系统的引下线相连的电气设备的保护导体）组成的正方形环上的电压，可用下式估算：

$$U=M_1\left(\frac{\Delta i}{\Delta t}\right) \tag{3-4}$$

式中:U 是方波电压(kV);M_1 是环的互感(μH);$\Delta i/\Delta t$ 是雷电流的变化率(kA/μs)。M_1 取决于环的边长 a 和载雷电流导体的截面积 q,这些参数可按图 3-5 取值;$\Delta i/\Delta t=I/t_1$,可按要求从表 3-1 取值(图 3-6)。

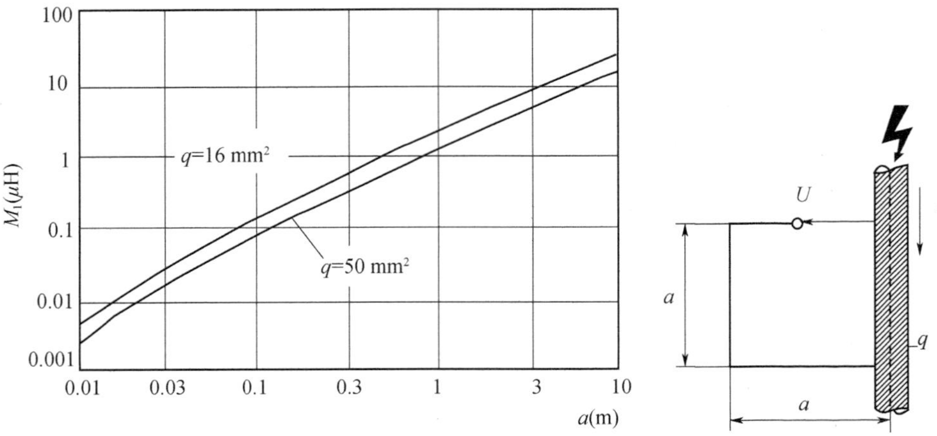

图 3-5　用于计算载雷电流的导体与设备线组成的正方形环上的电压的互感 M_1

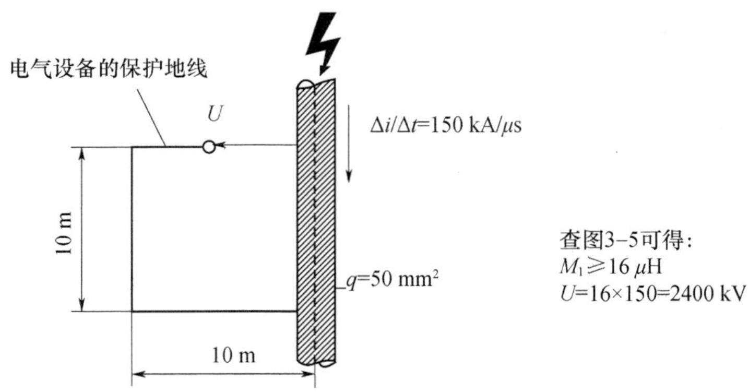

图 3-6　算例

与无限长雷电流载流导线相绝缘的设备线组成的正方形环,可用下式求电压:

$$U=M_2\left(\frac{\Delta i}{\Delta t}\right) \tag{3-5}$$

式中:U 是方波电压(kV);M_2 是环的互感(μH);$\Delta i/\Delta t$ 是雷电流载流导线上的电流变化率(kA/μs)。M_2 取决于环的边长 a 和环与雷电流载流导线之间的距离 s。这些参数可按图 3-7 取值。$\Delta i/\Delta t=I/t_1$ 可按要求从表 3-1 取值(图 3-8)。

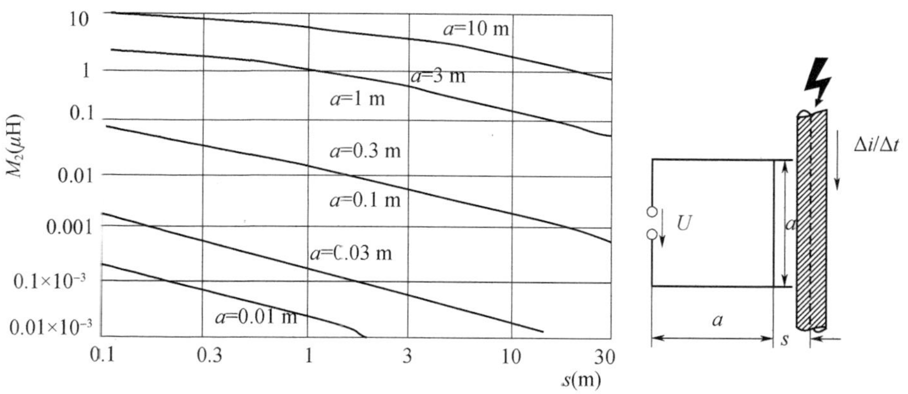

图 3-7　用于计算设备线组成的正方形环上的电压的互感 M_2

（环与雷电流载流导体之间的等电位连接线对 M_2 没有任何影响）

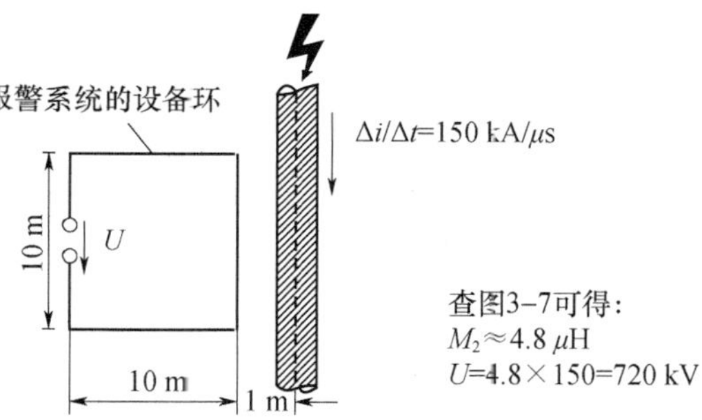

图 3-8　算例

除了由于设备原因造成的大金属环内的感应效应以外，在雷电流载流导线的附近，无屏蔽、分层式绞线电缆中的平行导线构成的狭长形导线环上的感应效应也值得注意。线间产生的感应电压称为横向电压。这种电压对电子设备特别有害。对于一个由设备线的导线组成的平行于无限长雷电流载流导线的狭长的导线环，可用下式求电压：

$$U = M_3' l \left(\frac{\Delta i}{\Delta t}\right) \tag{3-6}$$

式中：U 是方波电压(V)；M_3'是与导线间距相关的环的单位长度互感(nH/m)；l 是电缆线的长度(m)；$\Delta i/\Delta t$ 是雷电流的变化率(kA/μs)。M_3'取决于导线间的距离 b 和电缆线与雷电流载流导线之间的距离 s，这些参数可按图 3-9 取值；$\Delta i/\Delta t = I/t_1$，可按要求从表 3-1 取值(图 3-10)。

对于一个由设备线组成，垂直于无限长雷电流载流导线，且相距一定距离的狭长线框，其电压公式为：

$$U=M_4' b\left(\frac{\Delta i}{\Delta t}\right) \tag{3-7}$$

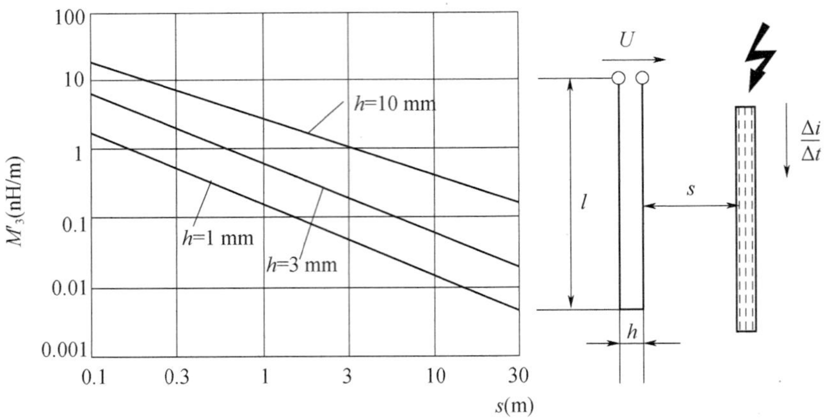

图 3-9　用于计算双芯线上的电压的互感 M_3'

（环与载雷电流的导体之间的等电位连接线对 M_3' 没有任何影响）

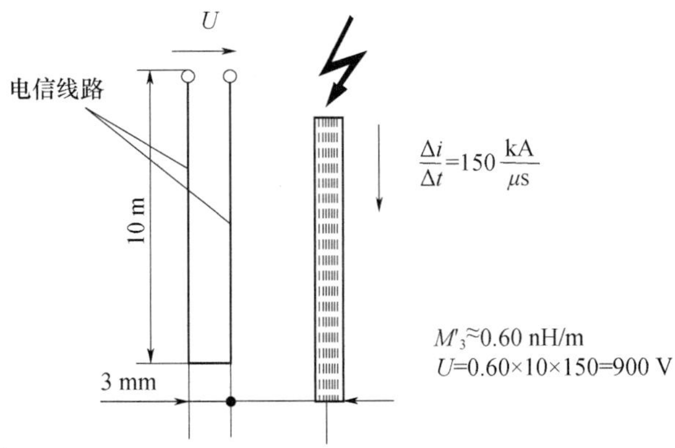

图 3-10　算例

式中：U 是方波电压（V）；M_4' 是与导线间距相关的线框的单位长度互感（nH/mm）；b 是线间距离（mm）；$\Delta i/\Delta t$ 是雷电流载流导体上的电流变化率（kA/μs）。M_4' 取决于线路长度 l 和设备线与雷电流载流导体之间的距离 s，这些参数可按图 3-11 取值；$\Delta i/\Delta t=I/t_1$，可按要求从表 3-1 取值（图 3-12）。

与大环中的高电压值相比，在狭长环中只有大约 100 V 的感应电压。但这是在信息系统线路上的横向电压，其正常运行电压只有 1～10 V，并且与对电涌很敏感的电子设备相连接。在绞线线路中，特别是在有电磁屏蔽的线路中，感应电压比按照上述公式计算出来的值要小得多，这种幅值的横向电压通常并不危险。

如果金属环短接或其绝缘被感应电压U击穿，则环中有感应电流i_i，其值可用下式计算：

$$\frac{di_i}{dt}+\frac{1}{\pi}i_i=\frac{M}{L}\left(\frac{di}{dt}\right),\text{时间常数 }\tau=\frac{L}{R} \tag{3-8}$$

式中：t是时间(s)；τ是环的时间常数；R是环路电阻(Ω)；L是环的自感(H)；i是雷电流载流导体上的雷电流(A)。

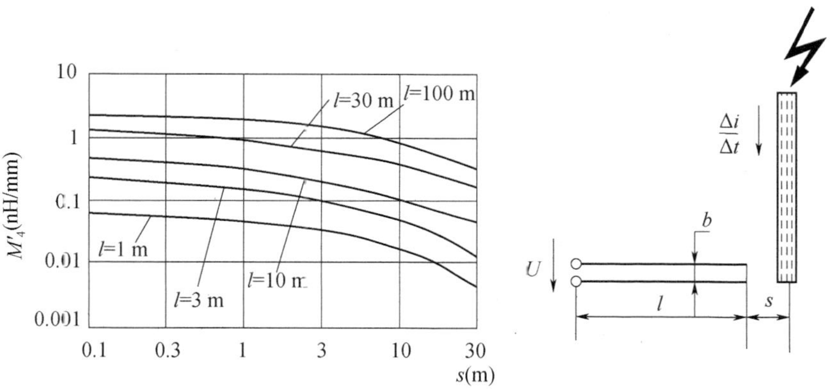

图 3-11 用于计算双芯线上的电压的互感 M'_4

(环与雷电流的载流导体之间的等电位连接线对 M'_4 没有任何影响)

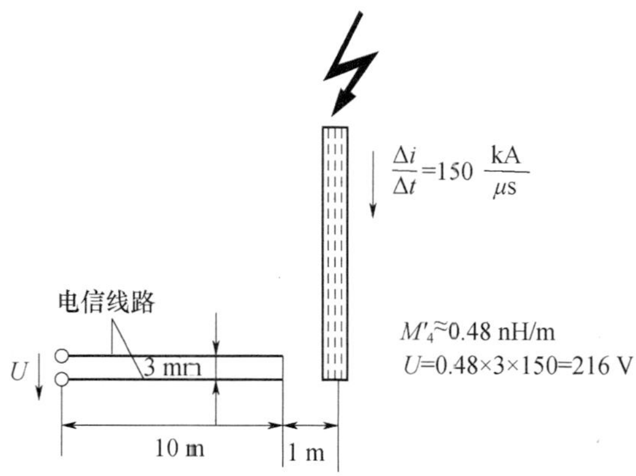

图 3-12 算例

由于雷电流上升极快，在雷电通道或雷电流载流导体的附近将会产生快速变化的磁场。建筑物内的这种磁场，在由诸如电源线和信息系统线路、水管和输气管之类的设施线形成的宽感应环中，会产生高达 100 kV 的浪涌电压。

如图 3-13 所示，是一台连接到电源和数据系统的计算机。数据电缆进入建筑物后即连接到等电位连接排(EBB)上,随后电缆穿过数据线插座进入计算机。电力电缆也通过避雷器与等电位连接排连接,通过电源插座给计算机供电。由于电源线和数据电缆是各自独立安装的,它们可形成一个面积约为 100 m^2 的感应环。该环的开口端在计算机内,环内磁感应产生的浪涌电压作用于此开口端。在直接雷击甚至是临近雷击的情况下,环内均能感应出足以造成设备击穿,有时甚至起火的浪涌电压。

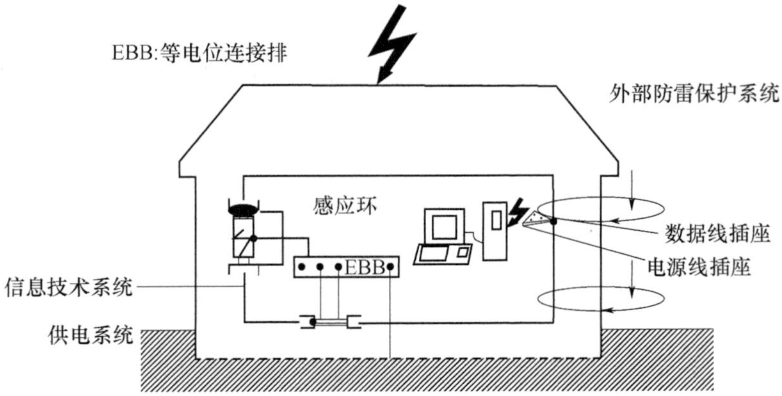

图 3-13　雷电感应过电压威胁电子设备

计算机必须“就地”防护这些雷电浪涌,即在设备本身上防护,或直接在电源与数据插座上防护。

3.2　远处雷击

在远处雷击情况下,行波电涌沿线路传播,或雷击在被保护系统的附近,从而产生影响被保护系统的电磁场。

19 世纪 90 年代大气过电压造成的危害表明,甚至到距离雷击点 2 km 远处,电子设备对感应或传导的浪涌电压和浪涌电流仍很敏感。这种大面积的危害是由于连接到延伸至建筑物外的电缆的高科技设备的敏感度越来越高,敏感网络的应用越来越广泛造成的。

随着技术的发展,连接设备的数据传输线的最大允许长度迅速延长。例如,V2.4/V2.8 接口(电子数据处理技术刚出现时应用的接口)说明线路驱动器的电特性允许电缆直接连接的长度约为 15 m。目前市场上可买到的线路驱动器和接口允许直接连接的双芯绞线电缆的长度可达约 1000 m。

雷电流在电缆中流动时,将会产生纵向与横向电压(图 3-14)。芯线和电缆的金属屏蔽层之间产生的纵向电压 U_1 施加在所连接的设备的输入端与接地外壳之间的绝缘上。横向电压 U_q 出现在芯线之间，给所连接的设备的输入电路施压。如果雷电流 I_2 已知，那么纵向电压 U_1 可根据电缆的转移阻抗 R_k（表 3-3）计算，$\hat{U}_1 = R_k \times l \times \hat{I}_2$。

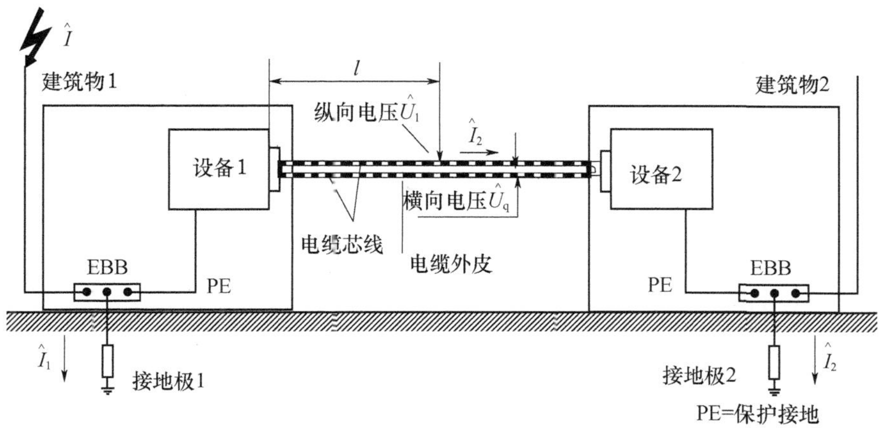

图 3-14　电缆中的浪涌

表 3-3　雷电流下的转移阻抗

屏蔽		直流电阻 R_G * (mΩ/m)	冲击转移阻抗 R_K * (mΩ/m)
∅35.0 mm 铝外皮电缆		0.24	0.17
∅35.0 mm 铅外皮电缆		1.00	0.95
2.50 mm² NYCY 屏蔽电缆		7.00	7.00
6.0 mm² NYCY 屏蔽电缆		3.00	3.00
10.0 mm² NYCY 屏蔽电缆		1.70	1.70
铜编织网屏蔽通信电缆(∅1.2 线)	6 对	2.00	2.00
	12 对	0.90	0.90
∅64.0 mm×1.3 mm 钢管		0.50	0.08
∅64.0 mm×1.3 mm 铜管		0.07	0.04
∅600.0 mm/8.0 mm 钢管屏蔽体距电缆 10.0 cm		0.01	30.00
∅10.0 mm 钢丝距电缆 10.0 cm		1.50	300.00

3.3　雷电流在信号线上的耦合

下述例子（图 3-15）说明浪涌电流如何通过阻性耦合、感性耦合或容性耦合耦合到延伸系统的信号线上。考虑建筑物 1 内的设备 1 和建筑物 2 内的设备 2 的布置，两设备之间通过信号线连接。此外，假定两台设备都通过保护接地线（PE）连接到各自建筑物内的等电位连接排上。

3.3.1　阻性耦合

如图 3-15 所示，雷击建筑物 1，在接地电阻 R_{A1} 上产生约 1000 kV 的电位差。该幅值的电压足以闪络设备 1 和设备 2 的绝缘距离，这样阻性交叉耦合浪涌电流从 EBB1 通过设备 1，沿着信号线流到设备 2、EBB2 和 R_{A2}。该浪涌电流的幅值(其峰值可达数千安)取决于电阻 R_{A1} 和 R_{A2} 的相对值。

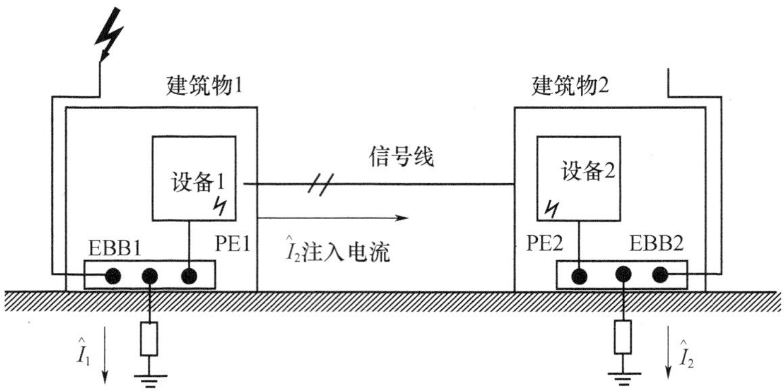

图 3-15　阻性耦合

3.3.2　感性耦合

如前所述，金属环内通过雷电流通道或雷电载流导线的感应场而感应出感应电压。

如图 3-16 所示，设备 1 和设备 2 之间的两芯信号线形成一个感应环。如果雷击建筑物 1，该环内将感应数千伏的横向电压，产生可高达数千安的耦合电流。这些感应电压和电流施加于设备的输入端或输出端。

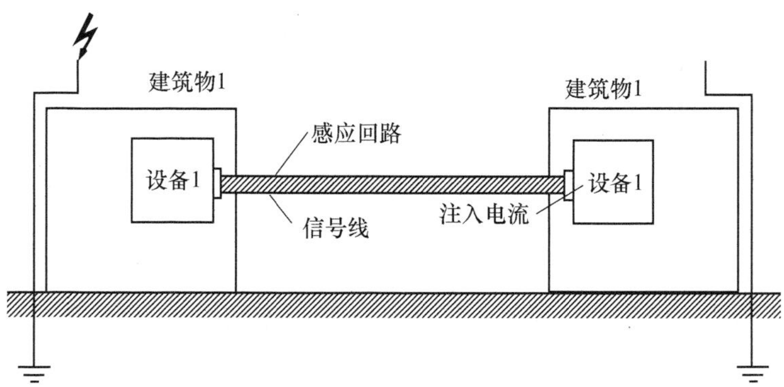

图 3-16　感性耦合(信号线与芯线之间组成感应环)

图 3-17 是另一种可能发生感性耦合的例子。信号线与地形成感应环，如果雷击建筑物 1，该环上感应出很高的电压(约 10 kV)，导致设备 1 和设备 2 的绝缘闪络，产生数千安的耦合电流。

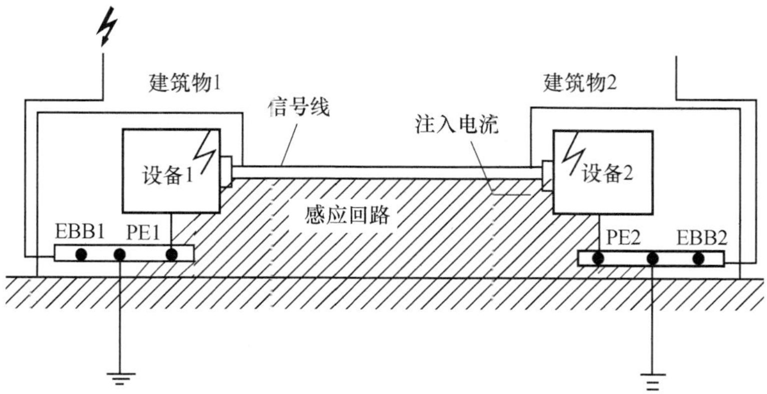

图 3-17 感性耦合(信号线与地之间组成感应环)

3.3.3 容性耦合

如果雷击中大地或接闪器，由于接地极电阻 R_A 上的电位差，雷电通道或接闪器电压将升至约 100 kV。

图 3-18 中，设备 1 与设备 2 之间的信号线与这种雷电通道或接闪器容性耦合。耦合电容被充电，引起电流“注入”约 10 A，通过设备 1 和设备 2 的绝缘流入大地。

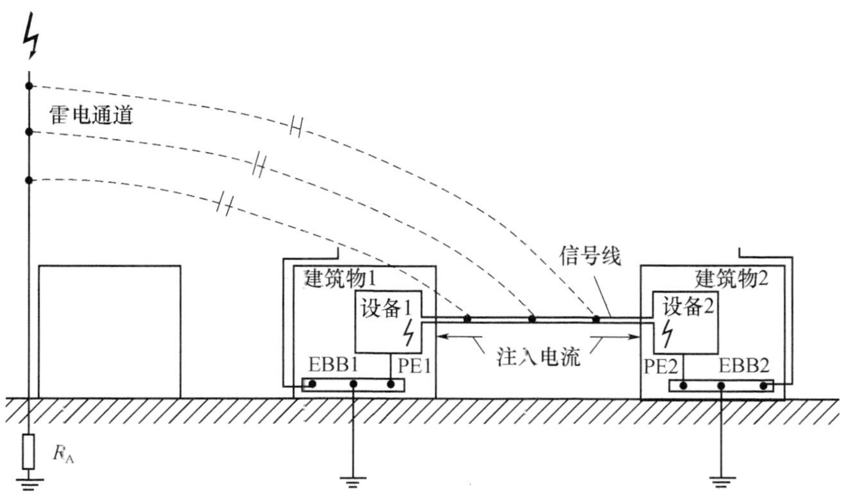

图 3-18 容性耦合

3.4 雷电过电压的幅值

远处雷击最初引起约 10 kV 的电涌，产生的电流在数值上相对较小。但直接雷击的雷电流要大得多且幅值更高，其电流可达 200 kA（I 级保护等级）并可出现数百千伏的电压峰值。

低压设备通常只能耐受数千伏的冲击击穿电压，因此易受远处雷击产生的数十千伏或者直接雷击产生的 100 kV 过电压的威胁，甚至被破坏。一些电子设备的耐受电压可能低至 10 V。所以，大气放电引起的电压值比包含电子设备的低电压系统的可耐受电压要高 100～10000 倍（表 3-4）。

因此，这些高幅值的过电压必须通过保护措施或电涌保护器，以降低到明显低于允许的冲击击穿电压或冲击闪络电压的值。为可靠保护起见，在直接雷击的情况下，电涌保护器也必须能够释放很高的雷电流而不被损坏。

表 3-4　1000 V 及以下电气系统与设备的冲击闪络电压/冲击击穿电压（1.2/50 μs）

设备/电缆/导线		冲击闪络电压/冲击击穿电压
对机架/地	电源箱	5.0 kV/8.0 kV
	电信单元	1.0 kV/3.0 kV
电子设备/电路输入端之间的横向电压	分立元件（电阻、电容等）电路	0.5 kV/5.0 kV
	集成电路、双极型（TTL）	6.0 V/100.0 V*
	集成电路、双极型高级 HTTL 和运算放大器	3 V.0/300.0 V*
	集成电路、MOS 型	3.0 V/100.0 V*
电信电缆		5.0 kV/8.0 kV
信号与测量电缆、电源线		至 20.0 kV
电力电缆		至 30.0 kV

注：* 取决于能量的值。

参考文献

HASSE P, 1993. Überspannungsschutz von Niederspannungsanlabcn-Ein-satz elektronischer Gerate auch bei direkten Blitzeinschlagen[M]. Koeln: TUV Verlag GmbH.

HASSE P, WIESINGER J, 1993. Handbuch fur Blitschutz und Erdung[M]. Berlin: VDE Verlag GmbH.

HASSE P, WIESINGER J, 1994. EMV Blitz-Schutzzonen-Konzept[M]. Berlin: VDE Verlag GmbH.

第 4 章　雷电防护措施

4.1　直击雷防护

4.1.1　建筑物年预计雷击次数

1. 建筑物年预计雷击次数应按下式计算：

$$N=k\times N_g\times A_e \tag{4-1}$$

式中：N 是建筑物年预计雷击次数（次/a）；k 是校正系数，在一般情况下取 1，位于河边、湖边、山坡下或山地中土壤电阻率较小处、地下水露头处、土山顶部、山谷风口等处的建筑物以及特别潮湿的建筑物取 1.5，金属屋面没有接地的砖木结构建筑物取 1.7，位于山顶上或旷野的孤立建筑物取 2；N_g 是建筑物所处地区雷击大地的年平均密度［次/（km^2·a）］；A_e 是与建筑物截收相同雷击次数的等效面积（km^2）。

2. 雷击大地的年平均密度，首先应按当地气象台、气象站资料确定。若无此资料，可按下式计算：

$$N_g=0.1\times T_d \tag{4-2}$$

式中：T_d 是年平均雷暴日（d/a）。

3. 与建筑物截收相同雷击次数的等效面积应为其实际平面积向外扩大后的面积，其计算方法应符合下列规定：

（1）当建筑物的高度小于 100 m 时，其每边的扩大宽度和等效面积（A_e）应按下列公式计算（图 4-1）：

$$D=\sqrt{H(200-H)}$$

$$A_e=[LW+2(L+W)\sqrt{H(200-H)}+\pi H(200-H)]\times 10^{-6} \tag{4-3}$$

式中：D 是建筑物每边的扩大宽度（m）；L、W、H 分别是建筑物的长、宽、高（m）。

（2）当建筑物的高度小于 100 m，同时其周边在 $2D$ 范围内有等高或比它低的其他建筑物，这些建筑物不在所考虑建筑物以 h_r 等于 100 m 的保护范围内时，按式（4-3）算出的 A_e 可减去（$D/2$）×（这些建筑物与所考虑建筑物边长平行以米计的长度总和）×

10^{-6}(km^2)。

当四周在 2D 范围内都有等高或比它低的其他建筑物时，其等效面积可按下式计算：

$$A_e=\left[LW+(L+W)\sqrt{H(200-H)}+\frac{\pi H(200-H)}{4}\right]\times10^{-6} \tag{4-4}$$

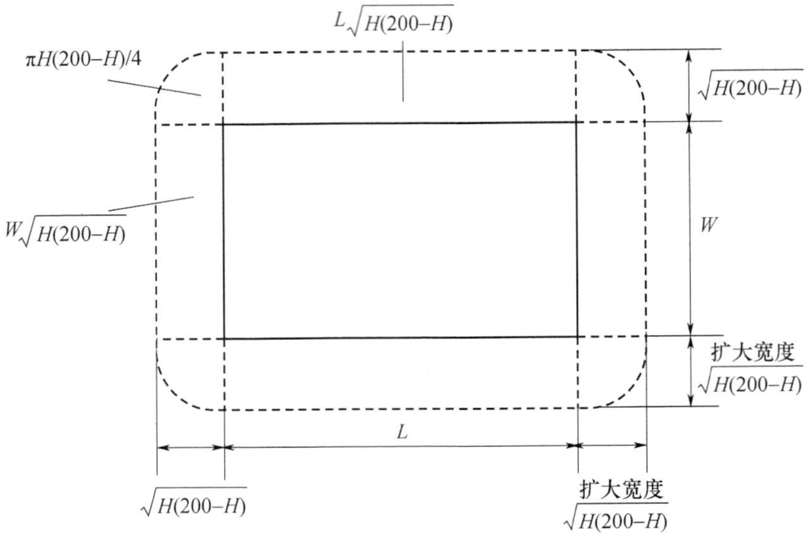

图 4-1 建筑物的等效面积

注：建筑物平面面积扩大后的等效面积为图中周边虚线所包围的面积。

(3)当建筑物的高度小于 100 m，同时其周边在 2D 范围内有比它高的其他建筑物时，按式(4-4)算出的等效面积可减去 $D\times$(这些建筑物与所考虑建筑物边长平行以米计的长度总和)$\times10^{-6}$(km^2)。

当四周在 2D 范围内都有比它高的其他建筑物时，其等效面积可按下式计算：

$$A_e=LW\times10^{-6} \tag{4-5}$$

(4)当建筑物的高度等于或大于 100 m 时，其每边的扩大宽度应按等于建筑物的高计算；建筑物的等效面积应按下式计算：

$$A_e=[LW+2H(L+W)+\pi H^2]\times10^{-6} \tag{4-6}$$

(5)当建筑物的高度等于或大于 100 m，同时其周边在 2H 范围内有等高或比它低的其他建筑物，且不在所确定建筑物以滚球半径等于建筑物高的保护范围内时，按式(4-6)算出的等效面积可减去$(H/2)\times$(这些建筑物与所确定建筑物边长平行以米计的长度和)$\times10^{-6}$(km^2)。

当四周在 2H 范围内都有等高或比它低的其他建筑物时，其等效面积可按下式计算：

$$A_e=\left[LW+H(L+W)+\frac{\pi H^2}{4}\right]\times10^{-6} \tag{4-7}$$

(6)当建筑物的高度等于或大于 100 m，同时其周边在 $2H$ 范围内有比它高的其他建筑物时，按式(4-6)算出的等效面积可减去 $H\times$(这些建筑物与所确定建筑物边长平行以米计的长度总和)$\times 10^{-6}$(km^2)。

当四周在 $2H$ 范围内都有比它高的其他建筑物时，其等效面积可按式(4-5)计算。

(7)当建筑物各部位的高度不同时，应沿建筑物周边逐点算出最大扩大宽度，其等效面积应按每点最大扩大宽度外端的连接线所包围的面积计算。

4.1.2　建筑物易受雷击的部位

1. 平屋面或坡度不大于 1/10 的屋面，檐角、女儿墙、屋檐应为其易受雷击的部位(图 4-2)。

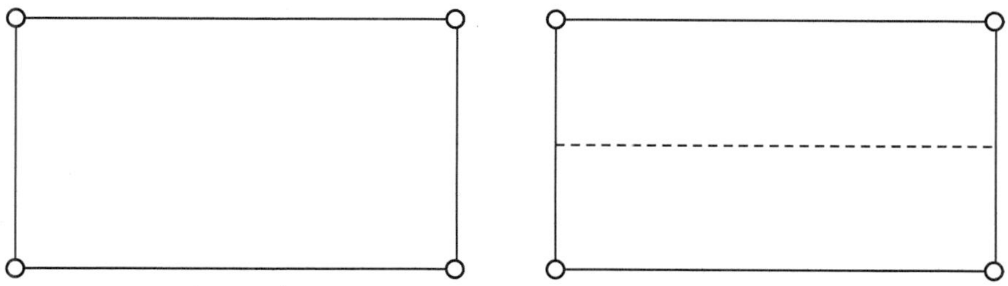

(a) 平屋面　　(b) 坡度不大于1/10

图 4-2　建筑物易受雷击的部位(一)

—— 易受雷击部位；- - - - 不易受雷击的屋脊和屋檐；○ 雷击率最高部位

2. 坡度大于 1/10 且小于 1/2 的屋面，屋角、屋脊、檐角、屋檐应为其易受雷击的部位(图 4-3)。

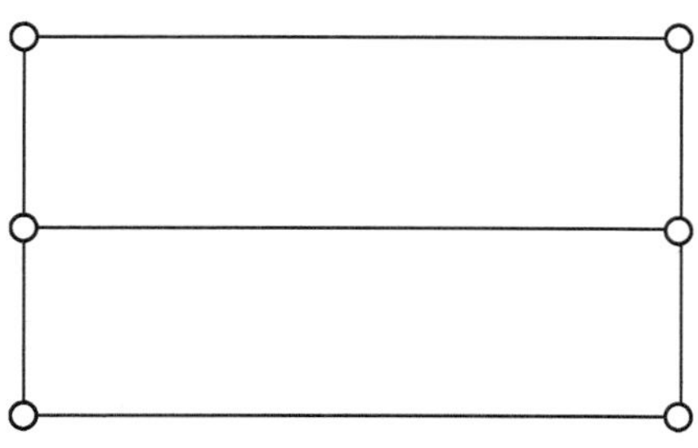

图 4-3　建筑物易受雷击的部位(二)

—— 易受雷击部位；○ 雷击率最高部位

3. 坡度不小于 1/2 的屋面，屋角、屋脊、檐角应为其易受雷击的部位(图 4-4)。

4. 图 4-3 和图 4-4，在屋脊有接闪带的情况下，当屋檐处于屋脊接闪带的保护范围内时，屋檐上可不设接闪带。

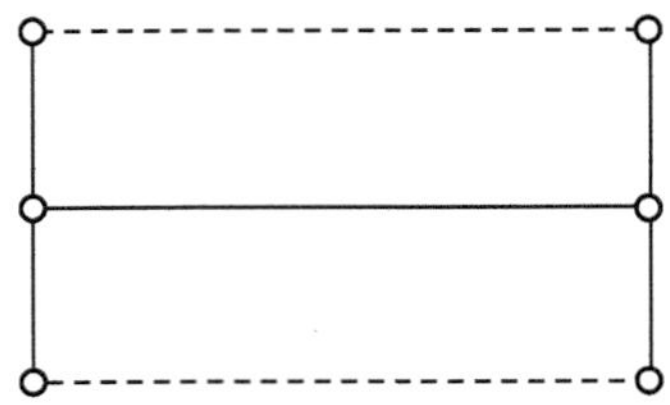

图 4-4　建筑物易受雷击的部位(三)

——易受雷击部位;----不易受雷击的屋脊和屋檐;○ 雷击率最高部位

4.1.3　接地装置冲击接地电阻与工频接地电阻的换算

1. 接地装置冲击接地电阻与工频接地电阻的换算,应按下式计算:

$$R_{\sim}=A\times R_{i} \tag{4-8}$$

式中:$R_{\sim}$是接地装置各支线的长度取值小于或等于接地体的有效长度 l_e,或者有支线大于 l_e 而取其等于 l_e 时的工频接地电阻(Ω);A 是换算系数,其值宜按图 4-5 确定;R_i 是所要求的接地装置冲击接地电阻(Ω)。

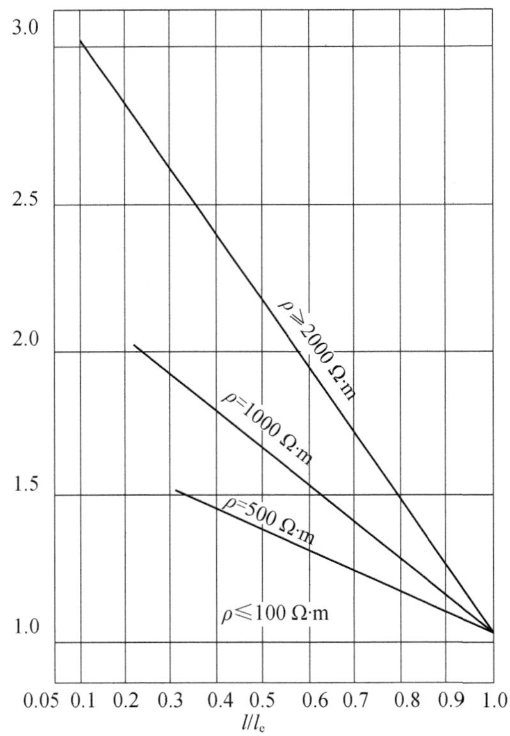

图 4-5　换算系数 A

l:接地体最长支线的实际长度,其计量与类同;当它大于 l_e 时,取其等于 l_e

2. 接地体的有效长度应按下式计算：

$$l_e = 2\sqrt{\rho} \tag{4-9}$$

式中：l_e 是接地体的有效长度（m），应按图 4-6 计量；ρ 是敷设接地体处的土壤电阻率（Ω·m）。

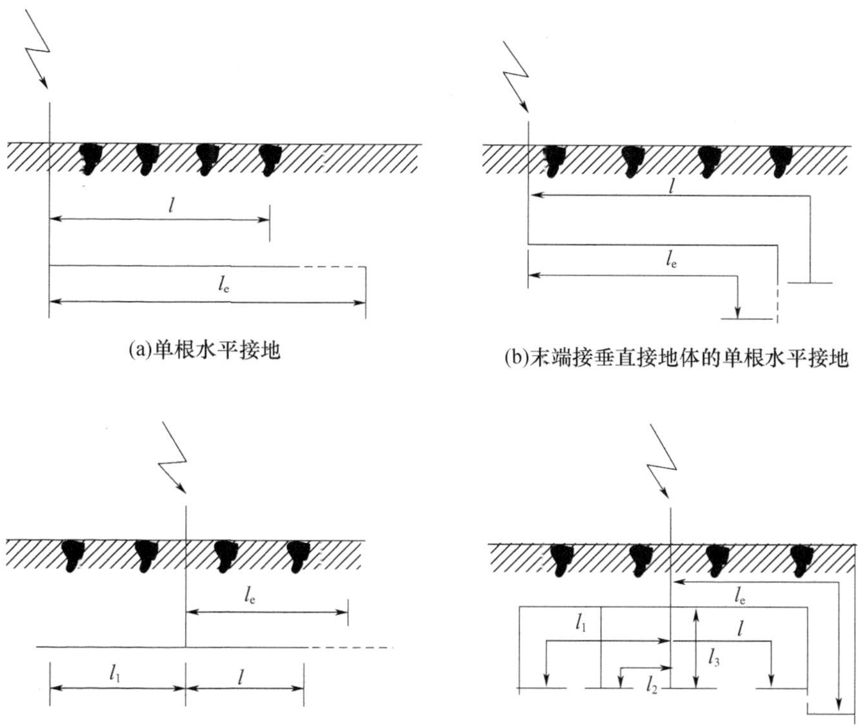

(a)单根水平接地

(b)末端接垂直接地体的单根水平接地

(c)多根水平接地体 $l_1 \leqslant l$

(d)接多根垂直接地体的多根水平接地体 $l_1 \leqslant l$、$l_2 \leqslant l$、$l_3 \leqslant l$

图 4-6　接地体有效长度的计量

3. 环绕建筑物的环形接地体应按以下方法确定冲击接地电阻：

(1)当环形接地体周长的一半大于或等于接地体的有效长度时，引下线的冲击接地电阻应为从与引下线的连接点起沿两侧接地体各取有效长度的长度算出的工频接地电阻，这时换算系数等于 1。

(2)当环形接地体周长的一半小于有效长度时，引下线的冲击接地电阻应为以接地体的实际长度算出的工频接地电阻再除以换算系数。

4. 与引下线连接的基础接地体，当其钢筋从与引下线的连接点量起大于 20 m 时，其冲击接地电阻应为以换算系数等于 1 和以该连接点为圆心、20 m 为半径的半球体范围内的钢筋体的工频接地电阻。

4.1.4 滚球法确定接闪器的保护范围

滚球法是国际电工委员会(IEC)推荐的接闪器保护范围计算方法之一，已被世界上一些国家作为国家防雷规范采用，我国建筑防雷规范也采纳滚球法作为接闪器保护范围计算的方法。

所谓滚球法是指以某一定半径的球体，在装有接闪器的建筑物上滚过，滚球被建筑物上所装的接闪器撑起，这时球体的弧与建筑物之间的范围，便是该接闪器保护范围。装有同样接闪器的同一座建筑物，使用不同半径的滚球，其保护的空间范围是不同的，即保护范围不同。

按我国规范规定，根据建筑物被雷击后引起后果的严重程度，把建筑物分为三大类型，分别选择从 30 m、45 m、60 m 不同半径的滚球予以计算。

1. 单支接闪杆保护范围的计算方法(图 4-7)

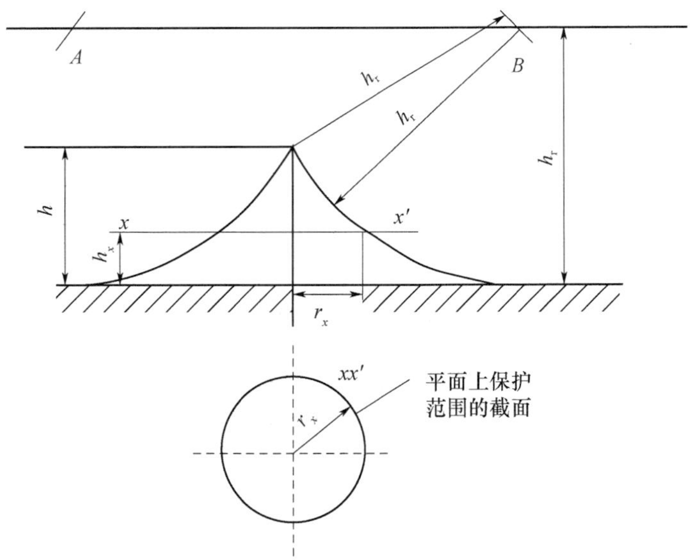

图 4-7 单支接闪杆的保护范围

(1)当接闪杆高度 h 小于或等于 h_r 时：

1)距地面 h_r 处作一平行平面的平行线；

2)以杆尖为圆心，h_r 为半径，作弧线交于平行线的 A、B 两点；

3)以 A、B 为圆心，h_r 为半径作弧线，该弧线与杆尖相交并与地面相切。从此弧线起到地面止就是保护范围。保护范围是一个对称的锥体；

4)接闪杆在 h_x 高度的 xx' 平面上和在地面上的保护半径，按下列计算式确定：

$$
\begin{cases} r_x = \sqrt{h(2h_r - h)} - \sqrt{h_x(2h_r - h_x)} \\ r_0 = \sqrt{h(2h_r - h)} \end{cases} \tag{4-10}
$$

式中：r_x 是接闪杆在 h_x 高度的 xx' 平面上的保护半径(m)；h_r 是滚球半径(m)，按建筑物的防雷分类确定；h_x 是被保护物的高度(m)；r_0 是接闪杆在地面上的保护半径(m)。

(2)当接闪杆高度 h 大于 h_r 时，在接闪杆取高度 h_r 的一点代替单支接闪杆杆尖作为圆心。

2. 双支等高接闪杆保护范围的计算方法

在接闪杆高度 h 小于 h_r 的情况下，当两支接闪杆的距离 D 大于或等于 $2\sqrt{h(2h_r-h)}$ 时，应各按单支接闪杆的方法确定；当 D 小于 $2\sqrt{h(2h_r-h)}$ 时，应按下列方法确定(图 4-8)：

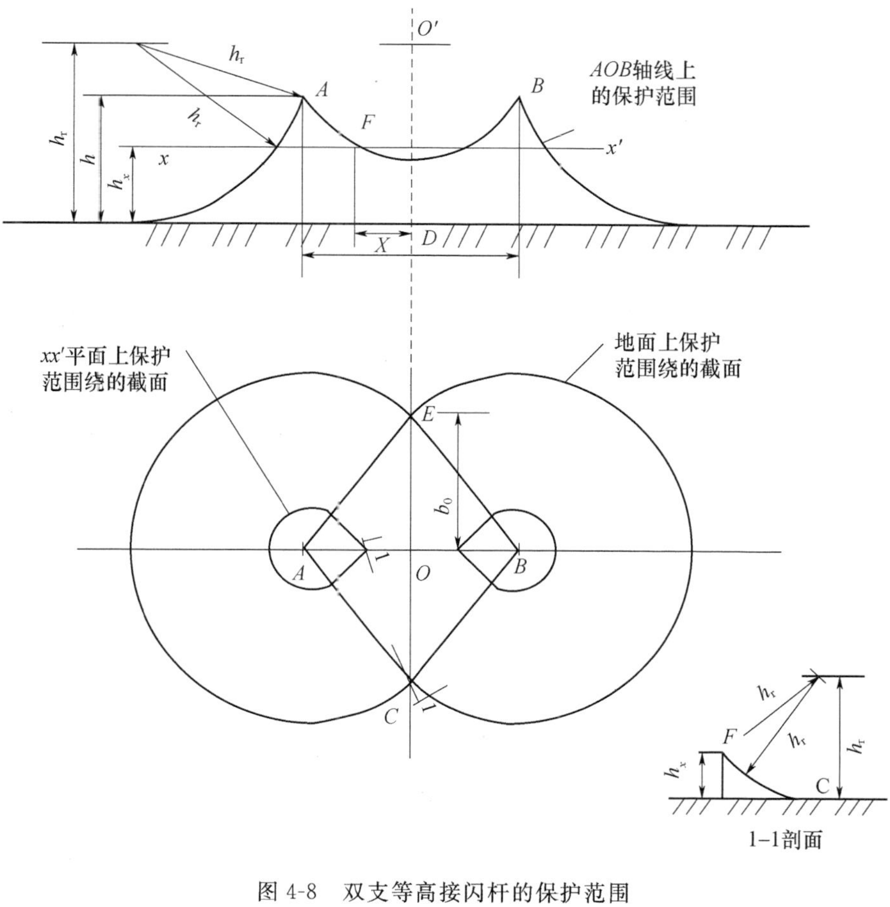

图 4-8　双支等高接闪杆的保护范围

(1)$AEBC$ 外侧的保护范围，按照单支接闪杆的方法确定。

(2)C、E 点位于两杆间的垂直平分线上，在地面每侧的最小保护宽度 b_0 按下式计算：

$$b_0=CO=EO=\sqrt{h(2h_r-h)-\left(\frac{D}{2}\right)^2} \tag{4-11}$$

在 AOB 轴线上，距中心线任一距离 x 处，其在保护范围上边线上的保护高度 h_x 按下式确定：

$$h_x=h_r-\sqrt{(h_r-h)^2-\left(\frac{D}{2}\right)^2-x^2} \tag{4-12}$$

该保护范围上边线是以中心线距地面 h_r 的一点 O' 为圆心，以 $\sqrt{(h_r-h)^2+\left(\frac{D}{2}\right)^2}$ 为半径所作的圆弧 AB。

(3)两杆间 $AEBC$ 内 ACO 部分的保护范围按以下方法确定：在任一保护高度 h_x 和 C 点所处的垂直平面上，以 h_x 作为假想接闪杆，按单支接闪杆的方法逐点确定(图 4-8 剖面图)。确定 BCO、AEO、BEO 部分的保护范围的方法与 ACO 部分的相同。

(4)确定 xx' 平面上保护范围截面的方法：以单支接闪杆的保护半径 r_x 为半径，以 A、B 为圆心作弧线与四边形 $AEBC$ 相交。以单支接闪杆的 (r_0-r_x) 为半径，E、C 为圆心作弧线与上述弧线相接(图 4-8)。

3. 双支不等高接闪杆保护范围的计算方法

在 h_1 等于或小于 h_r 和 h_2 等于或小于 h_r 的情况下：

当 $D\geqslant\sqrt{h_1(2h_r-h_1)}+\sqrt{h_2(2h_r-h_2)}$ 时，应各按单支接闪杆所规定的方法确定；

当 $D<\sqrt{h_1(2h_r-h_1)}+\sqrt{h_2(2h_r-h_2)}$ 时，应按下列方法确定(图 4-9)：

(1)$AEBC$ 外侧的保护范围，按照单支接闪杆的方法确定。

(2)CE 线或 HO' 线的位置按下式计算：

$$D_1=\frac{(h_r-h_2)^2-(h_r-h_1)^2+D^2}{2D} \tag{4-13}$$

(3)在地面上每侧的最小保护宽度 b_0 按下式计算：

$$b_0=CO=EO=\sqrt{h_1(2h_r-h_1)-D_1{}^2} \tag{4-14}$$

在 AOB 轴线上，A、B 间保护范围上边线按下式确定：

$$h_x=h_r-\sqrt{(h_r-h_1)^2+D_1{}^2-x^2} \tag{4-15}$$

式中：x 是距 CE 线或 HO' 线的距离(m)。

该保护范围上边线是以 HO' 线上距地面 h_r 的一点 O' 为圆心，以 $\sqrt{(h_r-h_1)^2+D_1{}^2}$ 为半径所作的圆弧 AB。

(4)两杆间 $AEBC$ 内的保护范围：ACO 与 AEO 是对称的；BCO 与 BEO 是对称的。ACO 部分的保护范围按以下方法确定：在任一保护高度 h_x 和 C 点所处的垂直平面上，

以 h_x 作为假想接闪杆，按单支接闪杆的方法确定。确定 AEO、BCO、BEO 部分的保护范围的方法与 ACO 部分的相同。

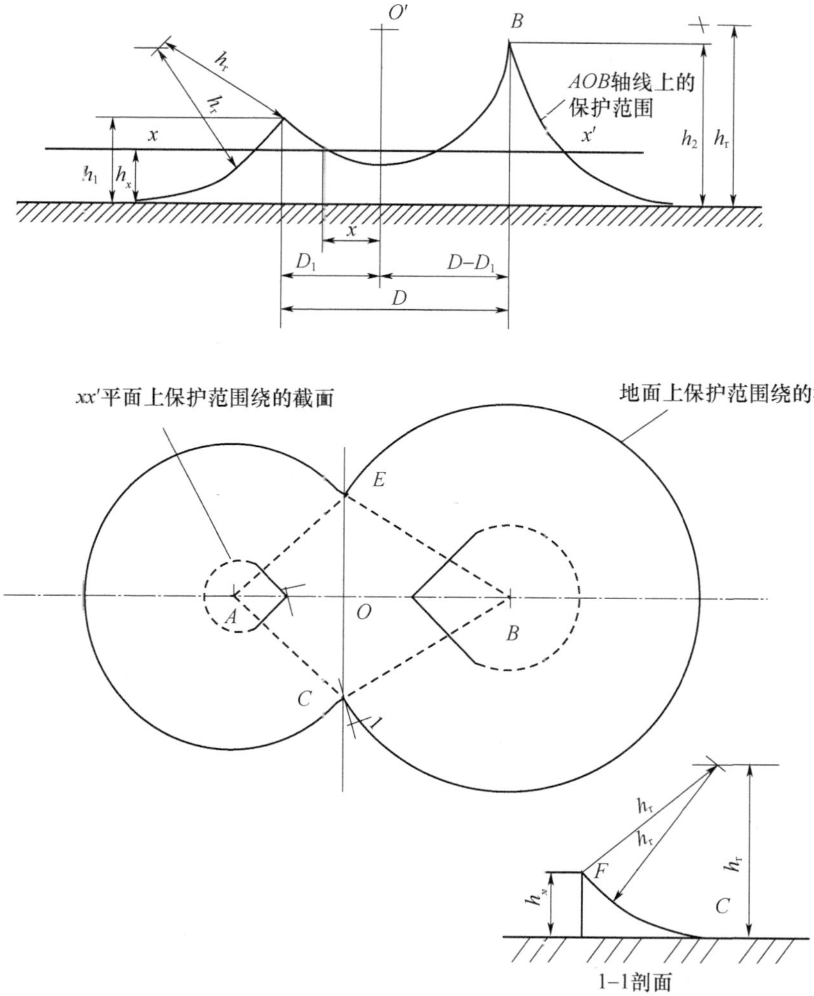

图 4-9　双支不等高接闪杆的俣护范围

(5)确定 xx' 平面上保护范围截面的方法与双支等高接闪杆相同。

4. 矩形布置的四支等到接闪杆保护范围的计算方法

在 h 等于或小于 h_r 的情况下：

当 $D_3 \geqslant 2\sqrt{h(2h_r - h)}$ 时，应各按双支等高接闪杆的方法确定；

当 $D_3 < 2\sqrt{h(2h_r - h)}$ 时，应按下列方法确定(图 4-10)：

(1)四支接闪杆外侧的保护范围应各按双支接闪杆的方法确定。

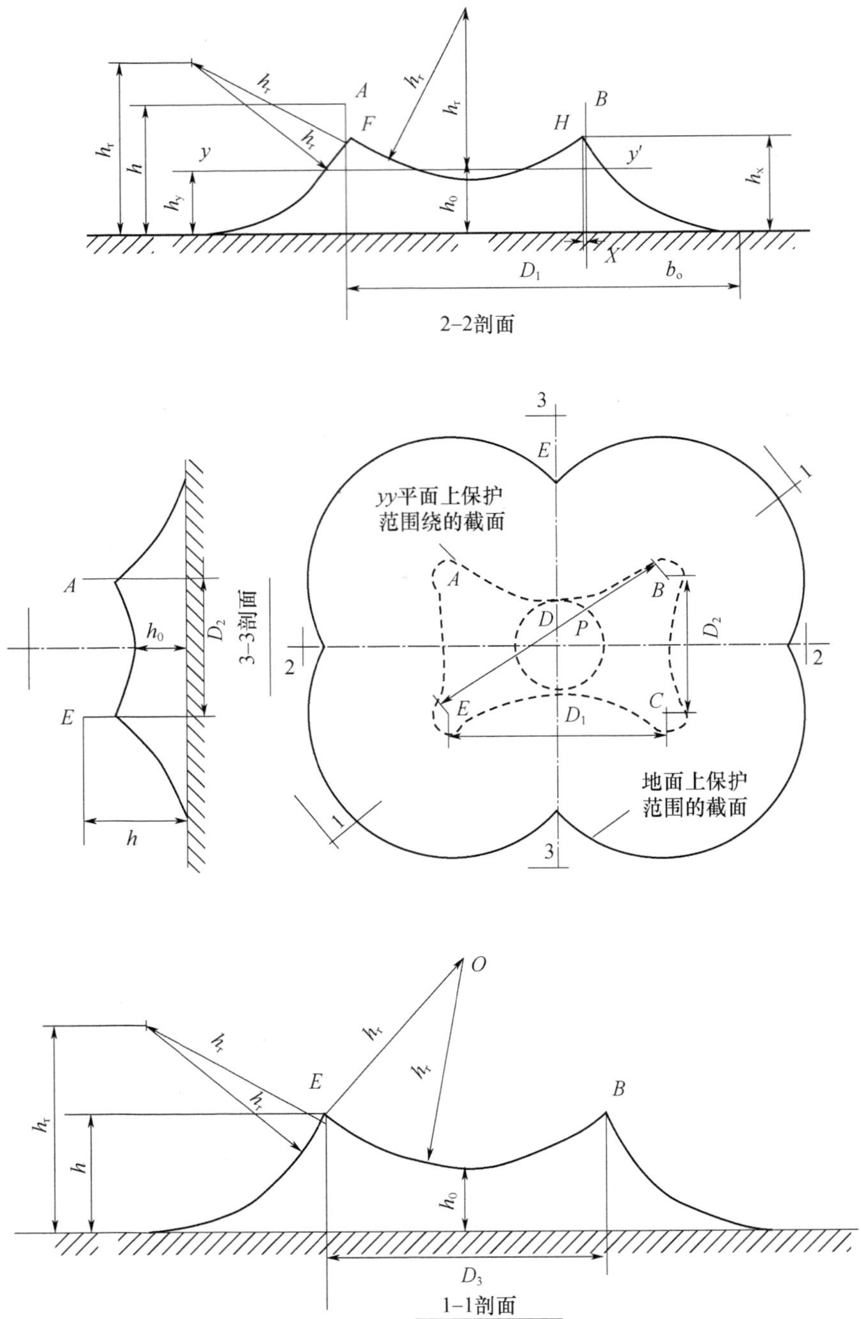

图 4-10　四支等高接闪杆的保护范围

(2)B、E 接闪杆连线上的保护范围见图 4-10 剖面图，外侧部分按单支接闪杆的方法确定。两杆间的保护范围按以下方法确定：以 B、E 两杆杆尖为圆心，h_r 为半径作弧相交于 O 点。以 O 点为圆心，h_r 为半径作圆弧，与杆尖相连的这段圆弧即为杆间保护范围。保护范围最低点的高度 h_0 按下式计算：

$$h_0=\sqrt{h_r^2+\left(\frac{D_3}{2}\right)^2}+h-h_r \tag{4-16}$$

(3)图 4-10 剖面图的保护范围，以 p 点的垂直线上的 O 点(距地面的高度为 h_r+h_0)为圆心，h_r 为半径作圆弧，与 B、C 和 A、E 双支接闪杆所作出在该剖面图的外侧保护范围延长圆弧相交于 F、H 点。F 点(H 点与此类同)的位置及高度可按下列计算式确定：

$$\begin{cases}(h_r-h_x)^2=h_r^2-(b_0+x)^2\\(h_r+h_0-h_x)^2=h_r^2-\left(\dfrac{D_1}{2}-x\right)^2\end{cases} \tag{4-17}$$

(4)确定图 4-10 中 3-3 剖面保护范围的方法与上述(3)项规定相同。

(5)确定四支等高接闪杆中间 h_0 至 h 之间于 h_y 高度的 yy' 平面上保护范围截面的方法：以 p 点为圆心，$\sqrt{2h_r(h_y-h_0)-(h_y-h_0)^2}$ 为半径作圆或圆弧，与各双支接闪杆在外侧所作的保护范围截面组成该保护范围截面，见图 4-10 中的虚线。

4.1.5　雷电流分流系数

1. 单根引下线时，分流系数应为 1；两根引下线及接闪器不成闭合环的多根引下线时，分流系数可为 0.66，按图 4-13 计算确定；图 4-11c 适用于引下线根数 n 不少于 3 根；当接闪器成闭合环或网状的多根引下线时，分流系数可为 0.44。

2. 当采用网格型接闪器、引下线用多根环形导体互相连接、接地体采用环形接地体或者利用建筑物钢筋或钢构架作为防雷装置时，分流系数 k_c 宜按图 4-12 确定：

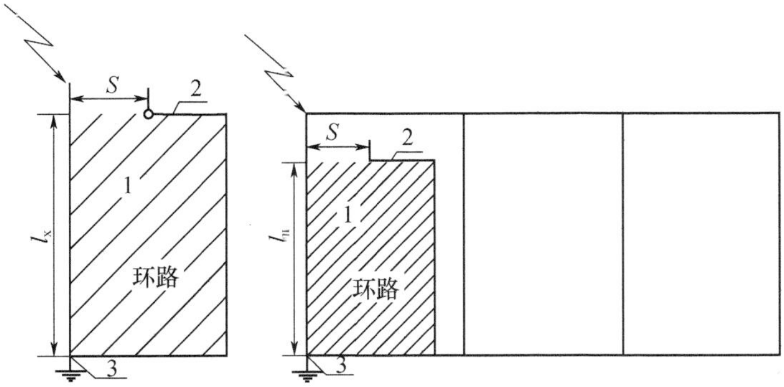

(a) 单根引下线　　(b) 两根引下线及接闪器不成闭合环路的多根引下线

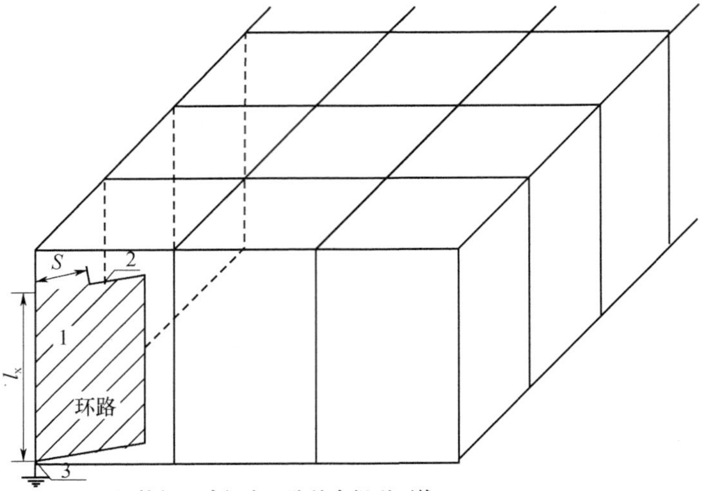

(c) 接闪器成闭合环路的多根引下线

图 4-11　分流系数 k_c(1)

1:引下线;2:金属装置或线路;3:直接连接或通过电涌保护器连接;

S:空气中间隔距离;l_x:引下线从计算点到等电位连接点的长度。

注:1. 本图适用于环形接地体,也适用于各引下线设独自的接地体且各独自接地体的冲击接地电阻与邻近的差别不大于 2 倍;若差别大于 2 倍时,k_c 等于 1。

2. 本图适用于单层和多层建筑物。

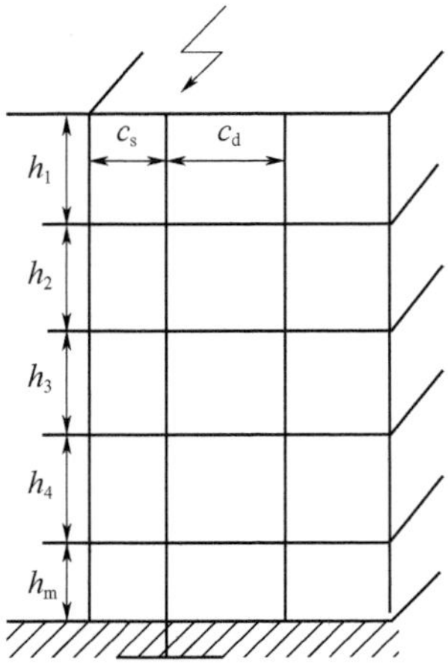

$$k_{c1}=\frac{1}{2n}+0.1+1.2\times\sqrt[3]{\frac{c}{h_1}}$$

$$k_{c2}=\frac{1}{n}+0.1$$

$$k_{c3}=\frac{1}{n}+0.01$$

$$k_{c4}=\frac{1}{n}$$

$$k_{cm}=k_{c4}=\frac{1}{n}$$

图 4-12　分流系数 k_c(2)

$h_1 \sim h_m$:连接引下线各环形导体或各层地面金属体之间的距离;c_s、c_d:某引下线顶雷击点至两侧最近引下线之间的距离,计算式中的 c 取这二者之小者;n:建筑物周边和内部引下线的根数且不少于 4 根;c 和 h_1 值适用于 3～20 m。

注:本图适用于单层至高层建筑物。

3. 在接地装置相同的情况下，即采用环形接地体或各引下线设独自接地体且其冲击接地电阻相近，按图 4-11 和图 4-12 确定的分流系数不同时，可取较小者。

4. 单根导体接闪器按两根引下线考虑时，当各引下线设独自的接地体且各独自接地体的冲击接地电阻与邻近的差别不大于 2 倍时，可按图 4-13 计算分流系数；若差别大于 2 倍时，分流系数应为 1。

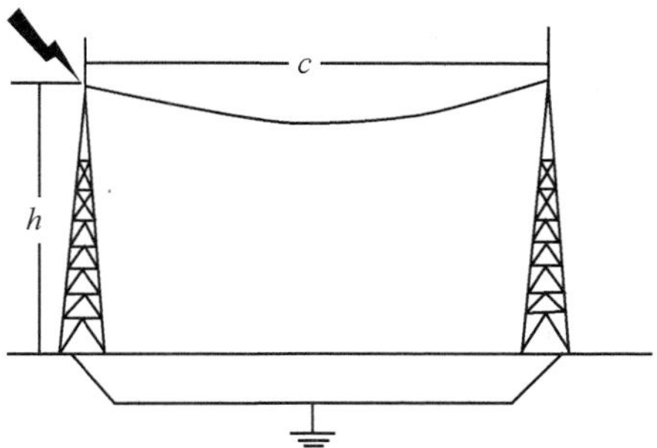

图 4-13　分流系数 k_c(3)

4.2　雷电感应过电压防护

4.2.1　电气系统雷电防护

1. 电涌保护器的最大持续运行电压不应小于表 4-1a 所规定的最小值；在电涌保护器安装处的供电电压偏差超过所规定的 10%以及谐波使电压幅值加大的情况下，应根据具体情况对限压型电涌保护器提高表 4-1a 所规定的最大持续运行电压最小值。

表 4-1a　取决于系统特征所要求的最大持续运行电压最小值

电涌保护器接于	配电网络的系统特征				
	TT 系统	TN-C 系统	TN-S 系统	引出中性线的 IT 系统	无中性线引出的 IT 系统
每一相线与中性线间	$1.15U_0$	不适用	$1.15U_0$	$1.15U_0$	不适用
每一相线与 PE 线间	$1.15U_0$	不适用	$1.15U_0$	$\sqrt{3}U_0$①	相间电压①
中性线与 PE 线间	$U_0$①	不适用	$U_0$①	$U_0$①	不适用
每一相线与 PEN 线间	不适用	$1.15U_0$	不适用	不适用	不适用

注：1. ①是故障下最坏的情况，不需计及 15%的允许误差。

2. U_0是低压系统相线对中性线的标称电压，即相电压 220 V。

2. 电涌保护器的接线形式应符合表 4-1b 规定，具体接线图见图 4-14～图 4-18。

表 4-1b　根据系统特征安装电涌保护器

电涌保护器接于	配电网络的系统特征							
	TT 系统		TN—C 系统	TN-S 系统 引出中性线		引出中性线的 IT 系统		不引出中性线的 IT 系统
	按以下形式连接			按以下形式连接		按以下形式连接		
	接线形式 1	接线形式 2		接线形式 1	接线形式 2	接线形式 1	接线形式 2	
每一相线与中性线间	★	○	不适用	★	○	★	○	不适用
每一相线与 PE 线间	○	不适用	不适用	○	不适用	○	不适用	○
中性线与 PE 线间	○	○	不适用	○	○	○	○	不适用
每一相线与 PEN 线间	不适用	不适用	○	不适用	不适用	不适用	不适用	不适用
各相线之间	★	★	★	★	★	★	★	★

注：○：必须；★：非强制性，可附加选用。

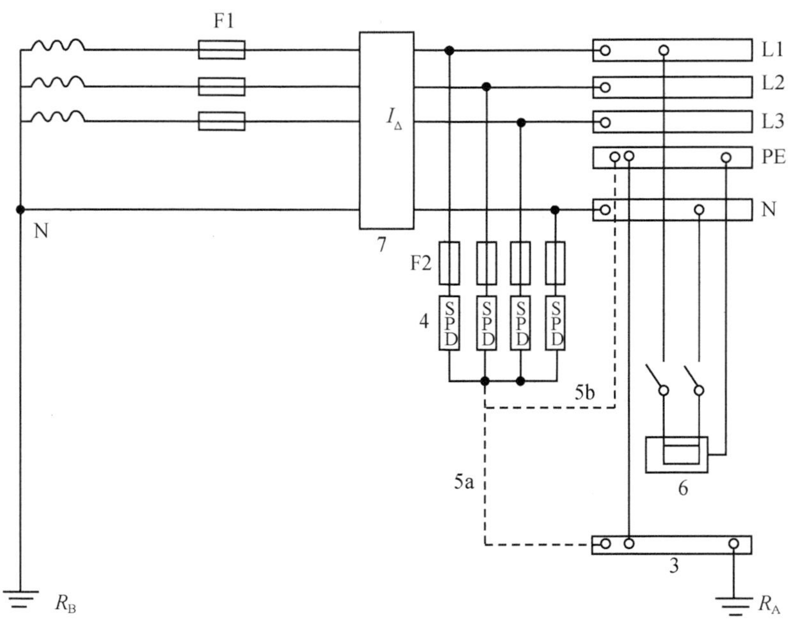

图 4-14　TT 系统电涌保护器安装在进户处剩余电流保护器的负荷侧

3：总接地端或总接地连接带；4：U_p 应小于或等于 2.5 kV 的电涌保护器；5：电涌保护器的接地连接线，5a 或 5b；6：需要被电涌保护器保护的设备；7：剩余电流保护器(RCD)，应考虑通雷电流的能力；F1：安装在电气装置进户处的保护电器；F2：电涌保护器制造厂要求装设的过电流保护器；R_A：本电气装置的接地电阻；R_B：电源系统的接地电阻；L1、L2、L3：相线 1、2、3。

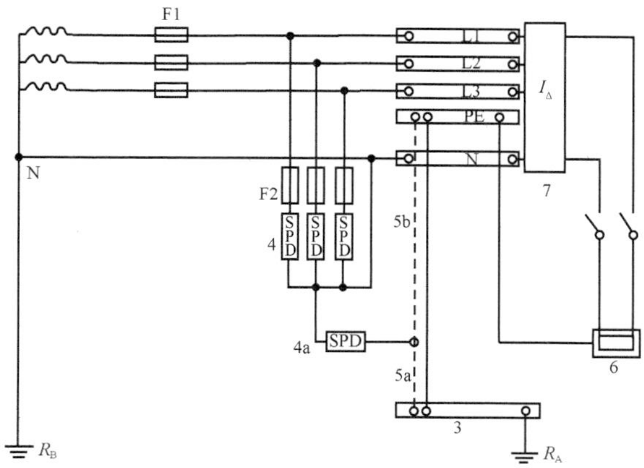

图 4-15　TT 系统电涌保护器安装在进户处 RCD 的电源侧

3：总接地端或总接地连接带；4、4a：电涌保护器，它们串联后构成的 U_p 应小于或等于 2.5 kV 的电涌保护器；5：电涌保护器的接地连接线，5a 或 5b；6：需要被电涌保护器保护的设备；7：安装于母线的电源侧或负荷侧的 RCD；F1：安装在电气装置进户处的保护电器；F2：电涌保护器制造厂要求装设的过电流保护器；R_A：本电气装置的接地电阻；R_B：电源系统的接地电阻；L1、L2、L3：相线 1、2、3。

注：在高压系统为低电阻接地的前提下，当电源变压器高压侧碰外壳短路产生的过电压加于 4a 电涌保护器时，该电涌保护器应做 200 ms 或按照厂家要求做更长时间耐 1200 V 暂态过电压试验。

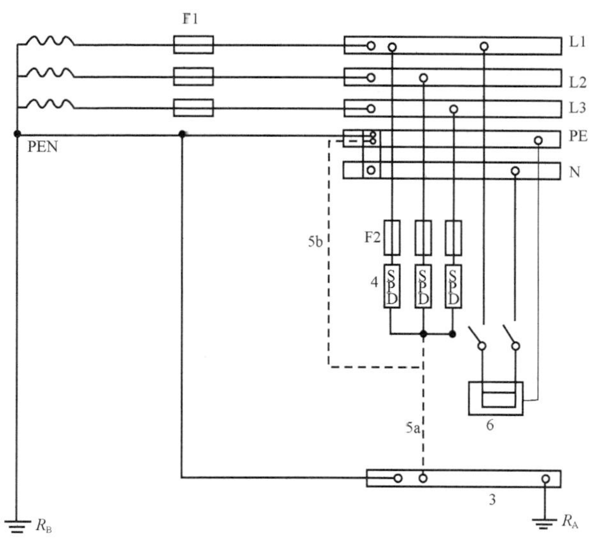

图 4-16　TN 系统安装在进户处的电涌保护器

3：总接地端或总接地连接带；4：U_p 应小于或等于 2.5 kV 的电涌保护器；5：电涌保护器的接地连接线，5a 或 5b；6：需要被电涌保护器保护的设备；F1：安装在电气装置进户处的保护电器；F2：电涌保护器制造厂要求装设的过电流保护器；R_A：本电气装置的接地电阻；R_B：电源系统的接地电阻；L1、L2、L3：相线 1、2、3。

注：当采用 TN-C-S 或 TN-S 系统时，在 N 与 PE 线连接处电涌保护器用三个，在其以后 N 与 PE 线分开 10 m 以后安装电涌保护器时用四个，即在 N 与 PE 线间增加一个，见图 4-18。

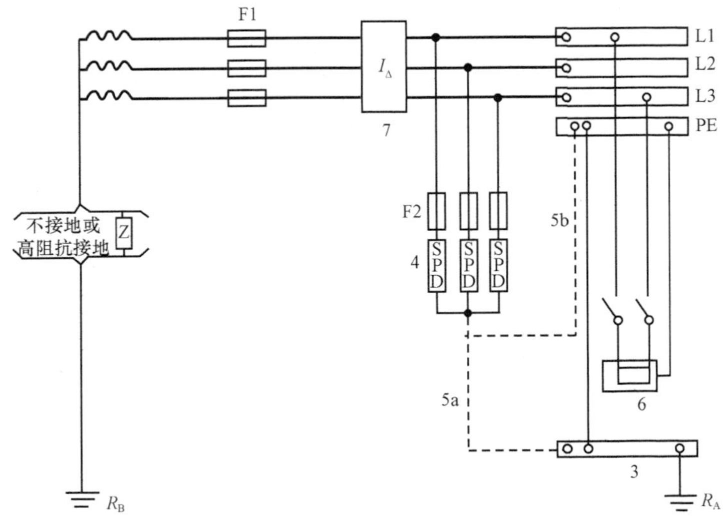

图 4-17 IT 系统电涌保护器安装在进户处剩余电流保护器的负荷侧

3:总接地端或总接地连接带;4:U_p 应小于或等于 2.5 kV 的电涌保护器;5:电涌保护器的接地连接线,5a 或 5b;6:需要被电涌保护器保护的设备;7:剩余电流保护器(RCD);F1:安装在电气装置进户处的保护电器;F2:电涌保护器制造厂要求装设的过电流保护器;R_A:本电气装置的接地电阻;R_B:电源系统的接地电阻;L1、L2、L3:相线 1、2、3。

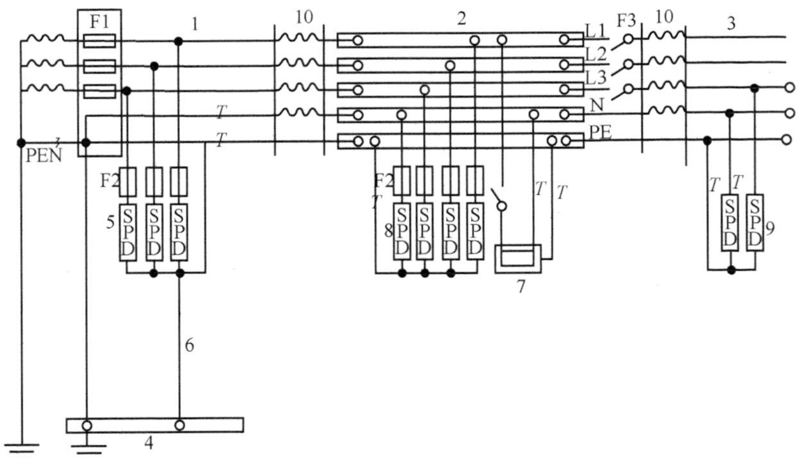

图 4-18 Ⅰ级、Ⅱ级和Ⅲ级试验的电涌保护器的安装

1:电气装置的电源进户处;2:配电箱;3:送出的配电线路;4:总接地或总接地连接带;5:级试验的电涌保护器;6:电涌保护器的接地连接线;7:需要被电涌保护器保护的固定安装的设备;8:级试验的电涌保护器;9:级或Ⅲ级试验的电涌保护器;10:去耦器件或配电线路长度;F1、F2、F3:过电流保护电器;L1、L2、L3:相线 1、2、3。

注:1. 当电涌保护器 5 和 8 不是安装在同一处时,电涌保护器 5 的 U_p 应小于或等于 2.5 kV。

2. 电涌保护器 5 和 8 可以组合为一台电涌保护器,其 U_p 应小于或等于 2.5 kV。

3. 当电涌保护器 5 和 8 之间距离小于 10 m 时,在 8 处 N 与 PE 之间的电涌保护器可不装。

电信和信号线路上所接入的电涌保护器的类别及其冲击限制电压实验用到的电压波形和电流波形应符合表 4-1c。

表 4-1c　电涌保护器的类别及其冲击电压试验用的电压波形和电流波形

类别	试验类型	开路电压	短路电流
A1	很慢的上升率	≥1 kV 0.1～100 kV/μs	10 A,0.1～2 A/μs ≥1000 μs(持续时间)
A2	AC		
B1	慢上升率	1 kV,10/1000 μs	100 A,10/100 μs
B2		1～4 kV,10/700 μs	25～100 A,5/30 μs
B3		≥1 kV,100 V/ μs	10～100 A,10/1000 μs
C1	快上升率	0.5～1 kV,1.2/50 μs	0.25～1 kV,8/20 μs
C2		2～10 kV,1.2/50 μs	1～5 kV,8/20 μs
C3		≥1 kV,1 kV/ μs	10～100 A,10/1000 μs
D1	高能量	≥1 kV	0.5～2.5 kA,10/350 μs
D2		≥1 kV	0.6～2.0 kA,10/250 μs

电信和信号线路上所接入的电涌保护器，其最大持续运行电压最小值应大于接到线路处可能产生的最大运行电压。用于电子系统的电涌保护器，其标记的直流电压 U_{DC} 也可用于交流电压 U_{AC} 的有效值，反之亦然，它们之间的关系为 $U_{DC}=\sqrt{2}U_{AC}$。

合理接线应符合下列规定：

(1)应保证电涌保护器的差模和共模限制电压的规格与需要保护系统的要求相一致(图 4-19)。

(2)接至电子设备的多接线端子电涌保护器，为将其有效电压保护水平减至最小所必需的安装条件，见图 4-20。

(3)附加措施应符合下列规定：

1)接至电涌保护器保护端口的线路不要与接至非保护端口的线路敷设在一起；

2)接至电涌保护器保护端口的线路不要与接地导体(p)敷设在一起；

3)从电涌保护器保护侧接至需要保护的电子设备(ITE)的线路应尽可能短或加以屏蔽。

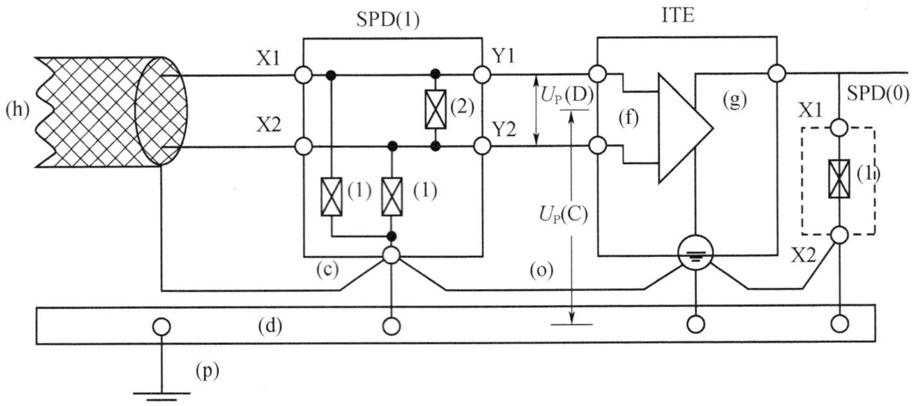

图 4-19　防需要保护的电子设备(*ITE*)的供电电压输入端及其信号端的差模和共模电压的保护措施的例子

(c):电涌保护器的一个连接点,通常,电涌保护器内的所有限制共模电涌电压元件都以此为基准点;(d):等电位连接带;(f):电子设备的信号端口;(g):电子设备的电源端口;(h):电子系统线路或网络;(l):符合表 4-1c 所选用的电涌保护器;(o):用于直流电源线路的电涌保护器;(p):接地导体;U_p(C):将共模电压限制至电压保护水平;U_p(D):将差模电压限制至电压保护水平;X_1、X_2:电涌保护器非保护侧的接线端子,在它们之间接入(1)和(2)限压元件;Y_1、Y_2:电涌保护器保护侧的接线端子;(1):用于限制共模电压的防电涌电压元件;(2):用于限制差模电压的防电涌电压元件。

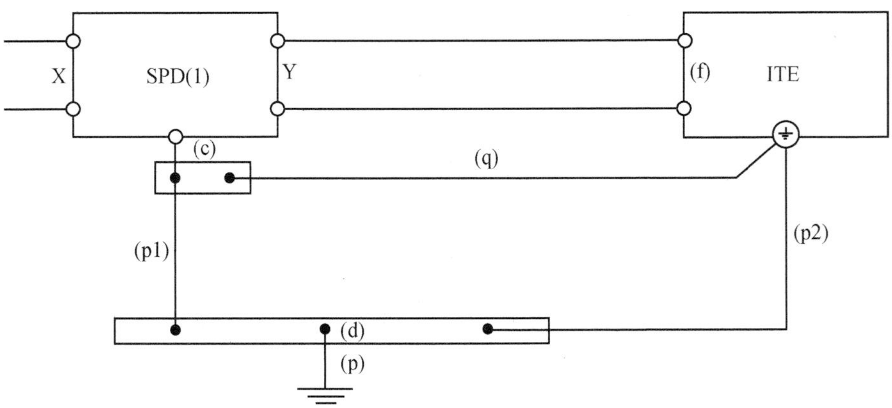

图 4-20　将多接线端子电涌保护器的有效电压保护水平减至最小所必需的安装条件的例子

(c):电涌保护器的一个连接点,通常,电涌保护器内的所有限制共模电涌电压元件都以此为基准点;(d):等电位连接带;(f):电子设备的信号端口;(l):符合表 4-1c 所选用的电涌保护器;(p):接地导体;(p1)、(p2):应尽可能短的接地导体,当电子设备(ITE)在远处时可能无(p2);(q):必需的连接线(应尽可能短);X、Y:电涌保护器的接线端子,X 为其非保护的输入端,Y 为其保护侧的输出端。

4.2.2　信号系统雷电防护

1. 建筑物年预计雷击次数应按下式计算：

$$N_1 = k \times N_g \times A_e \tag{4-18}$$

式中：N_1 是建筑物年预计雷击次数(次/a)；k 是校正系数，在一般情况下取 1，位于河边、湖边、山坡下或山地中土壤电阻率较小处、地下水露头处、土山顶部、山谷风口等处的建筑物以及特别潮湿的建筑物取 1.5，位于金属屋面没有接地的砖木结构建筑物取 1.7，位于山顶上或旷野的孤立建筑物取 2；N_g 是建筑物所处地区雷击大地的年平均密度[次/(km² · a)]；A_e 是与建筑物截收相同雷击次数的等效面积(km²)，计算方法见 4.1.1。

2. 入户设施年预计雷击次数 N_2 按下式确定：

$$N_2 = N_g \times A'_e = (0.1 \times T_d) \times (A'_{e1} + A'_{e2}) \tag{4-19}$$

式中：N_g 是建筑物所处地区雷击大地密度[次/(km² · a)]；T_d 是年平均雷暴日(天/a)，根据当地气象台、气象站资料确定；A'_{e1} 是电源线缆入户设施的截收面积(km²)，按表 4-2 的规定确定；A'_{e2} 是信号线缆入户设施的截收面积(km²)，按表 4-2 的规定确定。

表 4-2　入户设施的截收面积

线路类型	有效截收面积 A'_e(km²)
低压架空电源电缆	$2000 \times L \times 10^{-6}$
高压架空电源电缆(至现场变电所)	$500 \times L \times 10^{-6}$
低压埋地电源电缆	$2 \times d_s \times L \times 10^{-6}$
高压埋地电源电缆(至现场变电所)	$0.1 \times d_s \times L \times 10^{-6}$
架空信号线	$2000 \times L \times 10^{-6}$
埋地信号线	$2 \times d_s \times L \times 10^{-6}$
无金属铠装和金属芯线的光纤电缆	0

注：1. L 是线路从所考虑建筑物至网络的第一个分支点或相邻建筑物的长度，单位为 m，最大值为 1000 m，当 L 未知时，应取 L 等于 1000 m。

2. d_s 表示埋地引入线缆计算截收面积时的等效宽度，单位为 m，其数值等于土壤电阻率的值，最大值取 500 m。

3. 建筑物及入户设施年预计雷击次数 N 按下式确定：

$$N = N_1 + N_2 \tag{4-20}$$

4. 可接受的最大年平均雷击次数 N_C 的计算：

因直击雷和雷电电磁脉冲(LEMP)引起电子信息系统设备损坏的可接受的最大年平均雷击次数 N_C 按下式确定：

$$N_C = \frac{5.8 \times 10^{-1}}{C} \tag{4-21}$$

式中：C 是各类因子 C_1、C_2、C_3、C_4、C_5、C_6 之和；C_1 是信息系统所在建筑物材料结构因子，当建筑物屋顶和主体结构均为金属材料时 C_1 取 0.5，当建筑物屋顶和主体结构均为钢筋混凝土材料时 C_1 取 1.0，当建筑物为砖混结构时 C_1 取 1.5，当建筑物为砖木结构时 C_1 取 2.0，当建筑物为木结构时 C_1 取 2.5；C_2 是信息系统重要程度因子，C、D 类电子信息系统 C_2 取 1，B 类电子信息系统 C_2 取 2.5，A 类电子信息系统 C_2 取 3.0（A 类、B 类、C 类和 D 类电子信息系统分类参照表 5-18）；C_3 是电子信息系统设备耐冲击类型和抗冲击过电压能力因子，一般时 C_3 取 0.5，较弱时 C_3 取 1.0，相当弱时 C_3 取 3.0（“一般”指的Ⅰ类安装位置的设备，且采取了较完善的等电位连接、接地、线缆屏蔽措施；“较弱”指的Ⅰ类安装位置的设备，但使用架空线缆，因而风险大；“相当弱”指集成化程度很高的计算机、通信或控制等设备）；C_4 是电子信息系统设备所在雷电防护区（LPZ）的因子，设备在 LPZ2 等后续雷电防护区内时 C_4 取 0.5，在 LPZ1 区内时 C_4 取 1.0，在 $LPZ0_B$ 区内时 C_4 取 1.5～2.0；C_5 是电子信息系统发生雷击事故的后果因子，信息系统业务原则上不允许中断，当信息系统业务中断不会产生不良后果时 C_5 取 0.5，中断后无严重后果时 C_5 取 1.0，中断后会产生严重后果时 C_5 取 1.5～2.0；C_6 是区域雷暴等级因子，少雷区 C_6 取 0.8，中雷区 C_6 取 1，多雷区 C_6 取 1.2，强雷区 C_6 取 1.4。

5. 雷击致损原因、损害类型、损失类型

（1）根据雷击点的不同位置，雷击致损原因应分为四种：

1）致损原因 S1：雷击建筑物；

2）致损原因 S2：雷击建筑物附近；

3）致损原因 S3：雷击服务设施；

4）致损原因 S4：雷击服务设施附近。

（2）雷击损害类型应分为三类，一次雷击产生的损害可能是其中之一或其组合：

1）损害类型 D1：建筑物内外人畜伤害；

2）损害类型 D2：物理损害；

3）损害类型 D3：建筑物电气、电子系统失效。

（3）雷击引起的损失类型应分为四种：

1）损失类型 L1：人身伤亡损失；

2）损失类型 L2：公众服务损失；

3）损失类型 L3：文化遗产损失；

4）损失类型 L4：经济损失。

（4）雷击致损原因 S、雷击损害类型 D 以及损失类型 L 之间的关系应符合表 4-3 的规定。

表 4-3　S、D、L 的关系

雷击点	雷击致损原因 S	建筑物	
		损害类型 D	损失类型 L
	雷击建筑物 S1	D1 D2 D3	L1、L4② L1、L2、L3、L4 L1①、L2、L4
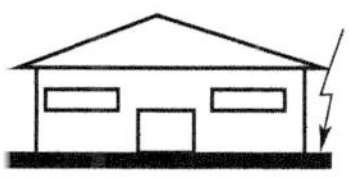	雷击建筑物附近 S2	D3	L1①、L2、L4
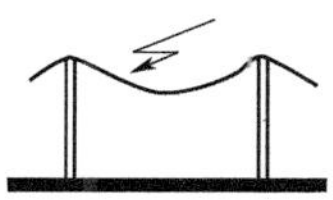	雷击连接到建筑物的服务设施 S3	D1 D2 D3	L1、L4② L1、L2、L3、L4 L1①、L2、L4
	雷击连接到建筑物的服务设施附近 S4	D3	L1①、L2、L4

注：1. ①是仅对有爆炸危险的建筑物和那些因内部系统失效立即危及人身生命的医院或其他建筑物。
2. ②是仅对可能有牲畜损失的地方。

6. 雷击损害风险和风险分类

(1)对应于损失类型，雷击损害风险应分为以下四类：

1)风险 R_1：人身伤亡损失风险；

2)风险 R_2：公众服务损失风险；

3)风险 R_3：文化遗产损失风险；

4)风险 R_4：经济损失风险。

(2)雷击建筑物 S1 引起的风险分量包括：

1)风险分量 R_A：离建筑物户外 3 m 以内的区域内，因接触和跨步电压造成人畜伤害的风险分量；

2)风险分量 R_B：建筑物内因危险火花触发火灾或爆炸的风险分量；

3)风险分量 R_C：LEMP 造成建筑物内部系统失效的风险分量。

(3)雷击建筑物附近 S2 引起的风险分量包括：

风险分量 R_M：LEMP 引起建筑物内部系统失效的风险分量。

(4)雷击与建筑物相连服务设施 S3 引起的风险分量包括：

1)风险分量 R_U：雷电流从入户线路流入产生的接触电压造成人畜伤害的风险分量；

2)风险分量 R_V:雷电流沿入户设施侵入建筑物,入口处入户设施与其他金属部件间产生危险火花而引发火灾或爆炸造成物理损害的风险分量;

3)风险分量 R_W:入户线路上感应并传导进入建筑物内的过电压引起内部系统失效的风险分量。

(5)雷击入户服务设施附近 S4 引起的风险分量包括:

风险分量 R_Z:入户线路上感应并传导进入建筑物内的过电压引起内部系统失效的风险分量。

(6)建筑物所考虑的各种损失相应的风险分量应符合表 4-4 的规定。

表 4-4 涉及建筑物的雷击损害风险分量

各类损失的风险	风险分量							
	雷击建筑物(S1)			雷击建筑物附近(S2)	雷击连接到建筑物的线路(S3)			雷击连接到建筑物的线路附近(S4)
人身伤亡损失风险	R_A	R_B	$R_C^{①}$	$R_M^{①}$	R_U	R_V	$R_W^{①}$	$R_Z^{①}$
公众服务损失风险		R_B	R_C	R_M		R_V	R_W	R_Z
文化遗产损失风险		R_B				R_V		
经济损失风险	$R_A^{②}$	R_B	R_C	R_M	$R_U^{②}$	R_V	R_W	R_Z
总风险 $R=R_D+R_I$	直接雷击风险 $R_D=R_A+R_B+R_C$			间接雷击风险 $R_I=R_M+R_U+R_V+R_W+R_Z$				

注:1. ①仅指具有爆炸危险的建筑物及因内部系统故障立即危及性命的医院或其他建筑物。

2. ②仅指可能出现牲畜损失的建筑物。

3. 各类损失相应的风险($R_1 \sim R_4$)由对应行的分量($R_A \sim R_Z$)之和组成。例如

$$R_2=R_B+R_C+R_M+R_V+R_W+R_Z \tag{4-22}$$

(7)影响建筑物雷击损害风险分量的因子应符合表 4-5 的规定。表中"★"表示有影响的因子,可根据影响风险分量的因子采取杆对性措施降低雷击损害风险。

表 4-5 建筑物风险分量的影响因子

建筑物或内部系统的特性和保护措施	R_A	R_B	R_C	R_M	R_U	R_V	R_W	R_Z
截收面积	★	★	★	★	★	★	★	★
地表土壤电阻率	★							
楼板电阻率					★			
人员活动范围限制措施,绝缘措施,警示牌,大地等电位	★							

续表

建筑物或内部系统的特性和保护措施	R_A	R_B	R_C	R_M	R_U	R_V	R_W	R_Z
减小物理损害的防雷装置(LPS)	★①	★	★②	★②	★③	★③		
配合的电涌保护器保护			★	★			★	★
空间屏蔽			★	★				
外部屏蔽线路					★	★	★	★
内部屏蔽线路			★	★				
合理布线			★	★				
等电位连接网络			★					
火灾预防措施		★			★			
火灾敏感度		★			★			
特殊危险		★			★			
冲击耐压			★	★	★	★	★	★

注：1. ①表示：如果 LPS 的引下线间隔小于 10 m，或采取人员活动范围限制措施时，由于接触和跨步电压造成人畜伤害的风险可以忽略不计。

2. ②是仅对于减小物理损害的格栅形外部 LPS。

3. ③是等电位连接引起。

7. 风险管理

(1)建筑物防雷保护的决策以及保护措施的选择应按以下程序进行：

1)确定需评估对象及其特性；

2)确定评估对象中可能的各类损失以及相应的风险(R_1～R_4)；

3)计算风险(R_1～R_4)。各类损失相应的风险(R_1～R_4)由表 4-4 中对应行的分量(R_1～R_4)之和组成；

4)将建筑物风险 R_1、R_2 和 R_3 与风险容许值 R_T 作比较来确定是否需要防雷；

5)通过比较采用或不采用防护措施时造成的损失代价以及防护措施年均费用，评估采用防护措施的成本效益。为此需对建筑物的风险分量 R_4 进行评估。

(2)风险评估需考虑下列建筑物特性，考虑对建筑物的防护时不包括与建筑物相连的户外服务设施的防护(所考虑的建筑物可能会划分为几个区)：

1)建筑物本身；

2)建筑物内的装置；

3)建筑物的内存物；

4)建筑物内或建筑物外 3 m 范围内的人员数量；

5)建筑物受损对环境的影响。

(3)风险容许值 R_T 应由相关职能部门确定。表 4-6 给出涉及人身伤亡损失、社会价值损失以及文化价值损失的典型 R_T 值。

表 4-6　风险容许值 R_T 的典型值

损失类型	R_T
人身伤亡损失	1×10^{-5}
公众服务损失	1×10^{-3}
文化遗产损失	1×10^{-3}

(4)评估一个对象是否需要防雷时,应考虑建筑物的风险 R_1、R_2 和 R_3。对于上述每一种风险,应当采取以下步骤(图 4-21):

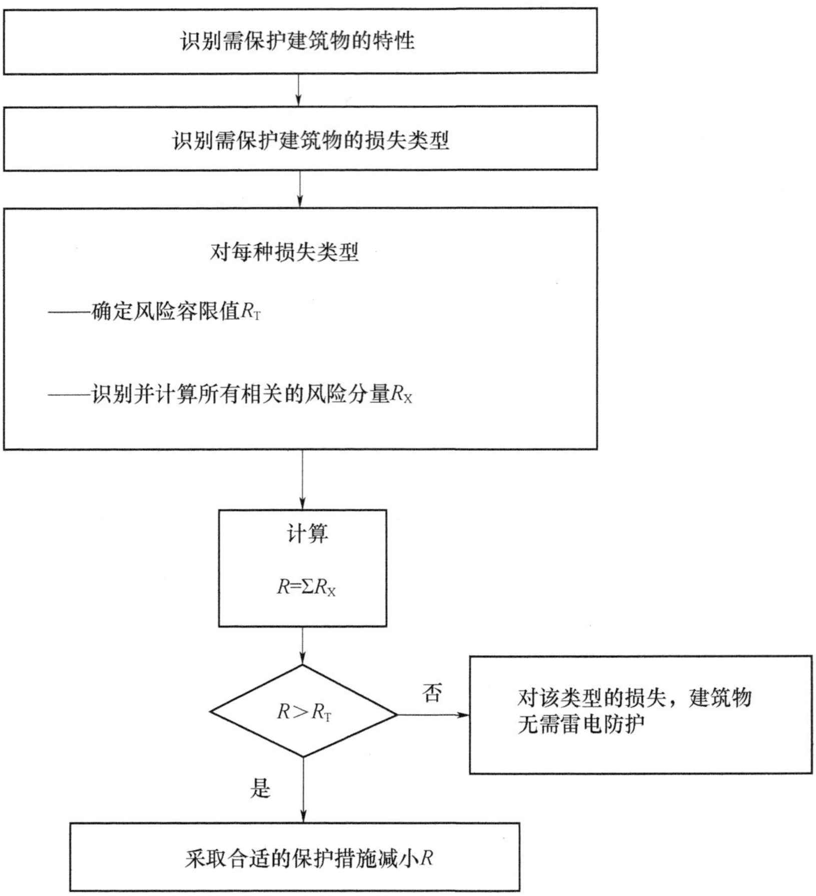

图 4-21　防雷必要性的决策流程

1)识别构成该风险的各分量 R_X；

2)计算各风险分量 R_X；

3)计算出 $R_1 \sim R_3$；

4)确定风险容许值 R_T；

5)与风险容许值 R_T 比较。如对所有的风险 R 均小于或等于 R_T，不需要防雷；如果某风险 R 大于 R_T，应采取保护措施减小该风险，使 R 小于或等于 R_T。

(5)除了建筑物防雷必要性的评估外，为了减少经济损失 L_4，宜评估采取防雷措施的成本效益。保护措施成本效益的评估步骤(图 4-22)包括下列内容：

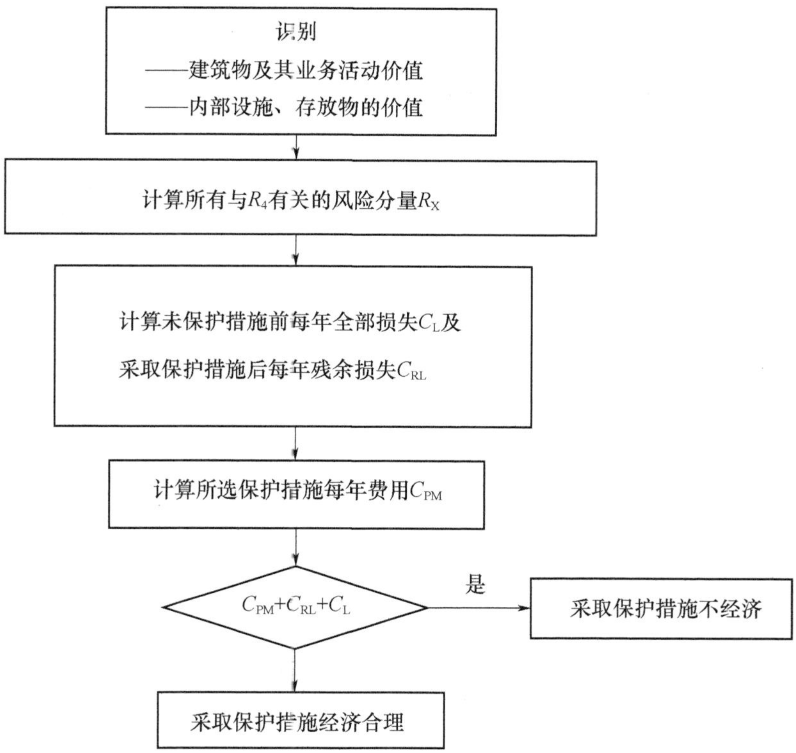

图 4-22　评价保护措施成本效益的流程

1)识别建筑物风险 R_4 的各个风险分量 R_X；

2)计算未采取防护措施时各风险分量 R_X；

3)计算每年总损失 C_1；

4)选择保护措施；

5)计算采取保护措施后的各风险分量 R_X；

6)计算采取防护措施后仍造成的每年损失 C_{RL}；

7)计算保护措施的每年费用 C_{PM}；

8)费用比较。如果 C_L 小于 C_{RL} 与 C_{PM} 之和，则防雷是不经济的。如果 C_L 大于或等于 C_{RL} 与 C_{PM} 之和，则采取防雷措施在建筑物的使用寿命期内可节约开支。

(6)应根据每一风险分量在总风险中所占比例并考虑各种不同保护措施的技术可行性及造价，选择最合适的防护措施。应找出最关键的若干参数以决定减小风险的最有效防护措施。对于每一类损失，可单独或组合采用有效的防护措施，从而使 R 小于或等于 R_T(图 4-23)。

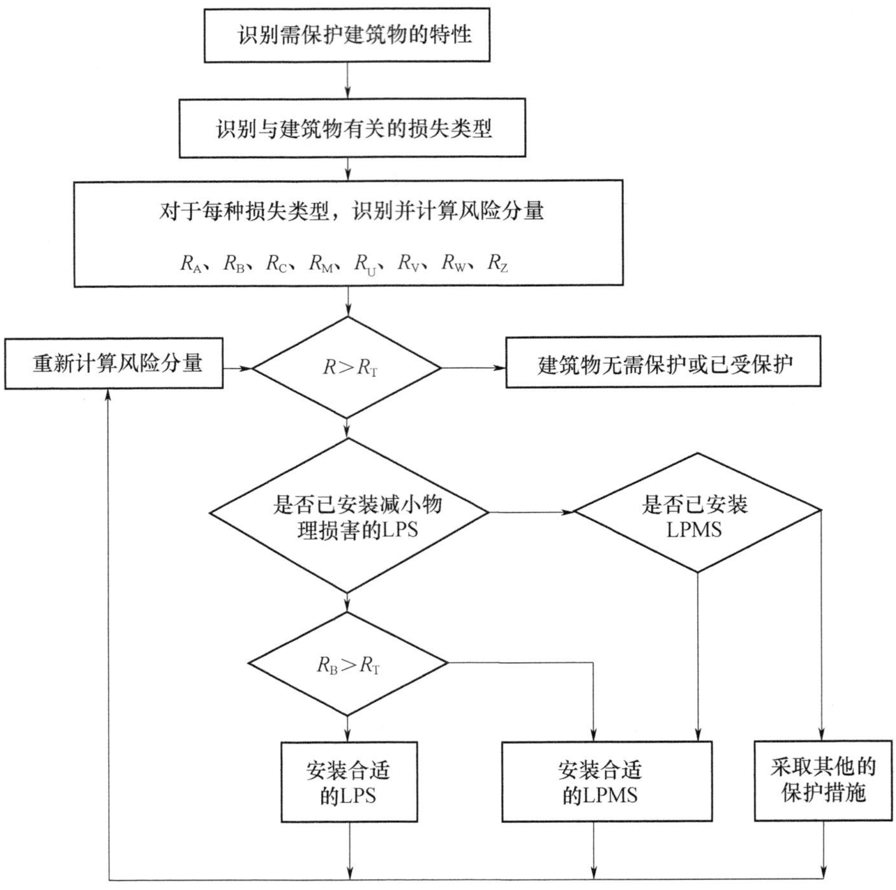

图 4-23　建筑物保护措施选择的流程

8. 雷击损害风险评估方法

(1)雷击损害风险评估应参考本书 5.2.2 计算风险 R。

(2)各致损原因产生的不同损害类型对应的建筑物风险分量应符合表 4-7 的规定。

表 4-7　各致损原因产生的不同损害类型对应的建筑物风险分量

致损原因 损害类型	S1 雷击建筑物	S2 雷击建筑物附近	S3 雷击入户服务设施	S4 雷击服务设施附近	根据损害类型 D 划分的风险
D1 人畜伤害	$R_A=N_D\times P_A\times r_a\times L_t$				$R_S=R_A+R_U$
D2 物理损害	$R_B=N_D\times P_B\times r_P\times h_z\times r_f\times L_f$		$R_V=(N_L+N_{D\varepsilon})\times P_V\times r_P\times h_Z\times r_f\times L_f$		$R_F=R_B+R_V$
D3 电气和电子系统失效	$R_C=N_D\times P_C\times L_O$	$R_M=N_M\times R_M\times L_O$	$R_W=(N_L+N_{D\varepsilon})\times P_W\times L_O$	$R_Z=(N_1-N_L)\times P_Z\times L_O$	$R_O=R_C+R_M+R_W+R_Z$
根据致损原因划分的风险	直接伤害 $R_D=R_A+R_B+R_C$	间接损害 $R_I=R_M+R_U+R_V+R_W+R_Z$			

注：R_Z公式中，如果 $N_I-N_L<0$，则假设 $N_I-N_L=0$。

(3)雷击损害评估所用的参数应符合表 4-8 的规定，N_X、P_X和 L_X等各种参数具体计算参考后文雷击损害风险评估参数的计算。

表 4-8　建筑物雷击损害风险分量评估涉及的参数

建筑物			
符号			名称
年平均雷击次数 N_X	N_D		雷击建筑物的年平均次数
	N_M		雷击建筑物附近的年平均次数
	N_L		雷击入户线路的年平均次数
	N_I		雷击入户线路附近的年平均次数
	N_{Da}		雷击线路“a”端建筑物(图 4-26)的年平均次数
一次雷击的损害概率 P_X	S1	P_A	雷击建筑物造成人畜伤害的概率
		P_B	雷击建筑物造成物理损害的概率
		P_C	雷击建筑物造成内部系统故障的概率
	S2	P_M	雷击建筑物附近引起内部系统故障的概率
	S3	P_U	雷击入户线路引起人畜伤害的概率
		P_V	雷击入户线路引起物理损害的概率
		P_W	雷击入户线路引起内部系统故障的概率
	S4	P_Z	雷击入户线路附近引起内部系统故障的概率

续表

<table>
<tr><th colspan="3">建筑物</th></tr>
<tr><th colspan="2">符号</th><th>名称</th></tr>
<tr><td rowspan="3">一次雷击造成的损失 L_X</td><td>$L_A=r_a\times L_t\quad L_U=r_u\times L_t$</td><td>人畜伤害的损失率</td></tr>
<tr><td>$L_B=L_V=r_p\times r_f\times h_z\times L_f$</td><td>物理损害的损失率</td></tr>
<tr><td>$L_C=L_M=L_W=L_Z=L_O$</td><td>内部系统失效的损失率</td></tr>
</table>

(4)为了对各个风险分量进行评估，可以将建筑物划分为多个分区 z_s，每个区具有均匀的特性。这时应对各个区域 z_s 进行风险分量的计算，建筑物的总风险是构成该建筑物的各个区域 z_s 的风险分量的总和。一幢建筑物可以是或可以假定为一个单独的区域，建筑物的分区应当考虑到实现最适当雷电防御措施的可行性。

(5)建筑物区域划分应主要根据：

1)土壤或地板的类型；

2)防火隔间；

3)空间屏蔽。

还可以根据以下情况进一步细分：

4)内部系统的布局；

5)已有的或将采取的保护措施；

6)损失 L_X 的值。

(6)分区的建筑物风险分量评估应符合下列规定：

1)对于风险分量 R_A、R_B、R_U、R_V、R_W 和 R_Z，每个所涉参数只能有一个确定值。当参数的可选值多于一个时，应当选择其中的最大值。

2)对于风险分量 R_C 和 R_M，如果区域中涉及的内部系统多于一个，P_C 和 P_M 的值应按下列公式计算：

$$\begin{cases} P_C=1-\prod_{i=1}^{n}(1-P_{Ci}) \\ P_M=1-\prod_{i=1}^{n}(1-P_{Mi}) \end{cases} \tag{4-23}$$

式中：P_{Ci}、P_{Mi} 是内部系统 i 的损害概率，$i=1$、2、3、…、n。

3)除了 P_C 和 P_M 以外，如果一个区域中的参数有一个以上的可选值，应当采用导致最大风险结果的参数值。

4)单区域建筑物情况下，整座建筑物内只有一个区域，即建筑物本身。风险 R 是建筑物内对应风险分量 R_X 的总和。

5)多区域建筑物的风险是建筑物各个区域相应风险的总和，各区域中风险是该区域中各个相关风险分量的和。

(7)在选取保护措施时，为减小经济损失风险 R_4，宜评估其经济合理性，单个区域内损失的价值应参考雷击损害风险评估参数的计算方式。建筑物损失的全部价值是建筑物各个区域的损失价值的和。

(8)风险 R_4 评估的对象包括：

1)整个建筑物；

2)建筑物的一部分；

3)内部装置；

4)内部装置的一部分；

5)1 台设备；

6)建筑物的内存物。

9．雷击损害风险评估参数的计算

(1)需保护对象年平均雷击危险事件次数 N_X 取决于该对象所处区域雷暴活动情况和该对象的物理特性。N_X 的计算方法为：将雷击大地密度 N_g 乘以需保护对象的等效截收面积 A_c，再乘以需保护对象物理特性所对应的修正因子。

(2)雷击大地密度 N_g 是平均每年每平方千米雷击大地的次数，可按下式估算：

$$N_g \approx 0.1 \times T_d (\text{次/km}^2 \cdot \text{a}) \tag{4-24}$$

式中：T_d 是年平均雷暴日(天)。

(3)雷击建筑物的年平均次数 N_d 以及雷击连接到线路“a”端建筑物的年平均次数 N_{Da} 的计算应符合下列规定：

1)对于平地上的孤立建筑物，截收面积 A_d 是与建筑物上缘接触，按斜率为 1/3 的直线沿建筑物旋转一周在地面上画出的面积，可以通过作图法或计算法来确定 A_d 的值。长、宽、高分别为 L、W、H 的平地上孤立长方体建筑物的截收面积(图 4-24)可按下式计算：

$$A_d = LW + 6H(L+W) + 9\pi H^2 \tag{4-25}$$

式中：L、W、H 分别是建筑物长、宽、高(m)。如需更精确的计算结果，要考虑建筑物四周 $3H$ 距离内的其他物体或地面的相对高度等因素。

2)当仅考虑建筑物的一部分时，如果满足以下条件，该部分的尺寸可以用于计算 A_d(图 4-25)：

a)该部分是建筑物的一个可分离的垂直部分；

b)建筑物没有爆炸的风险；

c)该部分与建筑物的其他部分之间通过耐火极限不小于 2 h 的墙体或者其他等效保护措施来避免火灾的蔓延；

d)公共线路进入该部分时，在入口处安装有 SPD 或其他等效防护措施，以避免过电压传入。

3)如果不能满足上述条件,应按整个建筑物的尺寸计算 A_d。

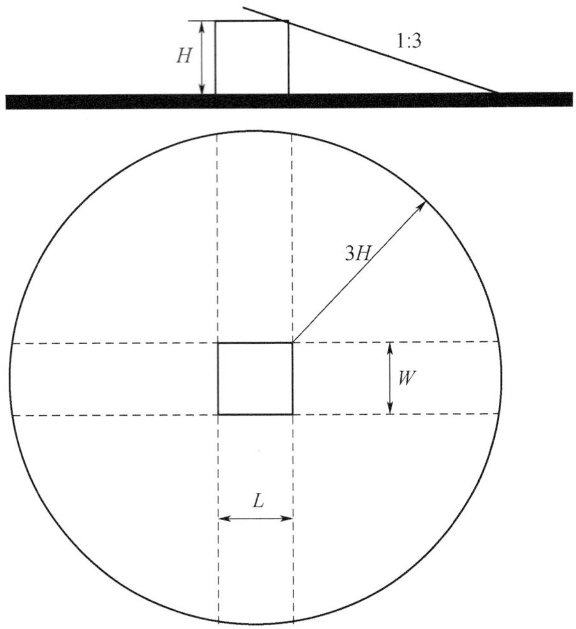

图 4-24　孤立建筑物的截收面积 A_d

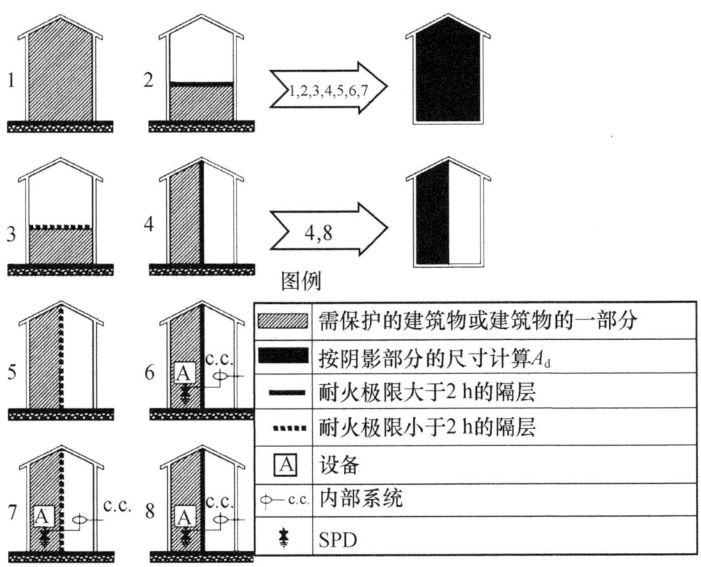

图 4-25　计算截收面积 A_d 所考虑的建筑物

(4)雷击建筑物的年平均次数 N_D，可按下式计算：

$$N_D = N_g \times A_d \times C_d \times 10^{-6} \tag{4-26}$$

式中：N_g 是雷击大地密度[次/($km^2 \cdot a$)]；A_d 是孤立建筑物的截收面积(m^2)；C_d 是建筑物的位置因子，按表 4-9 的规定确定。

表 4-9　位置因子 C_d

建筑物暴露程度及周围物体的相对位置	C_d
被更高的建筑物或树木所包围	0.25
周围有相同的或更矮的建筑物或树木	0.5
孤立建筑物(附近无其他的建筑物或树木)	1.0
小山顶或山丘上的孤立的建筑物	2.0

(5)雷击位于服务设施"a"端的邻近建筑物(图 4-26)的年平均次数 N_{Da} 可按下式计算：

$$N_{Da} = N_g \times A_d \times C_d \times C_t \times 10^{-6} \tag{4-27}$$

式中：N_g 是雷击大地密度[次/($km^2 \cdot a$)]；A_d 是"a"端孤立建筑物的截收面积(m^2)；C_d 是"a"端建筑物的位置因子，按表 4-9 的规定确定；C_t 是在雷击点与需保护建筑物之间安装有 HV/LV 变压器时的修正因子，按表 4-10 的规定确定。

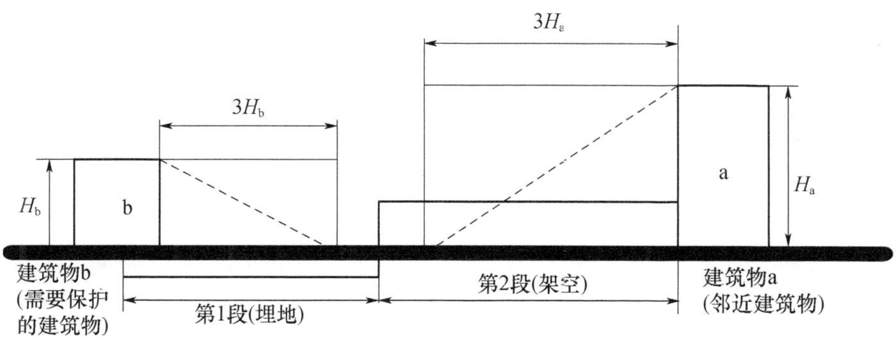

图 4-26　线路两端的建筑物

表 4-10　变压器因子 C_t

变压器	C_t
服务设施带有双绕组变压器	0.2
仅有服务设施	1

(6)雷击建筑物附近的年平均次数 N_M 可按下式计算，如果 $N_M<0$ 则假定 $N_M=0$：

$$N_M = N_g \times (A_m - A_d C_d) \times 10^{-6} \tag{4-28}$$

式中：N_g 是雷击大地密度[次/(km^2 · a)]；A_m 是雷击建筑物附近的截收面积(m^2)，截收面积 A_m 延伸到距离建筑物周边 250 m 远的地方(图 4-27)；A_d 是孤立建筑物的截收面积(m^2)；C_d 是建筑物的位置因子，按表 4-9 的规定确定。

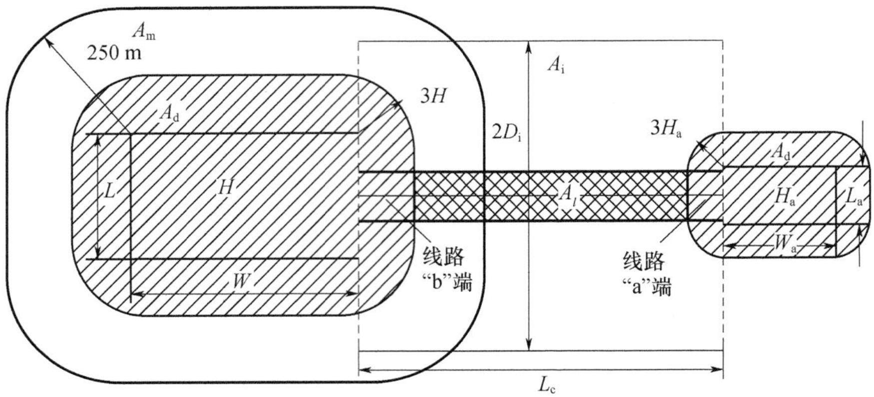

图 4-27　截收面积(A_d、A_m、A_i、A_l)

(7)雷击服务设施的年平均次数 N_L 可按下式计算：

$$N_L = N_g \times A_l \times C_d \times C_t \times 10^{-6} \tag{4-29}$$

式中：N_g 是雷击大地密度[次/(km^2 · a)])；A_l 是雷击服务设施的截收面积(图 4-27)(m^2)，按表 4-11 的规定确定；C_d 是服务设施的位置因子，按表 4-9 的规定确定；C_t 是当雷击点与建筑物之间有 HV/LV 变压器时的修正因子，按表 4-10 的规定确定。

(8)服务设施的截收面积 A_l 和 A_i 按表 4-11 的规定确定，计算时应符合下列规定：

1)当不知道 L_c 的值时，可假定 L_c 为 1000 m；

2)当不知道土壤电阻率的值时，可假定 ρ 为 500 Ω · m；

3)对于全部穿行在高密度网格形接地装置中的埋地电缆，可假定等效截收面积 A_l 和 A_i 为零；

4)需保护的建筑物应当假定为连接到服务设施的"b"端。

表 4-11　服务设施的截收面积 A_l 和 A

	架空	埋地
A_l	$6H_c[L_c-3(H_a+H_b)]$	$[L_c-3(H_a+H_b)]\sqrt{\rho}$
A_i	$1000L_c$	$25L_c\sqrt{\rho}$

注：A_l 是雷击服务设施的截收面积(m^2)；A_i 是雷击服务设施附近大地的截收面积(m^2)；H_c 是服务设施导线的离地高度(m)；L_c 是从建筑物到第一个节点之间的服务设施线路段长度(m)，最大值取 1000 m；H_a 是连接到服务设施"a"端的建筑物的高度(m)；H_b 是连接服务设施"b"端的建筑物高度(m)；ρ 是线路埋设处的土壤电阻率(Ω · m)，最大值取 500 Ω · m。

(9)雷击服务设施附近的年平均次数 N_i 可按下式计算：

$$N_i = N_g \times A_i \times C_e \times C_t \times 10^{-6} \tag{4-30}$$

式中：N_g 是雷击大地密度[次/(km^2 · a)]；A_i 是雷击服务设施附近大地的截收面积(图 4-27)(m^2)，按表 4-11 的规定确定；C_e 是环境因子，按表 4-12 的规定确定；C_t 是当雷击点与建筑物之间有 HV/LV 变压器时的修正因子，按表 4-10 的规定确定。服务设施的截收面积 A_i 由其长度 L_c 和横向距离 D_i 来确定(图 4-27)，雷击该横向距离 D_i 之间范围内时会产生不小于 1.5 kV 的感应过电压。

表 4-12　环境因子 C_e

环境	C_e
建筑物高度大于 20 m 的市区	0
建筑物高度在 10～20 m 的市区	0.1
建筑物高度小于 10 m 的郊区	0.5
农村	1

(10)雷击建筑物(S1)导致人畜伤害的概率 P_A 可按表 4-13 的规定确定。当采取了一项以上的措施时，P_A 的值应是各个相应 P_A 值的乘积。

表 4-13　雷击产生的接触和跨步电压导致人畜触电的概率 P_A

保护措施	P_A
无保护措施	1
外露引下线作电气绝缘	1×10^{-2}
有效的地面等电位连接	1×10^{-2}
警示牌	1×10^{-1}

注：当利用了建筑物的钢筋构件或框架作为引下线时，或者防雷装置周围安装了遮拦物时，概率 P_A 的数值可以忽略不计。

(11)雷击建筑物(S1)导致物理损害的概率 P_B，可按表 4-14 的规定确定。

表 4-14　P_B 与建筑物雷电防护水平(LPL)的对应关系

减小建筑物物理损害的 LPS 特性	雷电防护水平	P_B
没有 LPS 保护的建筑物	—	1.00
受到 LPS 保护的建筑物	Ⅳ	0.20
	Ⅲ	0.10
	Ⅱ	0.05
	Ⅰ	0.02

续表

减小建筑物物理损害的 LPS 特性	雷电防护水平	P_B
建筑物安有符合 LPL Ⅰ 要求的接闪器以及用连续金属框架或钢筋混凝土框架作为自然引下线		0.01
建筑物有金属屋顶或安有接闪器(可能包含自然结构部件)使屋顶所有的装置都有完善的直击雷防护和有连续的金属框架或钢筋混凝土框架作为自然引下线		0.001

注:在详细调查基础上,P_B 也可以取表 4-14 以外的值。

(12)雷击建筑物(S1)导致内部系统失效的概率 P_C 可按下式确定:

$$P_C = P_{SPD} \tag{4-31}$$

式中:P_{SPD} 是与 SPD 保护有关的概率,其值取决于雷电防护水平,按表 4-15 的规定确定。

表 4-15　按 LPL 选取并安装 SPD 时的 P_{SPD} 值

LPL	P_{SPD}
未采取匹配的 SPD 保护	1.00
Ⅲ～Ⅳ	0.03
Ⅱ	0.02
Ⅰ	0.01
注 3	0.005～0.001

注:1. 只有在设有减小物理损害的 LPS 或有连续金属框架或钢筋混凝土框架作为自然 LPS、并且满足国家标准 GB/T 21714.3—2015《雷电防护第 3 部分:建筑物的物理损坏和生命危险》提出的等电位连接和接地要求的建筑物内,协调配合的 SPD 保护才能有效地减小 P_C。

2. 当与内部系统相连的外部导线为防雷电缆或者布设于防雷电缆沟槽、金属导管或金属管内时,可以不需要配合的 SPD 保护。

3. 当在相应位置上安装的 SPD 的保护特性比 LPL Ⅰ 的要求更高时(更高的电流耐受能力．更低的电压保护水平等),P_{SPD} 的值可能会更小。

(13)雷击建筑物附近(S2)导致内部系统失效的概率 P_M 的取值应符合下列规定:

1)当没有安装符合国家标准要求的匹配 SPD 保护时,$P_M = P_{MS}$。概率 P_{MS} 应按表 4-16 的规定确定。

表 4-16　概率 P_{MS} 与因子 K_{MS} 的关系

K_{MS}	P_{MS}	K_{MS}	P_{MS}
≥0.400	1.000	0.016	0.005
0.150	0.900	0.015	0.003

续表

K_{MS}	P_{MS}	K_{MS}	P_{MS}
0.070	0.50	0.014	0.001
0.035	0.100	<0.013	0.0001
0.021	0.010		

2)当安装了符合国家标准要求的匹配 SPD 时，P_M的值取 P_{SPD}和 P_{MS}两值中的较小者。

3)当内部系统设备耐压水平不符合相关产品标准要求时，应取 P_{MS}等于 1。

4)因子 K_{MS}的值可按下式计算：

$$K_{MS}=K_{S1}\times K_{S2}\times K_{S3}\times K_{S4} \tag{4-32}$$

式中：K_{S1}是 LPZ0/1 交界处的建筑物结构、LPS 和其他屏蔽物的屏蔽效能因子；K_{S2}是建筑物内部 LPZX/Y($X>0,Y>1$)交界处的屏蔽物的屏蔽效能因子；K_{S3}是建筑物内部布线的特性因子，按表 4-17 的规定确定；K_{S4}是被保护系统的冲击耐压因子。

表 4-17　因子 K_{S3}与内部布线的关系

内部布线的类型	K_{S3}
非屏蔽电缆-布线时未避免构成环路[1]	1.0000
非屏蔽电缆-布线时避免形成大的环路[2]	0.2000
非屏蔽电缆-布线时避免形成环路[3]	0.0200
屏蔽电缆，屏蔽层单位长度的电阻[4] $5<R_S\leqslant 20(\Omega/km)$	0.0010
屏蔽电缆，屏蔽层单位长度的电阻[4] $1<R_S\leqslant 5(\Omega/km)$	0.0002
屏蔽电缆，屏蔽层单位长度的电阻[4] $R_S\leqslant 1(\Omega/km)$	0.0001

注：1. 大型建筑物中分开布设的导线构成的环路(环路面积大约为 50 m^2)。
2. 导线布设在同一电缆管道中或导线在较小建筑物中分开布设(环路面积大约为 10 m^2)。
3. 同一电缆的导线形成的环路(环路面积大约为 0.5 m^2)。
4. 屏蔽层单位长度电阻为 $R_S(\Omega/km)$电缆，其屏蔽层两端连到等电位端子板，设备也连在同一等电位端子板上。

5)在 LPZ 内部，当与屏蔽物边界之间的距离不小于网格宽度 ω 时，LPS 或空间格栅形屏蔽体的因子 K_{S1}和 K_{S2}可按下式进行计算：

$$K_{S1}=K_{S2}=0.12\omega \tag{4-33}$$

式中：ω 是格栅形空间屏蔽或者网格状 LPS 引下线的网格宽度，或是作为自然 LPS 的建筑物金属柱子的间距或钢筋混凝土框架的间距(m)。

6)当感应环路靠近 LPZ 边界屏蔽体，并离屏蔽体距离小于网格宽度 ω 时，K_{S1}和

K_{S2}值应增大；当与屏蔽体之间的距离在 0.1ω～0.2ω 时，K_{S1}和 K_{S2}的值增加一倍；当采用厚度为 0.1 ～0.5 mm 的连续金属屏蔽体时，K_{S1}和 K_{S2}相等，其值为 1×10^{-5}～1×10^{-4}；对于逐级相套的 LPZ，最后一级 LPZ 的 K_{S2}是各级 LPZ 的 K_{S1}的乘积；当安装有符合国家标准 GB/T 21714.4—2015《雷电防护第 4 部分：建筑物内电气和电子系统》要求的等电位连接网格时，K_{S1}和 K_{S2}的值可以缩小一半，K_{S1}、K_{S2}的最大值不超过 1。

7）当导线布设在两端都连接到等电位连接端子板的连续金属管内时，K_{S3}的值应当再乘以 0.1。

8）因子 K_{S4}可按式（4-34）计算。如果内部系统中设备的耐冲击电压额定值不同，因子 K_{S4}应取最低的耐冲击电压额定值计算：

$$K_{S4}=\frac{1.5}{U_{\omega}} \tag{4-34}$$

式中：U_{ω}是受保护系统的耐冲击电压额定值（kV）。

（14）雷击服务设施（S3）导致人畜伤害的概率 P_U取决于服务设施屏蔽物的特性、连接到服务设施的内部系统的冲击耐压、保护措施以及在服务设施入户处是否安装 SPD。P_U的取值应符合下列规定：

1）当没有按照国家标准 GB/T 21714.3—2015《雷电防护第 3 部分：建筑物的物理损坏和生命危险》的要求安装 SPD 进行等电位连接时，P_U等于 P_{LD}。P_{LD}无 SPD 保护时，雷击相连服务设施导致内部系统失效的概率，按表 4-18 的规定确定。对非屏蔽的服务设施，取 P_{LD}等于 1。

表 4-18　概率 P_{LD}与电缆屏蔽层电阻 R_S以及设备耐冲击电压额定值 U_{ω}的关系

U_{ω} (kV)	P_{LD}		
	$5<R_S\leqslant20$	$1<R_S\leqslant5$	$R_S\leqslant1$
1.50	1.00	0.80	0.40
2.50	0.95	0.60	0.20
4.00	0.90	0.30	0.04
6.00	0.80	0.10	0.02

注：R_S为电缆屏蔽层单位长度的电阻（Ω/km）。

2）当按照国家标准要求安装 SPD 时，P_U取表 4-15 规定的 P_{SPD}值与表 4-18 规定的 P_{LD}值的较小者。

3）当采取了遮拦物、警示牌等防护措施时，概率 P_U将进一步减小，其值应与表 4-13 中给出的概率 P_A值相乘。

（15）雷击服务设施（S3）导致物理损害的概率 P_V取决于服务设施屏蔽体的特性、

连接到服务设施的内部系统的冲击耐压以及是否安装 SPD。P_V的取值应符合下列规定：

1)当没有按照国家标准的要求用 SPD 进行等电位连接时，P_V等于 P_{LD}。

2)当按照国家标准的要求用 SPD 进行等电位连接时，P_V的值取 P_{SPD}和 P_{LD}的较小者。

(16)雷击服务设施(S3)导致内部系统失效的概率 P_W取决于服务设施屏蔽的特性、连接到服务设施的内部系统的冲击耐压以及是否安装 SPD。P_W的取值应符合下列规定：

1)如果没有安装符合国家标准 GB/T 21714.4—2015《雷电防护第 4 部分：建筑物内电气和电子系统》要求的已配合好的 SPD，P_W等于 P_{LD}。

2)当安装了符合国家标准 GB/T 21714.4—2015《雷电防护第 4 部分：建筑物内电气和电子系统》要求的已配合好的 SPD 时，P_W的值取 P_{SPD}和 P_{LD}的较小者。

(17)雷击入户服务设施附近(S4)导致内部系统失效的概率 P_Z取决于服务设施的屏蔽层特性、连接到服务设施的内部系统的耐冲击电压以及是否安装 SPD 保护设施。P_Z的取值应符合下列规定：

1)当没有安装符合国家标准 GB/T 21714.4—2015《雷电防护第 4 部分：建筑物内电气和电子系统》要求的已配合好的 SPD 时，P_Z等于 P_{LI}。此处 P_{LI}是未安装 SPD 时雷击相连的服务设施导致内部系统失效的概率，按表 4-19 的规定确定。

表 4-19 概率 P_{LD}与电缆屏蔽层电阻 R_S以及设备耐冲击电压 $U_ω$的关系

$U_ω$(kV)	P_{LD}				
	非屏蔽电缆	屏蔽层没有与设备连接到同一等电位连接端子板上	屏蔽层与设备连接到同一等电位连接端子板上		
			$5<R_S\leq20$	$1<R_S\leq5$	$R_S\leq1$
1.50	1.000	0.500	0.150	0.040	0.020
2.50	0.400	0.200	0.060	0.020	0.008
4.000	0.200	0.100	0.030	0.008	0.004
6.000	0.100	0.050	0.020	0.004	0.002

注：R_S是电缆屏蔽层单位长度的电阻(Ω/km)。

2)当安装了符合国家标准 GB/T 21714.4—2015《雷电防护第 4 部分：建筑物内电气和电子系统》要求的已配合好的 SPD 时，P_Z等于 P_{SPD}和 P_{LD}的较小者。

(18)建筑物损失率 L_X指雷击建筑物可能引起的某一特定损害类型的平均损失量与被保护建筑物总价值之比。损失率 L_X应取决于：

1)在危险场所人员的数量以及逗留的时间；

2)公众服务的类型及其重要性；

3)受损害货物的价值。

(19)损失率 L_X 随着所考虑的损失类型(L1、L2、L3 和 L4)而变化，对于每一种损失类型，它还与损害类型(D1、D2 和 D3)有关。按损害类型，损失率应分为三种：

1)接触和跨步电压导致伤害的损失率 L_t；

2)物理损害导致的损失率 L_f；

3)内部系统故障导致的损失率 L_o。

(20)人身伤亡损失率的计算应符合下列规定：

1)可按式(4-35)确定 L_t、L_f 和 L_o 的数值。当无法或很难确定 n_p、n_t 和 t_p 时，可采用表 4-20 中给出的 L_t、L_f 和 L_o 典型平均值；

$$L_x=\frac{n_p}{n_t}\times\frac{t_p}{8760} \tag{4-35}$$

式中：n_p 是可能受到危害的人员数量；n_t 是预期的建筑物内总人数；t_p 是以小时计算的可能受害人员每年处于危险场所的时间，危险场所包括建筑物外(只涉及损失 L_t)和建筑物内(L_t、L_f 和 L_o 都涉及)。

表 4-20　L_t、L_f 和 L_o 的典型平均值

建筑物的类型	L_t
所有类型(人员处于建筑物内)	1×10^{-4}
所有类型(人员处于建筑物外)	1×10^{-2}
建筑物的类型	L_f
医院、旅馆，民用建筑	1×10^{-1}
工业建筑、商业建筑、学校	5×10^{-2}
公共娱乐场所、教堂、博物馆	2×10^{-2}
其他	1×10^{-2}
建筑物的类型	L_o
有爆炸危险的建筑物	1×10^{-1}
医院	1×10^{-3}

2)人身伤亡损失率可按下列式进行计算：

$$L_A=r_a\times L_t \tag{4-36}$$

$$L_U=r_u\times L_t \tag{4-37}$$

$$L_B=L_V=r_p\times h_z\times L_f \tag{4-38}$$

$$L_C = L_M = L_W = L_Z = L_o \tag{4-39}$$

式中：r_a是由土壤类型决定的减少人身伤亡损失的因子，按表 4-21 确定；r_u是由地板类型决定的减少人身伤亡损失的因子，按表 4-21 确定；r_p是由防火措施决定的减少物理损害导致人身伤亡损失的因子，按表 4-22 确定；L_f是由火灾危险程度决定的减小物理损害导致人身伤亡的因子，按表 4-23 确定；h_z是在有特殊危险时，物理损害导致人身伤亡损失的增加因子，按表 4-24 确定。

表 4-21　缩减因子 r_a和 r_u的数值与土壤或地板表面的关系

地板和土壤类型	接触电阻(kΩ)	r_a和 r_u
农地，混凝土	≤1	1×10^{-2}
大理石，陶瓷	1～10	1×10^{-3}
砂砾、厚毛毯、一般地毯	10～100	1×10^{-4}
沥青、油毯、木头	≥100	1×10^{-5}

表 4-22　防火措施的缩减因子 r_p

措施	$R_p=1$
无	1
以下措施之一：灭火器、固定的人工灭火装置、人工报警消防装置、消防栓、人工灭火装置、防火隔间、留有逃生通道	0.5
以下措施之一：固定的身动灭火装置、身动报警装置[3]	0.2

注：1. 如果同时采取了一项以上措施，小的数值应当取各相应数值中的最小值。

2. 在具有爆炸危险的建筑物内部，任何情况下 $r_p=1$。

3. 仅当具有过电压防护和其他损害的防护并且消防员能在 10 分钟之内赶到时。

表 4-23　缩减因子 r_f与建筑物火灾危险的关系

火灾危险	r_f	火灾危险	r_f
爆炸	1	低	1×10^{-3}
高	1×10^{-1}	无	0
一般	1×10^{-2}		

注：1. 当建筑物具有爆炸危险以及建筑物内存储有爆炸性混合物质时，可能需要更精确地计算 r_f。

2. 由易燃材料建造的建筑物、屋顶由易燃材料建造的建筑物或单位面积火灾载荷大于 800 MJ/m² 的建筑物，可以看作具有高火灾危险的建筑物。

3. 单位面积火灾载荷在 400 ～800 MJ/m² 的建筑物应当看作具有一般火灾危险的建筑物。

4. 单位面积火灾载荷小于 400 MJ/m² 的建筑物或者只是偶尔存储有易燃性物质的建筑物，应当看作具有低火灾危险的建筑物。

5. 单位面积火灾载荷是建筑物内全部易燃物质的能量与建筑物总的表面积之比。

表 4-24　有特殊伤害时损失相对量的增加因子 h_Z 的数值

特殊伤害的种类	h_Z
无特殊伤害	1
高度不大于 2 层、容量不大于 100 人的建筑物等场所的低度惊慌	2
容量 100～1000 人的文化或体育场馆等场所的中等程度惊慌	5
有移动不便人员的建筑物、医院等场所的疏散困难	5
容量大于 1000 人的文化或体育场馆等场所的高度惊慌	10
对周围或环境造成危害	20
对四周环境造成污染	50

(21)公众服务中断损失率的计算应符合下列规定：

1)可按式(4-40)确定 L_f 和 L_o 的数值。当无法或很难确定 n_p、n_t 和 t 时，可采用表 4-25 中给出的 L_f 和 L_o 典型平均值；

$$L_x = \frac{n_p}{n_t} \times \frac{t}{8760} \tag{4-40}$$

式中：n_p 是可能失去服务的年平均用户数量；n_t 是接受服务的用户总数；t 是用小时表示的年平均服务中断时间。

表 4-25　L_f 和 L_o 的典型平均值

服务类型	L_f	L_o
煤气、水管	1×10^{-1}	1×10^{-2}
电视线路、通信线、供电线路	1×10^{-2}	1×10^{-3}

2)公众服务中断的各种实际损失率可按下列公式计算：

$$L_B = L_V = r_p \times r_f \times L_f \tag{4-41}$$

$$L_C = L_M = L_W = L_Z = L_o \tag{4-42}$$

式中：r_p、r_f 分别是本书表 4-22 和表 4-23 中的因子。

(22)文化遗产损失率的计算应符合下列规定：

1)可按式(4-43)确定 L_f 的数值：

$$L_f = \frac{c}{c_t} \tag{4-43}$$

式中：c 是用货币表示的每年建筑物内文化遗产可能损失的平均值；c_t 是用货币表示的建筑物内文化遗产总值。当无法或很难确定 c、c_t 时，L_f 的典型平均值可取 1×10^{-1}。

2)文化遗产的实际损失率可按下式计算：

$$L_B = L_V = r_p \times r_f \times L_f \tag{4-44}$$

式中：r_p、r_f 分别是按表 4-22 和表 4-23 中的因子。

(23)经济损失率的计算应符合下列规定：

1)可按式(4-45)确定 L_t、L_f和 L_o的数值：

$$L_x=\frac{c}{c_t} \tag{4-45}$$

式中：c 是用货币表示的建筑物可能损失的平均数值(包括其存储物的损失、相关业务的中断及其后果)；c_t是用货币表示的建筑物的总价值(包括其存储物以及相关业务的价值)。当无法或很难确定 c、c_t时，可采用表 4-26 中给出的各种类型建筑物的 L_t、L_f和 L_o典型平均值。

表 4-26　L_t、L_f和 L_o的典型平均值

建筑物的类型	L_t
所有类型-建筑物内部	1×10^{-4}
所有类型-建筑物外部	1×10^{-2}
建筑物的类型	L_f
医院、工业、博物馆、农业建筑	0.5
旅馆、学校、办公楼、教堂、公众娱乐场所、商业大楼	0.2
其他	0.1
建筑物类型	L_o
有爆炸风险的建筑	1×10^{-1}
医院、工业、办公楼、旅馆、商业大楼	1×10^{-2}
博物馆、农业建筑、学校、教堂、公众娱乐场所	1×10^{-3}
其他	1×10^{-4}

2)经济损失率可按下列公式(4-46)～式(4-49)进行计算：

$$L_A=r_a\times L_t \tag{4-46}$$

$$L_U=r_u\times L_t \tag{4-47}$$

$$L_B=L_V=r_p\times r_f\times h_z\times L_f \tag{4-48}$$

$$L_C=L_M=L_W=L_Z=L_o \tag{4-49}$$

式中：r_a、r_u、r_p、r_f、h_z分别是表 4-21～表 4-24 中的因子。

(24)成本效益的估算应符合下列规定：

1)全部损失的价值 C 可按公式(4-50)计算：

$$C_L=(R_A+R_U)\times C_A+(R_B+R_V)\times(C_A+C_B+C_S+C_C)+(R_C+R_M+R_W+R_Z)\times C_S \tag{4-50}$$

式中：R_A、R_U是没有保护措施时与牲畜损失有关的风险分量；R_B、R_V是没有保护措施时与物理损害有关的风险分量；R_C、R_M、R_W、R_Z是没有保护措施时与电气和电子系统失效有关的风险分量；C_A是牲畜的价值；C_S是建筑物中系统的价值；C_B是建筑物的价值；C_C是建筑物内存物的价值。

2)在有保护措施的情况下，剩余损失的总价值 C_{RL} 可按公式(4-51)计算：

$$C_{RL}=(R'_A+R'_U)\times C_A+(R'_B+R'_V)\times(C_A+C_B+C_S+C_C)+(R'_C+R'_M+R'_W+R'_Z)\times C_S \tag{4-51}$$

式中：$R_A{}'$、$R_U{}'$是有保护措施时与牲畜损失有关的风险分量；$R_B{}'$、$R_V{}'$是有保护措施时与物理损害有关的风险分量；$R_C{}'$、$R_M{}'$、$R_W{}'$、$R_Z{}'$是有保护措施时与电气和电子系统失效有关的风险分量。

3)保护措施的年平均费用 C_{PM} 可按公式(4-52)计算：

$$C_{PM}=C_P\times(i+a+m) \tag{4-52}$$

式中：C_P是保护措施的费用；i 是利率；a 是折旧率；m 是维护费率。

4)每年节省的费用可按式(4-53)计算。如果年平均节省的费用 S 大于零，采取防护措施是经济合理的。

$$S=C_L-(C_{PM}+C_{RL}) \tag{4-53}$$

参考文献

蒋皓，孟艾立，李冬根，等，2015. 雷电防护 第 3 部分：建筑物的物理损坏和生命危险：GB/T 21714.3—2015[S]. 北京：中国标准出版社.

林维勇，黄友根，焦兴学，等，2010. 建筑物防雷设计规范：GB 50057—2010[S]. 北京：中国标准出版社.

孙巍巍，薛文安，王德言，等，2012. 雷电防护 第 4 部分：建筑物内电气和电子系统：GB/T 21714.4—2015[S]. 北京：中国标准出版社.

王德言，李雪佩，刘寿先，等，2012. 建筑物电子信息系统防雷设计规范：GB 50343—2012[S]. 北京：中国标准出版社.

第 5 章　雷电防护标准

5.1　建筑物防雷工程设计规范

5.1.1　建筑物防雷的分类

建筑物应根据建筑物的重要性、使用性质、发生雷电事故的可能性和后果，按防雷要求分为三类。

1. 第一类防雷建筑物

在可能发生对地闪击的地区，遇下列情况之一时，应划为第一类防雷建筑物：

(1)凡制造、使用或贮存火炸药及其制品的危险建筑物，因电火花而引起爆炸、爆轰，会造成巨大破坏和人身伤亡者。

(2)具有 0 区或 20 区爆炸危险场所的建筑物。

(3)具有 1 区或 21 区爆炸危险场所的建筑物，因电火花而引起爆炸，会造成巨大破坏和人身伤亡者。

2. 第二类防雷建筑物

在可能发生对地闪击的地区，遇下列情况之一时，应划为第二类防雷建筑物：

(1)国家级重点文物保护的建筑物。

(2)国家级的会堂、办公建筑物、大型展览和博览建筑物、大型火车站和飞机场、国宾馆，国家级档案馆、大型城市的重要给水泵房等特别重要的建筑物。

(3)国家级计算中心、国际通信枢纽等对国民经济有重要意义的建筑物。

(4)国家特级和甲级大型体育馆。

(5)制造、使用或贮存火炸药及其制品的危险建筑物，且电火花不易引起爆炸或不致造成巨大破坏和人身伤亡者。

(6)具有 1 区或 21 区爆炸危险场所的建筑物，且电火花不易引起爆炸或不致造成巨大破坏和人身伤亡者。

(7)具有 2 区或 22 区爆炸危险场所的建筑物。

(8)有爆炸危险的露天钢质封闭气罐。

(9)预计雷击次数大于 0.05 次/a 的部、省级办公建筑物和其他重要或人员密集的公共建筑物以及火灾危险场所。

(10)预计雷击次数大于 0.25 次/a 的住宅、办公楼等一般性民用建筑物或一般性工业建筑物。

3. 第三类防雷建筑物

在可能发生对地闪击的地区，遇下列情况之一时，应划为第三类防雷建筑物：

(1)省级重点文物保护的建筑物及省级档案馆。

(2)预计雷击次数大于或等于 0.01 次/a，且小于或等于 0.05 次/a 的部、省级办公建筑物和其他重要或人员密集的公共建筑物，以及火灾危险场所。

(3)预计雷击次数大于或等于 0.05 次/a，且小于或等于 0.25 次/a 的住宅、办公楼等一般性民用建筑物或一般性工业建筑物。

(4)在平均雷暴日大于 15d/a 的地区，高度在 15 m 及以上的烟囱、水塔等孤立的高耸建筑物；在平均雷暴日小于或等于 15d/a 的地区，高度在 20 m 及以上的烟囱、水塔等孤立的高耸建筑物。

5.1.2 建筑物的防雷措施

1. 基本规定

(1)各类防雷建筑物应设防直击雷的外部防雷装置，并应采取防闪电电涌侵入的措施。第一类防雷建筑物和建筑物防雷设计规范所规定的第二类防雷建筑物，尚应采取防闪电感应的措施。

(2)在建筑物的地下室或地面层处，以下物体应与防雷装置做防雷等电位连接：

1)建筑物金属体。

2)金属装置。

3)建筑物内系统。

4)进出建筑物的金属管线。

2. 第一类防雷建筑物的防雷措施

(1)第一类防雷建筑物防直击雷的措施应符合下列规定：

1)应装设独立接闪杆或架空接闪线或架空接闪网。架空接闪网的网格尺寸不应大于 5 m×5 m 或 6 m×4 m。

2)排放爆炸危险气体、蒸气或粉尘的放散管、呼吸阀、排风管等的管口外的以下空间应处于接闪器的保护范围内：

a)当有管帽时应按表 5-1 的规定确定。

b)当无管帽时，应为管口上方半径 5 m 的半球体。

c)接闪器与雷闪的接触点应设在第 1)项或第 2)项所规定的空间之外。

3)排放爆炸危险气体、蒸气或粉尘的放散管、呼吸阀、排风管等，当其排放物达不到爆炸浓度、长期点火燃烧、一排放就点火燃烧以及发生事故时排放物才达到爆炸浓度的通风管、安全阀，接闪器的保护范围仅可保护到管帽，无管帽时仅可保护到管口。

表 5-1 有管帽的管口外处于接闪器保护范围内的空间

装置内的压强与周围空气压强的压强差(kPa)	排放物对比于空气	管帽以上的垂直距离(m)	距管口处的水平距离(m)
<5.0	重于空气	1.0	2.0
5.0～25.0	重于空气	2.5	5.0
<25.0	轻于空气	2.5	5.0
>25.0	重或轻于空气	5.0	5.0

注：1. 相对密度小于或等于 0.75 的爆炸性气体规定为轻于空气的气体。
2. 相对密度大于 0.75 的爆炸性气体规定为重于空气的气体。

4)独立接闪杆的杆塔、架空接闪线的端部和架空接闪网的每根支柱处应至少设一根引下线。对用金属制成或有焊接、绑扎连接钢筋网的杆塔、支柱，宜利用金属杆塔或钢筋网作为引下线。

5)独立接闪杆和架空接闪线或网的支柱及其接地装置至被保护建筑物及与其有联系的管道、电缆等金属物之间的间隔距离(图 5-1)，应按下列公式计算，但不得小于 3 m。

a)地上部分：

$$\text{当 } h_x<5R_i \text{ 时：} S_{a1}\geqslant 0.4(R_i+0.1h_x) \tag{5-1}$$

$$\text{当 } h_x\geqslant 5R_i \text{ 时：} S_{a1}\geqslant 0.1(R_i+h_x) \tag{5-2}$$

b)地下部分：

$$S_{e1}\geqslant 0.4R_i \tag{5-3}$$

式中：S_{a1} 是空气中的间隔距离(m)；S_{e1} 是地中的间隔距离(m)；R_i 是独立接闪杆、架空接闪线或网支柱处接地装置的冲击接地电阻(Ω)；h_x 是被保护建筑物或计算点的高度(m)。

6)架空接闪线至屋面和各种突出屋面的风帽、放散管等物体之间的间隔距离(图 5-1)，应按下列公式计算，但不应小于 3 m。

a)当 $\left(h+\frac{l}{2}\right)<5R_i$ 时：

$$S_{a2}\geqslant 0.2R_i+0.03\left(h+\frac{l}{2}\right) \tag{5-4}$$

b)当 $\left(h+\frac{l}{2}\right)\geqslant 5R_i$ 时：

$$S_{a2} \geqslant 0.05R_i + 0.06\left(h + \frac{l}{2}\right) \tag{5-5}$$

式中：S_{a2}是接闪线至被保护物在空气中的间隔距离(m)；h 是接闪线的支柱高度(m)；l 是接闪线的水平长度(m)。

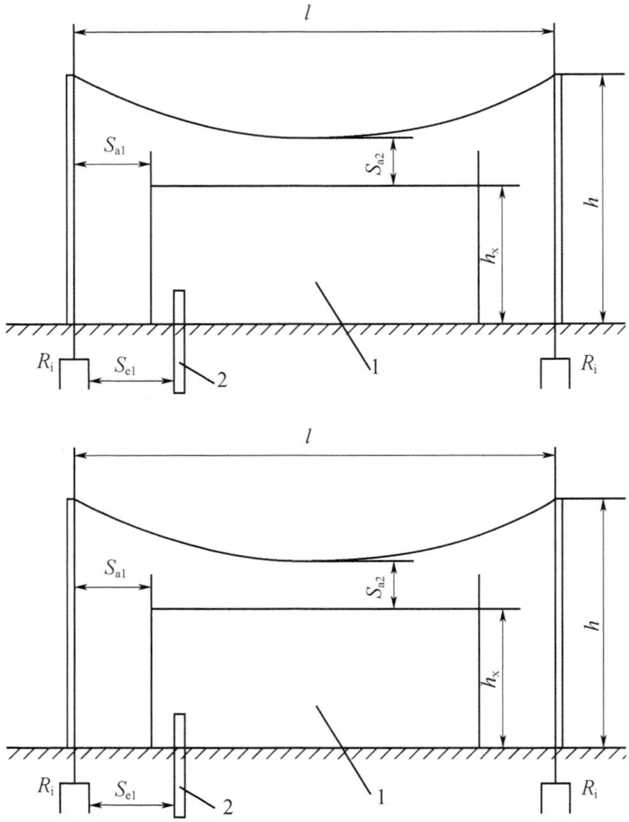

图 5-1　防雷装置至被保护物的间距距离

1：被保护建筑物；2：金属管道

7)架空接闪网至屋面和各种突出屋面的风帽、放散管等物体之间的间隔距离，应按下列公式计算，且不应小于 3 m。

a)当$(h+l_1)<5R_i$：

$$S_{a2} \geqslant \frac{1}{n}[0.4R_i + 0.06(h+l_1)] \tag{5-6}$$

b)当$(h+l_1)\geqslant 5R_i$ 时：

$$S_{a2} \geqslant \frac{1}{n}[0.1R_i + 0.12(h+l_1)] \tag{5-7}$$

式中：S_{a2}是接闪网至被保护物在空气中的间隔距离（m）；l_1 是从接闪网中间最低点沿导体至最近支柱的距离（m）；n 是从接闪网中间最低点沿导体至最近不同支柱并有同一距离 l_1 的个数。

8）独立接闪杆、架空接闪线或架空接闪网应设独立的接地装置，每一引下线的冲击接地电阻不宜大于 10 Ω。在土壤电阻率高的地区，可适当增大冲击接地电阻，但在 3000 Ω·m 以下的地区，冲击接地电阻不应大于 30 Ω。

（2）第一类防雷建筑物防闪电感应应符合下列规定：

1）建筑物内的设备、管道、构架、电缆金属外皮、钢屋架、钢窗等较大金属物和突出屋面的放散管、风管等金属物，均应接到防闪电感应的接地装置上。金属屋面周边每隔 18～24 m 应采用引下线接地一次。现场浇灌的或用预制构件组成的钢筋混凝土屋面，其钢筋网的交叉点应绑扎或焊接，并应每隔 18～24 m 采用引下线接地一次。

2）平行敷设的管道、构架和电缆金属外皮等长金属物，其净距小于 100 mm 时，应采用金属线跨接，跨接点的间距不应大于 30 m；交叉净距小于 100 mm 时，其交叉处也应跨接。当长金属物的弯头、阀门、法兰盘等连接处的过渡电阻大于 0.03 Ω 时，连接处应用金属线跨接。对有不少于 5 根螺栓连接的法兰盘，在非腐蚀环境下，可不跨接。

3）防雷电感应的接地装置应与电气和电子系统的接地装置共用，其工频接地电阻不宜大于 10 Ω。当屋内设有等电位连接的接地干线时，其与防闪电感应接地装置的连接不应少于 2 处。

（3）第一类防雷建筑物防闪电电涌侵入的措施应符合下列规定：

1）室外低压配电线路应全线采用电缆直接埋地敷设，在入户处应将电缆的金属外皮、钢管接到等电位连接带或防闪电感应的接地装置上。

2）当全线采用电缆有困难时，应采用钢筋混凝土杆和铁横担的架空线，并应使用一段金属铠装电缆或护套电缆穿钢管直接埋地引入。架空线与建筑物的距离不应小于 15 m。

在电缆与架空线连接处，尚应装设户外型电涌保护器。电涌保护器、电缆金属外皮、钢管和绝缘子铁脚、金具等应连在一起接地，其冲击接地电阻不宜大于 30 Ω。所装设的电涌保护器应选用Ⅰ级试验产品，其电压保护水平应小于或等于 2.5 kV，其每一保护模式应选冲击电流等于或大于 10 kA。若无户外型电涌保护器，应选用户内型电涌保护器，其使用温度应满足安装处的环境温度，并应安装在防护等级 IP54 的箱内。当电涌保护器的接线形式为 TT 系统时，接在中性线和 PE 线间电涌保护器的冲击电流：三相系统不应小于 40 kA，单相系统不应小于 20 kA。

3）当架空线转换成一段金属铠装电缆或护套电缆穿钢管直接埋地引入时，其埋地长度可按下式计算：

$$l \geqslant 2\sqrt{\rho} \tag{5-8}$$

式中：l 是电缆铠装或穿电缆的钢管埋地直接与土壤接触的长度(m)；ρ 是埋电缆处的土壤电阻率(Ω·m)。

4)在入户处的总配电箱内是否装设电涌保护器应按 GB 50057—2010《建筑物防雷设计规范》第 6 章确定。当需要安装电涌保护器时，电涌保护器的最大持续运行电压值和接线形式应按照 GB 50057—2010《建筑物防雷设计规范》附录 J 确定；连接电涌保护器的导体截面应按 GB 50057—2010《建筑物防雷设计规范》表 5.1.2 取值。

5)电子系统的室外金属导体线路宜全线采用有屏蔽层的电缆埋地或架空敷设，其两端的屏蔽层、加强钢线、钢管等应等电位连接到入户处的终端箱体上，在终端箱体内是否装设电涌保护器应按国家标准 GB 50057—2010《建筑物防雷设计规范》中防雷击电磁脉冲的规定确定。

6)当通信线路采用钢筋混凝土杆的架空线时，应使用一段护套电缆穿钢管直接埋地引入，其埋地长度应按式(5-8)计算，且不应小于 15 m。在电缆与架空线连接处，尚应装设户外型电涌保护器。电涌保护器、电缆金属外皮、钢管和绝缘子铁脚、金具等应连在一起接地，其冲击接地电阻不宜大于 30 Ω。所装设的电涌保护器应选用 D1 类高能量试验的产品，每台电涌保护器的短路电流应等于或大于 2 kA。若无户外型电涌保护器，可选用户内型电涌保护器，但其使用温度应满足安装处的环境温度，并应安装在防护等级 IP54 的箱内。

7)架空金属管道，在进出建筑物处，应与防闪电感应的接地装置相连。距离建筑物 100 m 内的管道，应每隔 25 m 接地一次，其冲击接地电阻不应大于 30 Ω，并应利用金属支架或钢筋混凝土支架的焊接、绑扎钢筋网作为引下线，其钢筋混凝土基础宜作为接地装置。埋地或地沟内的金属管道，在进出建筑物处应等电位连接到等电位连接带或防闪电感应的接地装置上。

(4)当难以装设独立的外部防雷装置时，可将接闪杆或网格不大于 5 m×5 m 或 6 m×4 m 的接闪网或由其混合组成的接闪器直接装在建筑物上。建筑物高度超过 30 m 时，首先应沿屋顶周边敷设接闪带，接闪带应设在外墙外表面或屋檐边垂直面上，也可设在外墙外表面或屋檐垂直面外，并必须符合下列规定：

1)接闪器之间应互相连接。

2)引下线不应少于两根，并应沿建筑物四周和内庭院四周均匀或对称布置，其间距沿周长计算不宜大于 12 m。

3)排放爆炸危险气体、蒸汽或粉尘的管道应符合 GB 50057—2010《建筑物防雷设计规范》第 4.2.1 条 2、3 款的规定。

4)建筑物应装设等电位连接环，环间垂直距离不应大于 12 m，所有引下线、建筑物的金属结构和金属设备均应连到环上。等电位连接环可利用电气设备的等电位连接干线环路。

5)外部防雷的接地装置应围绕建筑物敷设成环形接地体，每根引下线的冲击接地电阻不应大于 10 Ω，并应与电气和电子系统等接地装置及所有进入建筑物的金属管道相连，此接地装置可兼作防雷电感应接地之用。

6)每根引下线的冲击接地电阻大于 10 Ω 时，外部防雷的环形接地体宜按以下方法敷设：

a)土壤电阻率小于或等于 500 Ω · m 时，对环形接地体所包围面积的等效圆半径小于 5 m 的情况，每一引下线处应补加水平接地体或垂直接地体。

此时若补加水平接地体，其最小长度应按下式计算：

$$l_r=5-\sqrt{\frac{A}{\pi}} \tag{5-9}$$

式中：l_r是补加水平接地体的最小长度(m)；$\sqrt{\frac{A}{\pi}}$是环形接地体所包围面积的等效圆半径(m)；A 是环形接地体所包围的面积(m^2)。

补加垂直接地体时，其最小长度应按下式计算：

$$l_v=\frac{5-\sqrt{\frac{A}{\pi}}}{2} \tag{5-10}$$

式中：l_v 是补加垂直接地体的最小长度(m)。

b)土壤电阻率大于 500 Ω · m，小于或等于 3000 Ω · m，且对环形接地体所包围面积的等效圆半径符合下式的计算值时，每一引下线处应补加水平接地体或垂直接地体：

$$\sqrt{\frac{A}{\pi}}<\frac{11\rho-3600}{380} \tag{5-11}$$

此时若补加水平接地体时，其最小总长度应按下式计算：

$$l_r=\left(\frac{11\rho-3600}{380}\right)-\sqrt{\frac{A}{\pi}} \tag{5-12}$$

补加垂直接地体时，其最小长度应按下式计算：

$$l_v=\frac{\left(\frac{11\rho-3600}{380}\right)-\sqrt{\frac{A}{\pi}}}{2} \tag{5-13}$$

7)当建筑物高于 30 m 时，尚应采取下列防侧击的措施：

应从 30 m 处起，每隔不大于 6 m 沿建筑物四周设水平接闪带并与引下线相连。30 m 及以上外墙上的栏杆、门窗等较大的金属物应与防雷装置连接。

8)在电源引入的总配电箱处应装设Ⅰ级试验的电涌保护器。电涌保护器的电压保护水平值应小于或等于 2.5 kV。每一保护模式的冲击电流值在无法确定时，应取等于或大于 12.5 kA。

电源总配电箱处所装设的电涌保护器，其每一保护模式的冲击电流值在电源线路无屏蔽层时，宜按式(5-14)计算；有屏蔽层时，宜按式(5-15)计算：

$$I_{imp}=\frac{0.5I}{nm} \tag{5-14}$$

$$I_{imp}=\frac{0.5IR_s}{n(mR_s+R_c)} \tag{5-15}$$

式中：I 是雷电流，取 200 kA；n 是地下和架空引入的外来金属管道和线路的总数；m 是每一线路内导体芯线的总根数；R_s 是屏蔽层每千米的电阻(Ω/km)；R_c 是芯线每千米的电阻(Ω/km)。

9)当电子系统的室外线路采用金属线时，在其引入的终端箱处应安装 D1 类高能量试验类型的电涌保护器。其短路电流在无屏蔽层时，宜按式(5-14)计算；有屏蔽层时，宜按式(5-15)计算；无法确定时，应选用 2 kA。

10)当电子系统的室外线路采用光缆时，在其引入的终端箱处的电气线路侧，在无金属线路引出本建筑物至其他有自己接地装置的设备时，可安装 B2 类慢上升率试验类型的电涌保护器，其短路电流宜选用 100 A。

11)输送火灾爆炸危险物质的埋地金属管道，当其从室外进入户内处设有绝缘段时，应在绝缘段处跨接符合下列要求的电压开关型电涌保护器或隔离放电间隙：

选用Ⅰ级试验的密封型电涌保护器，电涌保护器能承受的冲击电流按式(5-14)计算，取 m 等于 1。电涌保护器的电压保护水平应小于绝缘段的耐冲击电压水平，在无法确定时，应取不小于 1.5 kV 且不大于 2.5 kV。输送火灾爆炸危险物质的埋地金属管道在进入建筑物处的防雷等电位连接，应在绝缘段之后管道进入室内处进行，可将电涌保护器的上端头接到等电位连接带。

12)具有阴极保护的埋地金属管道，在其从室外进入户内处宜设绝缘段，应在绝缘段处跨接符合下列要求的电压开关型电涌保护器或隔离放电间隙：

选用Ⅰ级试验的密封型电涌保护器，电涌保护器能承受的冲击电流按式(5-14)计算，取 m 等于 1。电涌保护器的电压保护水平应小于绝缘段的耐冲击电压水平，并应大于阴极保护电源的最大端电压。具有阴极保护的埋地金属管道在进入建筑物处的防雷等电位连接，应在绝缘段之后管道进入室内处进行，可将电涌保护器的上端头接到等电位连接带。

(5)当树木邻近建筑物且不在接闪器保护范围之内时，树木与建筑物之间的净距不应小于 5 m。

3. 第二类防雷建筑物的防雷措施

(1)第二类防雷建筑物外部防雷的措施，宜采用装设在建筑物上的接闪网、接闪带或接闪杆，也可采用由接闪网、接闪带或接闪杆混合组成的接闪器。接闪网、接闪带应按国家标准 GB 50057—2010《建筑物防雷设计规范》中规定的沿屋角、屋脊、屋檐和檐角等易受雷击的部位敷设，并应在整个屋面组成不大于 10 m×10 m 或 12 m×8 m 的网格。当建筑物高度超过 45 m 时，首先应沿屋顶周边敷设接闪带，接闪带应设在外墙外表面或屋檐边垂直面上，也可设在外墙外表面或屋檐边垂直面外。接闪器之间应互相连接。

(2)突出屋面的放散管、风管、烟囱等物体，应按下列方式保护：

1)排放爆炸危险气体、蒸气或粉尘的放散管、呼吸阀、排风管等管道应符合相关规定。

2)排放无爆炸危险气体、蒸气或粉尘的放散管、烟囱，1 区、21 区、2 区和 22 区爆炸危险场所的自然通风管，0 区和 20 区爆炸危险场所的装有阻火器的放散管、呼吸阀、排风管，其防雷保护应符合下列规定：

a)金属物体可不装接闪器，但应和屋面防雷装置相连。

b)在屋面接闪器保护范围之外的非金属物体应装接闪器，并和屋面防雷装置相连。

(3)专设引下线不应少于 2 根，并应沿建筑物四周和内庭院四周均匀对称布置，其间距沿周长计算不宜大于 18 m。当建筑物的跨度较大，无法在跨距中间设引下线，应在跨距两端设引下线并减小其他引下线的间距，专设引下线的平均间距不应大于 18 m。

(4)外部防雷装置的接地应和防雷电感应、内部防雷装置、电气和电子系统等接地共用接地装置，并应与引入的金属管线做等电位连接。外部防雷装置的专设接地装置宜围绕建筑物敷设成环形接地体。

(5)利用建筑物的钢筋作为防雷装置时应符合下列规定：

1)建筑物宜利用钢筋混凝土屋顶、梁、柱和基础内的钢筋作为引下线。第二类防雷建筑物：当其女儿墙以内的屋顶钢筋网以上的防水和混凝土层允许不保护时，宜利用屋顶钢筋网作为接闪器；当为多层建筑，且周围很少有人停留时，宜利用女儿墙压顶板内或檐口内的钢筋作为接闪器。

2)当基础采用硅酸盐水泥、周围土壤含水量不低于 4%、基础的外表面无防腐层或有沥青质防腐层时，宜利用基础内的钢筋作为接地装置；当基础的外表面有其他类的防腐层且无桩基可利用时，宜在基础防腐层下面的混凝土垫层内敷设人工环形基础接地体。

3)当敷设在混凝土中作为防雷装置的钢筋或圆钢仅为一根时，其直径不应小于 10 mm。被利用作为防雷装置的混凝土构件内有箍筋连接的钢筋时，其截面积总和不应小于一根直径 10 mm 钢筋的截面积。

4)利用基础内钢筋网作为接地体时,在周围地面以下距地面不应小于 0.5 m,每根引下线所连接的钢筋表面积总和应按下式计算:

$$S \geqslant 4.24k_c^2 \tag{5-16}$$

式中:S 是钢筋表面积总和(m^2);k_c 是分流系数。

5)在建筑物周边无钢筋的闭合条形混凝土基础内敷设人工基础接地体时,接地体的规格尺寸应按表 5-2 的规定确定。

表 5-2　第二类防雷建筑物环形人工基础接地体的最小规格尺寸

闭合条形基础的周长(m)	扁钢(mm×mm)	圆钢,根数 ×直径(mm)
≥60	4×25	2×∅10
40～60	4×50	4×∅10 或 3×∅12
＜40	钢材表面积总和≥ 4.24 m²	

注:1. 当长度相同、截面相同时,宜选用扁钢。
2. 采用多根圆钢时,其敷设净距不小于直径的 2 倍。
3. 利用闭合条形基础内的钢筋作接地体时可按本表校验,除主筋外,可计人箍筋的表面积。

6)构件内有箍筋连接的钢筋或成网状的钢筋,其箍筋与钢筋、钢筋与钢筋间应采用土建施工的绑扎法,或以螺丝、对焊或搭焊连接。单根钢筋、圆钢或外引预埋连接板、线与构件内钢筋的连接应焊接或采用螺栓紧固的卡夹器连接。构件之间必须连接成电气通路。

(6)共用接地装置的接地电阻应按 50 Hz 电气装置的接地电阻确定,不应大于按人身安全所确定的接地电阻值。在土壤电阻率小于或等于 3000 Ω·m 时,外部防雷装置的接地体在符合下列规定之一以及环形接地体所包围面积的等效圆半径等于或大于所规定的值时,可不计冲击接地电阻;但当每根专设引下线的冲击接地电阻不大于 10 Ω 时,可不按下列 1)、2)条敷设接地体:

1)当土壤电阻率 ρ 小于或等于 800 Ω·m 时,对环形接地体所包围面积的等效圆半径小于 5 m 的情况,每一引下线处应补加水平接地体或垂直接地体。补加水平接地体的最小长度应按式(5-9)计算;补加垂直接地体的最小长度应按式(5-10)计算。

2)当土壤电阻率大于 800 Ω·m、小于或等于 3000 Ω·m 时,且对环形接地体所包围的面积的等效圆半径小于按下式的计算值时,每一引下线处应补加水平接地体或垂直接地体:

$$\sqrt{\frac{A}{\pi}} < \frac{\rho - 550}{50} \tag{5-17}$$

式中:$\sqrt{\frac{A}{\pi}}$ 是环形接地体所包围面积的等效圆半径(m);ρ 是土壤电阻率(Ω·m)。

3)在上述情况下补加水平接地体时,其最小总长度应按下式计算:

$$l_r=\left(\frac{\rho-550}{50}\right)-\sqrt{\frac{A}{\pi}} \tag{5-18}$$

式中：l_r 是补加水平接地体的最小长度(m)。

4)补加垂直接地体时，其最小总长度应按下式计算：

$$l_v=\frac{\left(\frac{\rho-550}{50}\right)-\sqrt{\frac{A}{\pi}}}{2} \tag{5-19}$$

式中：l_v 是补加垂直接地体的最小长度(m)。

5)在符合本章建筑物的钢筋作为防雷装置规定的条件下，利用槽形、板形或条形基础的钢筋作为接地体，或在基础下面混凝土垫层内敷设人工环形基础接地体。当槽形、板形基础钢筋网在水平面的投影面积，或成环的条形基础钢筋或人工环形基础接地体所包围的面积符合下列规定时，可不补加接地体：

a)当土壤电阻率小于或等于 800 Ω·m 时，所包围的面积应大于或等于 79 m^2。

b)当土壤电阻率大于 800 Ω·m 且小于等于 3000 Ω·m 时，所包围的面积应大于或等于按下式的计算值：

$$A\geqslant\pi\left(\frac{\rho-550}{50}\right)^2 \tag{5-20}$$

6)对 6 m 柱距或大多数柱距为 6 m 的单层工业建筑物，当利用柱子基础的钢筋作为外部防雷装置的接地体并同时符合下列规定时，可不另加接地体：

a)利用全部或绝大多数柱子基础的钢筋作为接地体。

b)柱子基础的钢筋网通过钢柱、钢屋架和钢筋混凝土柱子、屋架、屋面板、吊车梁等构件的钢筋或防雷装置互相连成整体。

c)在周围地面以下距地面不小于 0.5 m，每一柱子基础内所连接的钢筋表面积总和大于或等于 0.82 m^2。

(7)防雷电感应的措施应符合下列规定：

1)建筑物内的设备、管道、构架等主要金属物，应就近接到防雷装置或共用接地装置上。

2)平行敷设的管道、构架和电缆金属外皮等长金属物，其净距小于 100 mm 时，应采用金属线跨接，跨接点的间距不应大于 30 m；交叉净距小于 100 mm 时，其交叉处也应跨接。当长金属物的弯头、阀门、法兰盘等连接处的过渡电阻大于 0.03 Ω 时，连接处应用金属线跨接。对有不少于 5 根螺栓连接的法兰盘，在非腐蚀环境下，可不跨接。另外，长金属物连接处可不跨接。

3)建筑物内防闪电感应的接地干线与接地装置的连接，不应少于 2 处。

(8)防止雷电流流经引下线和接地装置时产生的高电位对附近金属物或电气和电子系统线路的反击，应符合下列要求：

1）金属框架的建筑物中，或钢筋连接在一起、电气贯通的钢筋混凝土框架的建筑物中，金属物或线路与引下线之间的间隔距离可无要求；其他情况下，金属物或线路与引下线之间的间隔距离应按下式计算：

$$S_{a3} \geqslant 0.06 k_c l_x \tag{5-21}$$

式中：S_{a3}是空气中的间隔距离（m）；l_x是引下线计算点到连接点的长度（m），连接点即金属物或电气和电子系统线路与防雷装置之间直接或通过电涌保护器相连之点。

2）当金属物或线路与引下线之间有自然或人工接地的钢筋混凝土构件、金属板、金属网等静电屏蔽物隔开时，金属物或线路与引下线之间的间隔距离可无要求。

3）当金属物或线路与引下线之间有混凝土墙、砖墙隔开时，其击穿强度应为空气击穿强度的 1/2。当间隔距离不能满足式(5-21)的规定时，金属物应与引下线直接相连，带电线路应通过电涌保护器与引下线相连。

4）在电气接地装置与防雷接地装置共用或相连的情况下，应在低压电源线路引入的总配电箱、配电柜处装设Ⅰ级试验的电涌保护器。电涌保护器的电压保护水平值应小于或等于 2.5 kV。无法确定每一保护模式的冲击电流值时，应取等于或大于 12.5 kA。

5）当 Yyn0 型或 Dyn11 型接线的配电变压器设在本建筑物内或附设于外墙处时，应在变压器高压侧装设避雷器。在低压侧的配电屏上，当有线路引出本建筑物至其他有独自敷设接地装置的配电装置时，应在母线上装设Ⅰ级试验的电涌保护器。电涌保护器每一保护模式的冲击电流值在无法确定时，应取等于或大于 12.5 kA。当无线路引出本建筑物时，应在母线上装设Ⅱ级试验的电涌保护器。电涌保护器每一保护模式的标称放电电流值应等于或大于 5 kA，电压保护水平值应小于或等于 2.5 kV。

6）低压电源线路引入的总配电箱、配电柜处装设Ⅰ级实验的电涌保护器时，以及配电变压器设在本建筑物内或附设于外墙处，并在低压侧配电屏的母线上装设Ⅰ级实验的电涌保护器时，电涌保护器每一保护模式的冲击电流值：在电源线路无屏蔽层时，可按式(5-14)计算；有屏蔽层时，可按式(5-15)计算。式中的雷电流应取 150 kA。

7）在电子系统的室外线路采用金属线时，其引入的终端箱处应安装 D1 类高能量试验类型的电涌保护器。当其短路电流无屏蔽层时，可按式(5-14)计算；有屏蔽层时，可按式(5-15)计算。式中的雷电流应取 150 kA。短路电流无法确定时，应选用 1.5 kA。

8）在电子系统的室外线路采用光缆时，其引入的终端箱处的电气线路侧，无金属线路引出本建筑物至其他拥有接地装置的设备，可安装 B2 类慢上升率试验类型的电涌保护器，其短路电流宜选用 75 A。

(9)高度超过 45 m 的建筑物，除屋顶的外部防雷装置应符合相关规定外，尚应符合下列规定：

1)对于水平突出外墙的物体,滚球半径为45 m,球体从屋顶周边接闪带外向地面垂直下降接触到突出外墙的物体时,应采取相应的防雷措施。

2)高于60 m的建筑物,其上部占高度20%并超过60 m的部位应防侧击,防侧击应符合下列规定:

a)在建筑物上部高度占20%并超过60 m的部位,各表面上的尖物、墙角、边缘、设备以及显著突出的物体,应按屋顶的保护措施考虑。

b)在建筑物上部高度占20%并超过60 m的部位,布置接闪器应符合对本类防雷建筑物的要求,接闪器应重点布置在墙角、边缘和显著突出的物体上。

c)在外部金属物最小尺寸符合建筑物防雷设计规范中的接闪器规格要求时,可利用其作为接闪器,还可利用布置在建筑物垂直边缘处的外部引下线作为接闪器。

d)符合规定的钢筋混凝土内钢筋和建筑物金属框架作为引下线或与引下线连接时,均可利用其作为接闪器。

3)外墙内、外竖直敷设的金属管道及金属物的顶端和底端,应与防雷装置等电位连接。有爆炸危险的露天钢质封闭气罐,在其高度小于或等于60 m且罐顶壁厚不小于4 mm时,或其高度大于60 m且罐顶壁厚和侧壁壁厚均不小于4 mm时,可不装设接闪器。但应接地,且接地点不应少于2处,两接地点间距离不宜大于30 m,每处接地点的冲击接地电阻不应大于30 Ω。

4. 第三类防雷建筑物的防雷措施

(1)第三类防雷建筑物外部防雷的措施宜采用装设在建筑物上的接闪网、接闪带或接闪杆,也可采用由接闪网、接闪带或接闪杆混合组成的接闪器。接闪网、接闪带应按GB 50057—2010《建筑物防雷设计规范》的规定沿屋角、屋脊、屋檐和檐角等易受雷击的部位敷设,并应在整个屋面组成不大于20 m×20 m或24 m×16 m的网格。当建筑物高度超过60 m时,首先应沿屋顶周边敷设接闪带,接闪带应设在外墙外表面或屋檐边垂直面上,也可设在外墙外表面或屋檐边垂直面外。接闪器之间应互相连接。

(2)专设引下线不应少于2根,并应沿建筑物四周和内庭院四周均匀对称布置,其间距沿周长计算不宜大于25 m。当建筑物的跨度较大,无法在跨距中间设引下线时,应在跨距两端设引下线并减小其他引下线的间距,专设引下线的平均间距不应大于25 m。

(3)防雷装置的接地应与电气和电子系统等共用接地装置,并应与引入的金属管线做等电位连接。外部防雷装置的专设接地装置宜围绕建筑物敷设成环形接地体。

(4)建筑物宜利用钢筋混凝土屋面、梁、柱、基础内的钢筋作为引下线和接地装置。当其女儿墙以内的屋顶钢筋网以上的防水和混凝土层允许不保护时,宜利用屋顶钢筋网作为接闪器;当建筑物为多层建筑,其女儿墙压顶板内或檐口内有钢筋,且周围除保安人员巡逻外通常无人停留时,宜利用女儿墙压顶板内或檐口内的钢筋作为接闪器。

应符合下列规定：

1)利用基础内钢筋网作为接地体时，在周围地面以下距地面不小于 0.5 m 深，每根引下线所连接的钢筋表面积总和应按下式计算：

$$S \geqslant 1.89k_c^2 \tag{5-22}$$

式中：S 是钢筋表面积总和(m^2)；k_c 是分流系数。

2)当在建筑物周边无钢筋的闭合条形混凝土基础内敷设人工基础接地体时，接地体的规格尺寸应按表 5-3 的规定确定。

表 5-3　第三类防雷建筑物环形人工基础接地体的最小规格尺寸

闭合条形基础的周长(m)	扁钢(mm×mm)	圆钢，根数×直径(mm)
≥60	—	1×∅10
40～60	4×20	2×∅8
<40	钢材表面积总和≥ 1.89 m^2	

注：1. 当长度相同、截面相同时，宜选用扁钢。

2. 采用多根圆钢时，其敷设净距不小于直径的 2 倍。

3. 利用闭合条形基础内的钢筋作接地体时可按本表校验，除主筋外，可计入箍筋的表面积。

(5)共用接地装置的接地电阻应按 50 Hz 电气装置的接地电阻确定，不应大于按人身安全所确定的接地电阻值。在土壤电阻率小于或等于 3000 Ω·m 时，外部防雷装置的接地体当符合下列规定之一，以及环形接地体所包围面积的等效圆半径等于或大于所规定的值时，可不计冲击接地电阻；当每根专设引下线的冲击接地电阻不大于 30 Ω，但对第三类防雷建筑物则不大于 10 Ω 时，可不按下列 1)中的要求敷设接地体：

1)对环形接地体所包围面积的等效圆半径小于 5 m 时，每一引下线处应补加水平接地体或垂直接地体。补加水平接地体最小长度应按式(5-9)计算；补加垂直接地体最小长度应按式(5-10)计算。

2)利用槽形、板形或条形基础的钢筋作为接地体，或在基础下面混凝土垫层内敷设人工环形基础接地体，当槽形、板形基础钢筋网在水平面的投影面积或成环的条形基础钢筋或人工环形基础接地体所包围的面积大于或等于 79 m^2 时，可不补加接地体。

3)对 6 m 柱距或大多数柱距为 6 m 的单层工业建筑物，当利用柱子基础的钢筋作为外部防雷装置的接地体并同时符合下列规定时，可不另加接地体：

a)利用全部或绝大多数柱子基础的钢筋作为接地体。

b)柱子基础的钢筋网通过钢柱、钢屋架和钢筋混凝土柱子、屋架、屋面板、吊车梁等构件的钢筋或防雷装置互相连成整体。

c)在周围地面以下距地面不小于 0.5 m 深，每一柱子基础内所连接的钢筋表面积总和大于或等于 0.37 m^2。

(6)防止雷电流流经引下线和接地装置时产生的高电位对附近金属物或电气和电子系统。

1)线路的反击,应符合下式:

$$S_{a3} \geqslant 0.04 k_c l_x \tag{5-23}$$

式中:S_{a3}是空气中的间隔距离(m);l_x是引下线计算点到连接点的长度(m),连接点即金属物或电气和电子系统线路与防雷装置之间直接或通过电涌保护器相连之点;k_c 是分流系数。

2)低压电源线路引入的总配电箱、配电柜处装设Ⅰ级实验的电涌保护器,以及配电变压器设在本建筑物内或附设于外墙处,并在低压侧配电屏的母线上装设Ⅰ级实验的电涌保护器时,电涌保护器每一保护模式的冲击电流值:当电源线路无屏蔽层时,可按式(5-14)计算;当有屏蔽层时,可按式(5-15)计算。式中的雷电流应取 100 kA。

3)在电子系统的室外线路采用金属线时,引入的终端箱处应安装 D1 类高能量试验类型的电涌保护器,其短路电流:在无屏蔽层时,可按式(5-14)计算;有屏蔽层时,可按式(5-15)计算。式中的雷电流应取 100 kA。当短路电流无法确定时,应选用 1.0 kA。

4)在电子系统的室外线路采用光缆时,其引入的终端箱处的电气线路侧无金属线路引出本建筑物至其他有自己接地装置的设备,可安装 B2 类慢上升率试验类型的电涌保护器,其短路电流宜选用 50 A。

(7)高度超过 60 m 的建筑物,除屋顶的外部防雷装置应符合相关规定外,尚应符合下列规定:

1)对水平突出外墙的物体,当滚球半径 60 m 球体从屋顶周边接闪带外向地面垂直下降接触到突出外墙的物体时,应采取相应的防雷措施。

2)高于 60 m 的建筑物,其上部占高度 20%并超过 60 m 的部位应防侧击。防侧击应符合下列要求:

a)在建筑物上部高度占 20%并超过 60 m 的部位,各表面上的尖物、墙角、边缘、设备以及显著突出的物体,应按屋顶的保护措施考虑。

b)在建筑物上部高度占 20%并超过 60 m 的部位,布置接闪器应符合对本类防雷建筑物的要求,接闪器应重点布置在墙角、边缘和显著突出的物体上。

c)外部金属物最小尺寸符合建筑物防雷设计规范中的接闪器规格要求时,可利用其作为接闪器,还可利用布置在建筑物垂直边缘处的外部引下线作为接闪器。

d)符合规定的钢筋混凝土内钢筋和建筑物金属框架作为引下线或与引下线连接时,均可作为接闪器。

3)外墙内、外竖直敷设的金属管道及金属物的顶端和底端,应与防雷装置等电位连接。

(8)砖烟囱和钢筋混凝土烟囱，宜在烟囱上装设接闪杆或接闪环保护。多支接闪杆应连接在闭合环上。当非金属烟囱无法采用单支或双支接闪杆保护时，应在烟囱口装设环形接闪带，并应对称布置三支高出烟囱口不低于 0.5 m 的接闪杆。钢筋混凝土烟囱的钢筋应在其顶部和底部与引下线和贯通连接的金属爬梯相连。高度不超过 40 m 的烟囱，可只设一根引下线，超过 40 m 时应设两根引下线。可利用螺栓或焊接连接的一座金属爬梯作为两根引下线用。金属烟囱应作为接闪器和引下线。

5. 其他防雷措施

(1)当一座防雷建筑物中兼有第一、二、三类防雷建筑物时，其防雷分类和防雷措施宜符合下列规定：

1)当第一类防雷建筑物部分的面积占建筑物总面积的 30%及以上时，该建筑物宜确定为第一类防雷建筑物。

2)当第一类防雷建筑物部分的面积占建筑物总面积的 30%以下，且第二类防雷建筑物部分的面积占建筑物总面积的 30%及以上时，或这两部分防雷建筑物的面积均小于建筑物总面积的 30%，同时其面积之和又大于 30%时，该建筑物宜确定为第二类防雷建筑物。但对第一类防雷建筑物部分的防雷电感应和防闪电电涌侵入，应采取第一类防雷建筑物的保护措施。

3)当第一、二类防雷建筑物部分的面积之和小于建筑物总面积的 30%，且不可能遭直接雷击时，该建筑物可确定为第三类防雷建筑物；但对第一、二类防雷建筑物部分的防雷电感应和防闪电电涌侵入，应采取各自类别的保护措施；可能遭直接雷击时，宜按各自类别采取防雷措施。

(2)当一座建筑物中仅有一部分为第一、二、三类防雷建筑物时，其防雷措施宜符合下列规定：

1)防雷建筑物部分可能遭直接雷击，宜按各自类别采取防雷措施。

2)防雷建筑物部分不可能遭直接雷击，可不采取防直击雷措施，仅需按各自类别采取防闪电感应和防闪电电涌侵入的措施。

(3)采用接闪器保护建筑物、封闭气罐时，其外表面外的 2 区爆炸危险场所可不在滚球法确定的保护范围内。

(4)固定在建筑物上的节日彩灯、航空障碍信号灯及其他用电设备和线路应根据建筑物的防雷类别采取相应的防止闪电电涌侵入的措施，并应满足：无金属外壳或保护网罩的用电设备应处在接闪器的保护范围内。从配电箱引出的配电线路应穿钢管。钢管的一端应与配电箱和 PE 线相连；另一端应与用电设备外壳、保护罩相连，并应就近与屋顶防雷装置相连。当钢管因连接设备而中间断开时，应设跨接线。在配电箱内应在开关的电源侧装设Ⅱ级试验的电涌保护器，其电压保护水平不应大于 2.5 kV，标称放电弖流值应根据具体情况确定。

(5)粮、棉及易燃物大量集中的露天堆场，当其年预计雷击次数大于或等于 0.05 时，应采用独立接闪杆或架空接闪线防直击雷。独立接闪杆和架空接闪线保护范围的滚球半径可取 100 m。在计算雷击次数时，建筑物的高度可按可能堆放的高度计算，其长度和宽度可按可能堆放面积的长度和宽度计算。

(6)在建筑物引下线附近保护人身安全需采取的防接触电压和跨步电压的措施，应符合下列规定：

1)防接触电压应符合下列规定之一：

a)利用建筑物金属构架和建筑物互相连接的钢筋在电气上是贯通且不少于 10 根柱子组成的自然引下线，作为自然引下线的柱子包括位于建筑物四周和建筑物内的。

b)引下线 3 m 范围内地表层的电阻率不小于 50 kΩ · m，或敷设 5 cm 厚沥青层或 15 cm 砾石层。

c)外露引下线，其距地面 2.7 m 以下的导体用耐 1.2/50 μs 冲击电压 100 kV 的绝缘层离，或用至少 3 mm 厚的交联聚乙烯层隔离。

d)用护栏、警告牌使接触引下线的可能性降至最低限度。

2)防跨步电压应符合下列规定之一：

a)利用建筑物金属构架和建筑物互相连接的钢筋在电气上是贯通且不少于 10 根柱子组成的自然引下线，作为自然引下线的柱子需位于建筑物四周和建筑物内。引下线 3 m 范围内地表层土壤的电阻率不小于 50 kΩ · m，或敷设 5 cm 厚沥青层或 15 cm 厚砾石层。

b)用网状接地装置对地面作均衡电位处理。

c)用护栏、警告牌使进入距引下线 3 m 范围内地面的可能性减小到最低限度。

(7)对第二类和第三类防雷建筑物，应符合下列规定：

1)没有得到接闪器保护的屋顶孤立金属物的尺寸不超过以下数值时，不要求附加的保护措施：高出屋顶平面不超过 0.3 m，上层表面总面积不超过 1.0 m^2，上层表面的长度不超过 2.0 m。

2)不处在接闪器保护范围内的非导电性屋顶物体，在没有突出由接闪器形成的平面 0.5 m 以上时，可不要求附加增设接闪器的保护措施。

(8)在独立接闪杆、架空接闪线、架空接闪网的支柱上，严禁悬挂电话线、广播线、电视接收天线及低压架空线等。

5.1.3　防雷装置

1. 防雷装置使用的材料

防雷装置使用的材料及其应用条件宜符合表 5-4 的规定。

表 5-4 防雷装置的材料及使用条件

材料	使用于大气中	使用于地中	使用于混凝土中	耐腐蚀情况		
				在下列环境中能耐腐蚀	在下列环境中增加腐蚀	与下列材料接触形成直流电耦合可能受到严重腐蚀
铜	单根导体，绞线	单根导体，有镀层的绞线，铜管	单根导体，有镀层的绞线	在许多环境中良好	硫化物 有机材料	—
热镀锌钢	单根导体，绞线	单根导体，钢管	单根导体，绞线	敷设于大气、混凝土和无腐蚀性的一般土壤中受到的腐蚀是可接受的	高氯化物含量	铜
电镀铜钢	单根导体	单根导体	单根导体	在许多环境中良好	硫化物	—
不锈钢	单根导体，绞线	单根导体，绞线	单根导体，绞线	在许多环境中良好	高氯化物含量	—
铝	单根导体，绞线	不适合	不适合	在含有低浓度硫和氯化物的大气中良好	碱性溶液	铜
铅	有镀铅层的单根导体	禁止	不适合	在含有高浓度硫酸化合物的大气中良好	—	铜不锈钢

注：1. 敷设于黏土或潮湿土壤中的镀锌钢可能受到腐蚀。
2. 在沿海地区，敷设于混凝土中的镀锌钢不宜延伸进入土壤中。
3. 不得在地中采用铅。

做防雷等电位连接各连接部件的最小截面积，应符合表 5-5 的规定。连接单台或多台Ⅰ级分类试验或 D1 类电涌保护器的单根导体的最小截面积，尚应按下式计算：

$$S_{\min} \geqslant \frac{I_{\text{imp}}}{8} \tag{5-24}$$

式中：$S_{\min}$是单根导体的最小截面积（mm^2）；I_{imp}是流入该导体的雷电流（kA）。

表 5-5　防雷装置各连接部件的最小截面积

等电位连接部件			材料	截面积(mm^2)
等电位连接带(铜、外表面镀铜的刚或热镀锌钢)			铜、铁	50.0
从等电位连接带至接地装置或各等电位连接带之间的连接导体			铜	16.0
			铝	25.0
			铁	50.0
从屋内金属装置至等电位连接带的连接导体			铜	6.0
			铝	10.0
			铁	16.0
连接电涌保护器的导体	电气系统	Ⅰ级试验的电涌保护器	铜	6.0
		Ⅱ级试验的电涌保护器		2.5
		Ⅲ级试验的电涌保护器		1.5
	电子系统	D1 类电涌保护器		1.2
		其他类的电涌保护器(连接导体的截面可小于 1.2 mm^2)		根据具体情况确定

2. 接闪器

接闪器的材料、结构和最小截面积应符合表 5-6 的规定。

表 5-6　接闪线(带)、接闪杆和引下线的材料、结构与最小截面积

材料	结构	最小截面积(mm^2)	备注[10]
铜，镀锡铜[1]	单根扁铜	50	厚度 2 mm
	单根圆铜[7]	50	直径 8 mm
	铜绞线	50	每股线直径 1.7 mm
	单根圆铜[3,4]	176	直径 15 mm
铝	单根扁铝	70	厚度 3 mm
	单根圆铝	50	直径 8 mm
	铝绞线	50	每股线直径 1.7 mm
铝合金	单根扁形导体	50	厚度 2.5 mm
	单根圆形导体[3]	50	直径 8 mm
	绞线	50	每股线直径 1.7 mm
	单根圆形导体	176	直径 15 mm
	外表面镀铜的单根圆形导体	50	直径 8 mm，径向镀铜厚度至少 70 μm，铜纯度 99.9%

续表

材料	结构	最小截面积(mm^2)	备注⑩
热浸镀锌钢②	单根扁钢	50	厚度 2.5 mm
	单根圆钢⑨	50	直径 8 mm
	绞线	50	每股线直径 1.7 mm
	单根圆钢③④	176	直径 15 mm
不锈钢⑤	单根扁钢⑥	50⑧	厚度 2 mm
	单根圆钢⑥	50⑧	直径 8 mm
	绞线	70	每股线直径 1.7 mm
	单根圆钢③④	176	直径 15 mm
外表面镀铜的钢	单根圆钢(直径 8 mm)	50	镀铜厚度至少 70 μm,铜纯度 99.9%
	单根扁钢(厚 2.5 mm)		

注:① 热浸或电镀锡的锡层最小厚度为 1 μm。

② 镀锌层宜光滑连贯、无焊剂斑点,镀锌层圆钢至少 22.7 g/m^2、扁钢至少 32.4 g/m^2。

③ 仅应用于接闪杆。当应用于机械应力没达到临界值之处,可采用直径 10 mm、最长 1 m 的接闪杆,并增加固定。

④ 仅应用于入地之处。

⑤ 不锈钢中,铬的含量等于或大于 16%,镍的含量等于或大于 8%,碳的含量等于或小于 0.08%。

⑥ 对埋于混凝土中以及与可燃材料直接接触的不锈钢,其最小尺寸宜增大至直径 10 mm 的 78 mm^2(单根圆钢)和最小厚度 3 mm 的 75 mm^2(单根扁钢)。

⑦ 在机械强度没有重要要求之处,50 mm^2(直径 8 mm)可减为 28 mm^2(直径 6 mm)。并应减小固定支架间的间距。

⑧ 当温升和机械受力是重点考虑之处,50 mm^2 加大至 75 mm^2。

⑨ 避免在单位能量 10 MJ/Ω 下熔化的最小截面积是铜为 16 mm^2、铝为 25 mm^2、钢为 50 mm^2、不锈钢为 50 mm^2。

⑩ 截面积允许误差为−3%。

(1)接闪杆宜采用热镀锌圆钢或钢管制成时,其直径应符合下列规定:

1)杆长 1 m 以下时,圆钢不应小于 12 mm,钢管不应小于 20 mm。

2)杆长 1～2 m 时,圆钢不应小于 16 mm;钢管不应小于 25 mm。

3)独立烟囱顶上的杆,圆钢不应小于 20 mm;钢管不应小于 40 mm。

接闪杆的接闪端宜做成半球状,其最小弯曲半径宜为 4.8 mm,最大宜为 12.7 mm。当独立烟囱上采用热镀锌接闪环时,其圆钢直径不应小于 12 mm;扁钢截面不应小于 100 mm^2,其厚度不应小于 4 mm。架空接闪线和接闪网宜采用截面不小于 50 mm^2 热镀锌钢绞线或铜绞线。明敷接闪导体固定支架的间距不宜大于表 5-7 的规定。固定支架的高度不宜小于 150 mm。

表 5-7 明敷接闪导体和引下线固定支架的间距

布置方式	扁形导体和绞线固定支架的间距(mm)	单根圆形导体固定支架的间距(mm)
安装于水平面上的水平导体	500	1000
安装于垂直面上的水平导体	500	1000
安装于从地面至高 20 m 垂直面上的垂直导体	1000	1000
安装在高于 20 m 垂直面上的垂直导体	500	1000

(2)除第一类防雷建筑物外,金属屋面的建筑物宜利用其屋面作为接闪器,并应符合下列规定:

1)板间的连接应是持久的电气贯通,可采用铜锌合金焊、熔焊、卷边压接、缝接、螺钉或螺栓连接。

2)金属板下面无易燃物品时,铅板的厚度不应小于 2 mm;不锈钢、热镀锌钢、钛和铜板的厚度不应小于 0.5 mm;铝板的厚度不应小于 0.65 mm;锌板的厚度不应小于 0.7 mm。

3)金属板下面有易燃物品时,不锈钢、热镀锌钢和钛板的厚度不应小于 4 mm;铜板的厚度不应小于 5 mm;铝板的厚度不应小于 7 mm。

专门敷设的接闪器,其布置应符合表 5-8 的规定。布置接闪器时,可单独或任意组合采用接闪杆、接闪带、接闪网。

表 5-8 接闪器布置

建筑物防雷类别	滚球半径 h_r(m)	接闪网网格尺寸(m×m)
第一类防雷建筑物	30	≤5×5 或≤6×4
第二类防雷建筑物	45	≤10×10 或≤12×8
第三类防雷建筑物	60	≤20×20 或≤24×16

3. 引下线

引下线宜采用热镀锌圆钢或扁钢,宜优先采用圆钢。当独立烟囱上的引下线采用圆钢时,其直径不应小于 12 mm;采用扁钢时,其截面不应小于 100 mm^2,厚度不应小于 4 mm。

专设引下线应沿建筑物外墙外表面明敷,并经最短路径接地。建筑外观要求较高者可暗敷，但其圆钢直径不应小于 10 mm，扁钢截面不应小于 80 mm²。

建筑物的钢梁、钢柱、消防梯等金属构件以及幕墙的金属立柱宜作为引下线，但其各部件之间均应连成电气贯通。可采用铜锌合金焊、熔焊、卷边压接、缝接、螺钉或螺栓连接，其截面应按表 5-6 的规定取值。各金属构件可被覆有绝缘材料。

采用多根专设引下线时，应在各引下线上于距地面 0.3～0.8 m 之间装设断接卡。当利用混凝土内钢筋、钢柱作为自然引下线并同时采用基础接地体时，可不设断接卡。但利用钢筋作引下线时应在室内外的适当地点设若干连接板。当仅利用钢筋作引下线并采用埋于土壤中的人工接地体时，应在每根引下线上于距地面不低于 0.3 m 处设接地体连接板。采用埋于土壤中的人工接地体时应设断接卡，其上端应与连接板或钢柱焊接，连接板处宜有明显标志。

在易受机械损伤之处，地面上 1.7 m 至地面下 0.3 m 的一段接地线应采用暗敷或采用镀锌角钢、改性塑料管或橡胶管等加以保护。

第二类防雷建筑物或第三类防雷建筑物为钢结构或钢筋混凝土建筑物时，在其钢构件或钢筋之间的连接满足本书规定并利用其作为引下线的条件下，当其垂直支柱均起到引下线的作用时，可不要求满足专设引下线之间的间距。

4. 接地装置

接地体的材料、结构和最小截面积应符合表 5-9 的规定。

表 5-9　接地体的材料、结构和最小尺寸

材料	结构	最小尺寸			备注
		垂直接地体直径(mm)	水平接地体(mm²)	接地板(mm)	
铜、镀锡铜	铜绞线	—	50	—	每股直径 1.7 mm
	单根圆铜	15	50	—	—
	单根扁铜	—	50	—	厚度 2 mm
	铜管	20	—	—	壁厚 2 mm
	整块铜板	—	—	500×500	厚度 2 mm
	网格铜板	—	—	600×600	各网格边截面 25 mm×2 mm，网格网边总长度不少于 4.8 m
热镀锌钢①	圆钢②	14	78	—	—
	钢管②	20	—	—	壁厚 2 mm
	扁钢	—	90	—	厚度 3 mm
	钢板	—	—	500×500	厚度 3 mm

续表

材料	结构	最小尺寸			备注
		垂直接地体直径(mm)	水平接地体(mm^2)	接地板(mm)	
热镀锌钢①	网格钢板	—	—	600×600	各网格边截面 30 mm×3 mm，网格网边总长度不少于 4.8 m
	型钢	③	—	—	—
裸钢	钢绞线	—	70	—	每股直径 1.7 mm
	圆钢	—	78	—	—
	扁钢	—	75	—	厚度 3 mm
外表面镀铜的钢	圆钢	14	50	—	镀铜厚度至少 250 μm，铜纯度 99.9%
	扁钢	—	90(厚 3 mm)	—	
不锈钢	圆形导体	15	78	—	—
	扁形导体	—	100	—	厚度 2 mm

注：1. ①是热镀锌层应光滑连贯、无焊剂斑点，镀锌层圆钢至少 22.7 g/m^2、扁钢至少 32.4 g/m^2。

2. ②是热镀锌之前螺纹应先加工好。

3. ③是不同截面的型钢，其截面不小于 290 mm^2，最小厚度 3 mm，可采用 50 mm×50 mm×3 mm 角钢。

4. 当完全埋在混凝土中时才可采用裸钢。

5. 外表面镀铜的钢，铜应与钢结合良好。

6. 不锈钢中，铬的含量等于或大于 16%，镍的含量等于或大于 5%，钼的含量等于或大于 2%，碳的含量等于或小于 0.08%。

7. 截面积允许误差为−3%。

埋于土壤中的人工垂直接地体宜采用热镀锌角钢、钢管或圆钢，埋于土壤中的人工水平接地体宜采用热镀锌扁钢或圆钢。接地线应与水平接地体的截面相同。人工钢质垂直接地体的长度宜为 2.5 m，其间距以及人工水平接地体的间距均宜为 5 m，当受地方限制时可适当减小。人工接地体在土壤中的埋设深度不应小于 0.5 m，并宜敷设在当地冻土层以下，其距墙或基础不宜小于 1 m。接地体宜远离由于烧窑、烟道等高温影响使土壤电阻率升高的地方。在敷设于土壤中的接地体连接到混凝土基础内起基础接地体作用的钢筋或钢材的情况下，土壤中的接地体宜采用铜质或镀铜或不锈钢导体。

在高土壤电阻率的场地，降低防直击雷冲击接地电阻宜采用下列方法：

(1)采用多支线外引接地装置，外引长度不应大于有效长度，有效长度应符合建筑物防雷设计规范中的规定。

(2)接地体埋于较深的低电阻率土壤中。

(3)换土。

(4)采用降阻剂。

防直击雷的专设引下线距出入口或人行道边沿不宜小于 3 m。接地装置埋在土壤中的部分，其连接宜采用放热焊接。当采用通常的焊接方法时，应在焊接处做防腐处理。接地装置工频接地电阻的计算应符合国家标准 GB/T 50065—2011《交流电气装置的接地设计规范》的规定。

5.1.4 防雷击电磁脉冲

1. 基本规定

在工程的设计阶段不知道电子系统的规模和具体位置的情况下，若预计将来会有需要防雷击电磁脉冲的电气和电子系统，应在设计时将建筑物的金属支撑物、金属框架或钢筋混凝土的钢筋等自然构件、金属管道、配电的保护接地系统等与防雷装置组成一个接地系统，并应在需要之处预埋等电位连接板。

当电源采用 TN 系统时，从建筑物总配电箱起，供电给本建筑物内的配电线路和分支线路必须采用 TN-S 系统。

2. 雷电防护区和防雷击电磁脉冲

雷电防护区的划分应符合下列规定：

(1)本区内的各物体都可能遭到直接雷击并导走全部雷电流，以及本区内的雷击电磁场强度没有衰减时，应划分为 $LPZ0_A$ 区。

(2)本区内的各物体不可能遭到大于所选滚球半径对应的雷电流直接雷击，以及本区内的雷击电磁场强度仍没有衰减时，应划分为 $LPZ0_B$ 区。

(3)本区内的各物体不可能遭到直接雷击，且由于在界面处的分流，流经各导体的电涌电流比 $LPZ0_B$ 区内的更小，以及本区内的雷击电磁场强度可能衰减，衰减程度取决于屏蔽措施时，应划分为 LPZ1 区。

(4)需要进一步减小流入的电涌电流和雷击电磁场强度时，增设的后续雷电防护区应划分为 LPZ2～LPZn 安装磁场屏蔽后续雷电防护区、安装协调配合完成的多组电涌保护器，宜按照需要保护的设备数量、类型和耐压水平及其所要求的磁场环境选择。(图 5-2)

3. 屏蔽、接地和等电位连接的要求

(1)屏蔽、接地和等电位连接的要求宜联合采取下列措施：

1)所有与建筑物组合在一起的大尺寸金属件都应等电位连接在一起，并应与防雷装置相连。但第一类防雷建筑物的独立接闪器及其接地装置除外。

2)在需要保护的空间内采用屏蔽电缆时，其屏蔽层应至少在两端，并宜在雷电防护区交界处做等电位连接。系统要求只在一端做等电位连接时，应采用两层屏蔽或穿钢管敷设，外层屏蔽或钢管应至少在两端，并宜在雷电防护区交界处做等电位连接。

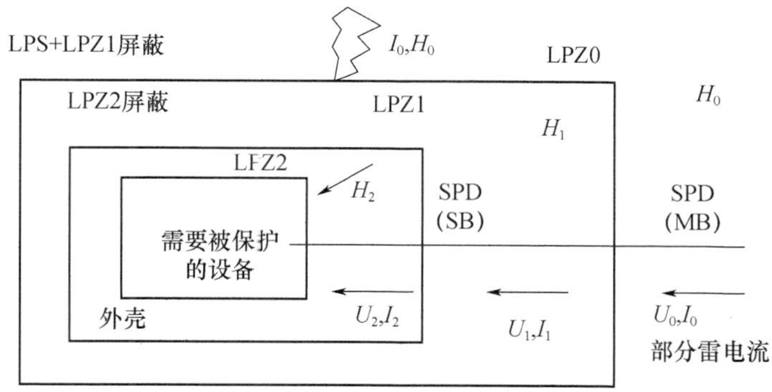

(a) 采用大空间屏蔽和协设配合的电涌保护器件保护

注：设备得到良好的防导入电涌的保护，U_2远小于U_0和I_2远小于I_0，以及H_2远小于H_0的防辐射磁场的保护。

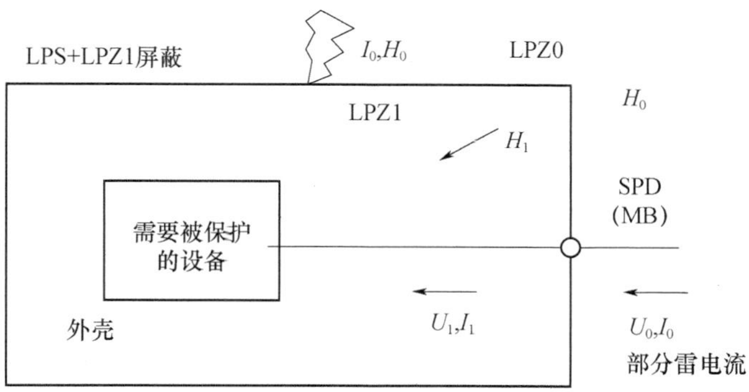

(b) 采用LPZ1的大空间屏蔽和进户处安装电涌保护器件的保护

注：设备得到防导入电涌的保护，U_1远小于U_0和I_1远小于I_0，以及H_1小于H_0防辐射磁场的保护。

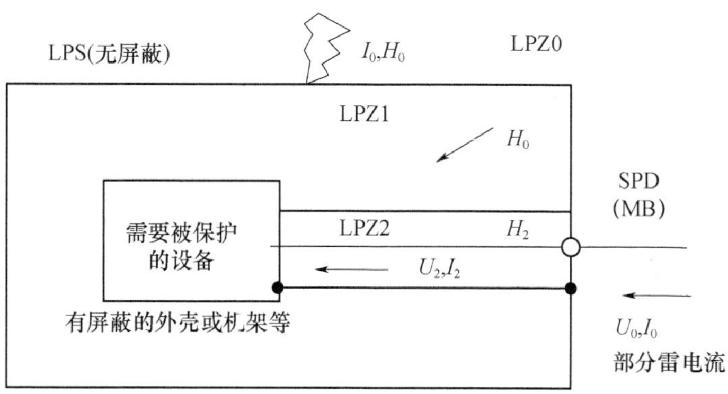

(c) 采用内部线路屏蔽和在进LPZ1处安装电涌保护器件的保护

注：设备得到防线路导入电涌的保护，U_2远小于U_0和I_2远小于I_0，以及H_2小于H_0防辐射磁场的保护。

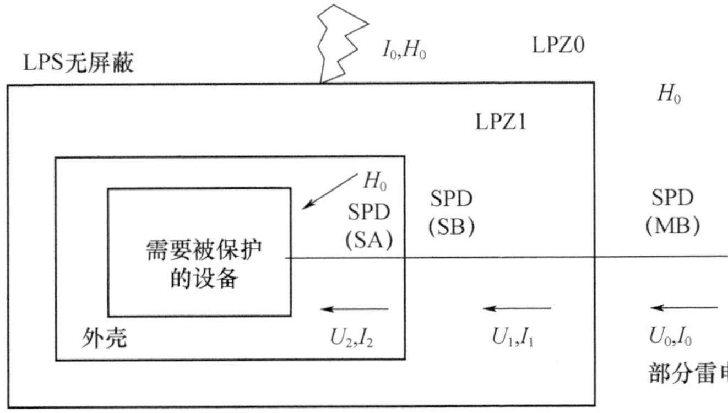

(d) 仅采用协调配合好的电涌保护器件保护

注：设备得到防线路导入电涌的保护，U_2远小于U_0和I_2远小于I_0，但不需防H_0辐射磁场的保护。

图 5-2 防雷击电磁脉冲

MB：总配电箱；SB：分配电箱；SA：插座。

分开的建筑物之间的连接线路，若无屏蔽层，线路应敷设在金属管、金属格栅或钢筋成格栅形的混凝土管道内。金属管、金属格栅或钢筋格栅从一端到另一端应导电贯通，并应在两端分别连到建筑物的等电位连接带上。若有屏蔽层，屏蔽层的两端应连到建筑物的等电位连接带上。

对由金属物、金属框架或钢筋混凝土钢筋等自然构件构成建筑物或房间的格栅形大空间屏蔽，应将穿入大空间屏蔽的导电金属物就近与其做等电位连接。

(2)磁场强度衰减的计算方法

1)闪电击于格栅形大空间屏蔽以外附近时，磁场强度应按下列方法计算：

当建筑物和房间无屏蔽时所产生的无衰减磁场强度，相当于处于 $LPZ0_A$ 和 $LPZ0_B$ 区内的磁场强度，应按下式计算：

$$H_0=\frac{i_0}{2\pi s_a} \tag{5-25}$$

式中：H_0是无屏蔽时产生的无衰减磁场强度(A/m)；i_0 是最大雷电流(A)；s_a是雷击点与屏蔽空间之间的平均距离(m)(图 5-3)，按式(5-30)或(5-31)计算。

当建筑物或房间有屏蔽时，在格栅大空间屏蔽内，即在 LPZ1 区内的磁场强度，应按下式计算：

$$H_1=\frac{H_0}{10^{K_{SF}/10}} \tag{5-26}$$

式中：H_1 是格栅形大空间屏蔽内的磁场强度(A/m)；K_{SF}是屏蔽系数(dB)，按表 5-10 的公式计算。

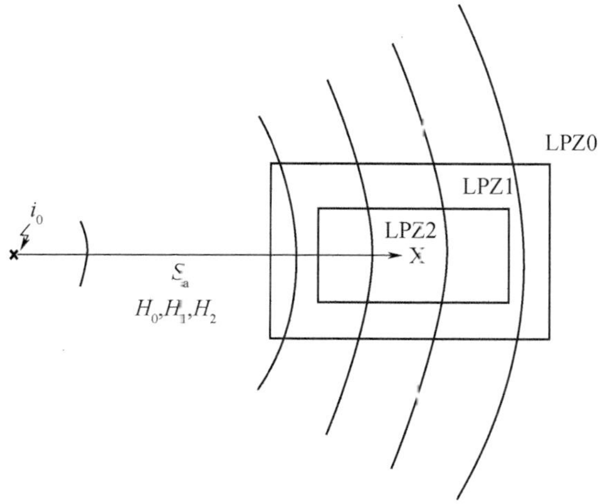

图 5-3 附近雷击时的环境情况

表 5-10 格栅形大空间屏蔽的屏蔽系数

材料	屏蔽系数(dB)	
	25 kHz①	1 MHz②或 250 kHz
铜/铝	$20\times\lg(8.5/\omega)$	$20\times\lg(8.5/\omega)$
钢③	$20\times\lg$ $(8.5/\omega)/\sqrt{1+18\times10^{-5}/r^2}$	$20\times\lg(8.5/\omega)$

注:① 适用于首次雷击的磁场。

② 1 MHz 适用于后续雷击饿磁场,250 kHz 适用于首次负级性雷击的磁场。

③ 相对磁导系数。

表 5-10 的计算值应仅对在各 LPZ 区内距屏蔽层有一安全距离的安全空间内才有效,安全距离应按下列公式计算:

当 $K_{SF}\geqslant10$ 时:

$$d_{s/1}=\omega^{K_{SF}/10} \tag{5-27}$$

当 $K_{SF}<10$ 时:

$$d_{s/1}=\omega \tag{5-28}$$

式中:$d_{s/1}$是安全距离(m);ω 是格栅形屏蔽的网格宽(m);K_{SF}是按图 5-4 计算的屏蔽系数(dB)。

在闪电击在建筑物附近磁场强度最大的最坏情况下,按建筑物的防雷类别、高度、宽度或长度可确定可能的雷击点与屏蔽空间之间平均距离的最小值(图 5-5),可按下列方法确定:

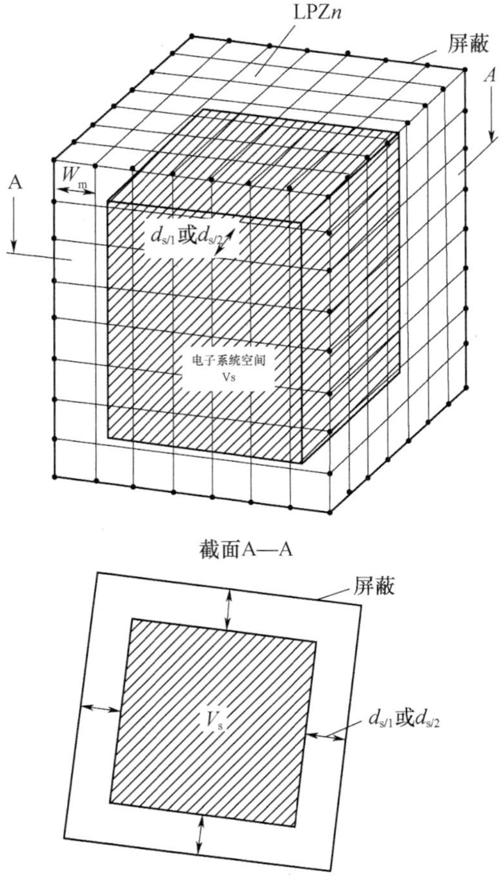

图 5-4　在 LPZn 区内供安放电气和电子系统的空间

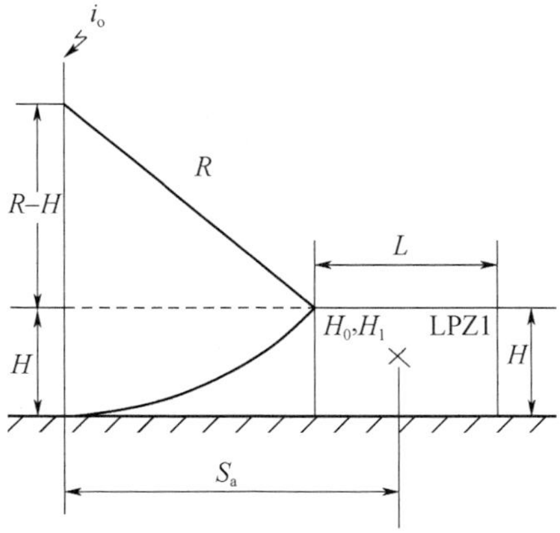

图 5-5　取决于滚球半径和建筑物尺寸的最小平均距离

对应三类建筑物最大雷电流的滚球半径应符合表 5-11 的规定。滚球半径可按下式计算：

$$R=10(i_0)^{0.65} \tag{5-29}$$

式中：R 是滚球半径(m)；i_0 是最大雷电流(kA)。

表 5-11 与最大雷电流对应的滚球半径

防雷建筑物类别	最大雷电流 i_0(kA)			对应的滚球半径 R(m)		
	正极性首次雷击	负极性首次雷击	负极性后续雷击	正极性首次雷击	负极性首次雷击	负极性后续雷击
第一类	200.0	100.0	50.0	313.0	200.0	127.0
第二类	150.0	75.0	37.5	260.0	165.0	105.0
第三类	100.0	50.0	25.0	200.0	127.0	81.0

雷击点与屏蔽空间之间的最小平均距离，应按下列公式计算：

当 $H<R$ 时：

$$s_a=\sqrt{H(2R-H)}+\frac{L}{2} \tag{5-30}$$

当 $H\geqslant R$ 时：

$$s_a=R+\frac{L}{2} \tag{5-31}$$

式中：H 是建筑物高度(m)；L 是建筑物长度(m)。

2)闪电直接击在位于 $LPZ0_A$ 区的格栅形大空间屏蔽层或与其连接的接闪器上的情况下，其内部 LPZ1 区内安全空间内某点的磁场强度应按下式计算(图 5-6)

$$H_1=\frac{k_H\times i_0\times\omega}{d_\omega\times\sqrt{d_r}} \tag{5-32}$$

式中：H_1 是安全空间内某点的磁场强度(A/m)；d_r 是所确定的点距 LPZ1 区屏蔽顶的最短距离(m)；d_w 是所确定的点距 LPZ1 区屏蔽壁的最短距离(m)；k_H 是形状系数 $1/\sqrt{m}$，k_H 取 0.01$(1/\sqrt{m})$；ω 是 LPZ1 区格栅形屏蔽的网格宽(m)。

式(5-32)的计算值仅对距屏蔽格栅有一安全距离的安全空间内有效，安全距离应按下列公式计算，电子系统应仅安装在安全空间内：

当 $K_{SF}\geqslant 10$ 时：

$$d_{s/2}=\frac{\omega\times K_{SF}}{10} \tag{5-33}$$

当 $K_{SF}<10$ 时：

$$d_{s/2}=\omega \tag{5-34}$$

式中：$d_{s/2}$ 是安全距离(m)。

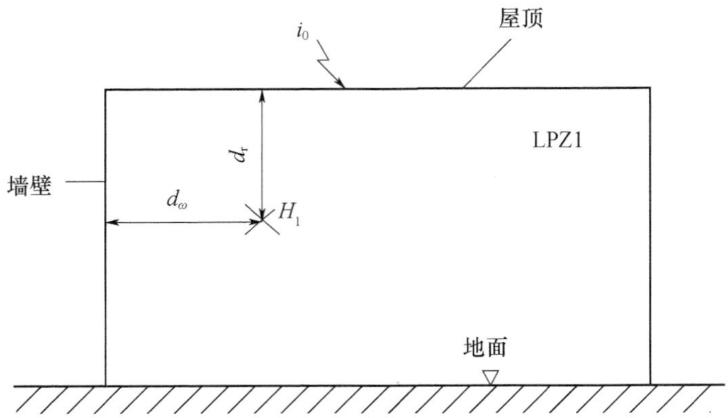

图 5-6　闪电直接击于屋顶接闪器时 LPZ1 区内的磁场强度

LPZ_{n+1}区内的磁场强度可按下式计算：

$$H_{n+1}=H_n/10^{K_{SF}/20} \tag{5-35}$$

式中：H_{n+1}是 LPZ_{n+1}内的磁场强度（A/m）；H_n 是 LPZ_n区内的磁场强度（A/m）；K_{SF}是 LPZ_{n+1}区屏蔽的屏蔽系数。

(3)接地和等电位连接除应符合建筑物防雷设计规范的规定外，尚应符合下列规定：

1)每幢建筑物本身应采用一个接地系统(图 5-7)。

2)当互相邻近的建筑物之间有电气和电子系统的线路连通时，宜将其接地装置互相连接，可通过接地线、PE 线、屏蔽层、穿线钢管、电缆沟的钢筋、金属管道等连接。

(4)穿过各雷电防护区界面的金属物和建筑物内系统，以及在一个雷电防护区内部的金属物和建筑物内系统，均应在界面处附近做符合下列要求的等电位连接：

所有进入建筑物的外来导电物均应在 $LPZ0_A$或 $LPZ0_B$与 LPZ1 区的界面处做等电位连接。当外来导电物、电气和电子系统的线路在不同地点进入建筑物时，宜设若干等电位连接带，并应将其就近连到环形接地体、内部环形导体或在电气上是贯通的并连通到接地体或基础接地体的钢筋上。环形接地体和内部环形导体应连到钢筋或金属立面等其他屏蔽构件上，宜每隔 5 m 连接一次。

在 $LPZ0_A$与 LPZ1 区的界面处做等电位连接用的接线夹和电涌保护器，应采用雷电流参量估算通过它们的分流值。尚应确定沿各种设施引入建筑物的雷电流。应采用向外分流或向内引入的雷电流的较大者。在靠近地面于 $LPZ0_B$与 LPZ1 区的界面处做等电位连接用的接线夹和电涌保护器，仅应确定闪电击中建筑物防雷装置时通过的雷电流。可不考虑沿全长处在 $LPZ0_B$区的各种设施引入建筑物的雷电流，其值仅为感应电流和小部分雷电流。

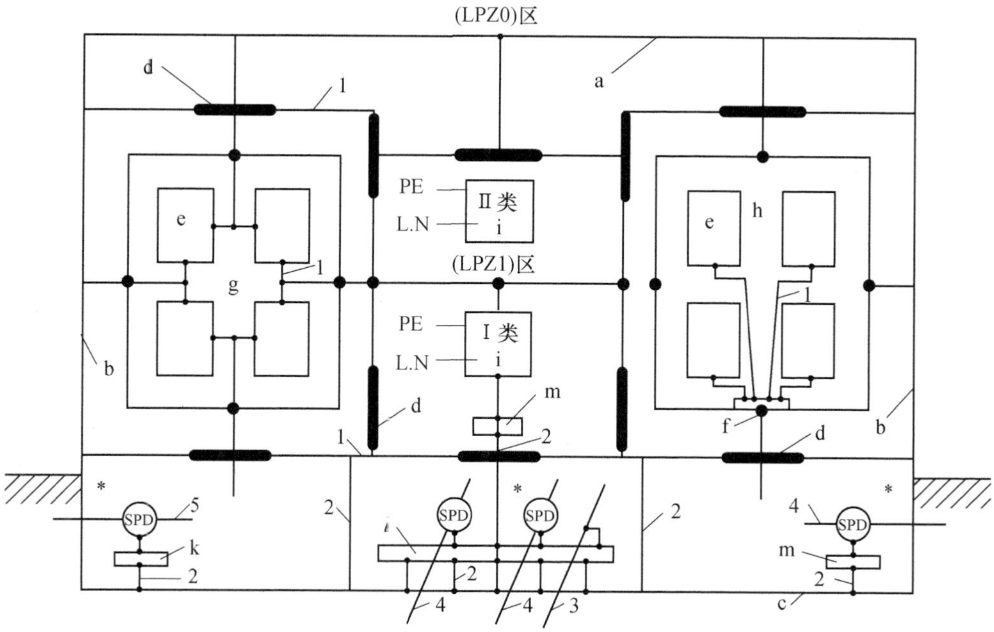

图 5-7　接地、等电位连接和接地系统的构成

a：防雷装置的接闪器以及可能是建筑物空间屏蔽的一部分；b：防雷装置的引下线以及可能是建筑物空间屏蔽的一部分；c：防雷装置的接地装置（接地体网络、共用接地体网络）以及可能是建筑物空间屏蔽的一部分，如基础内钢筋和基础接地体；d：内部导电物体，在建筑物内及其上不包括电气装置的金属装置，如电梯轨道，起重机，金属地面，金属门框架，各种服务性设施的金属管道，金属电缆桥架，地面、墙和天花板的钢筋；e：局部电子系统的金属组件；f：代表局部等电位连接带单点连接的接地基准点（ERP）；g：局部电子系统的网形等电位连接结构；h：局部电子系统的星形等电位连接结构；i：固定安装有 PE 线的Ⅰ类设备和无 PE 线的Ⅱ类设备；k：主要供电气系统等电位连接用的总接地带、总接地母线、总等电位连接带。也可用作共用等电位连接带；l：主要供电子系统等电位连接用的环形等电位连接带、水平等电位连接导体，在特定情况下采用金属板。也可用作共用等电位连接带。用接地线多次接到接地系统上做等电位连接，宜每隔 5 m 连一次；m：局部等电位连接带；1：等电位连接导体；2：接地线；3：服务性设施的金属管道；4：电子系统的线路或电缆；5：电气系统的线路或电缆；*：进入 LPZ1 区处，用于管道、电气和电子系统的线路或电缆等外来服务性设施的等电位连接。

穿过雷电防护区界面的所有导电物、电气和电子系统的线路均应在界面处做等电位连接。宜采用局部等电位连接带做等电位连接，各种屏蔽结构或设备外壳等其他局部金属物也连到局部等电位连接带。用于等电位连接的接线夹和电涌保护器应分别估算通过的雷电流。

所有电梯轨道、起重机、金属地板、金属门框架、设施管道、电缆桥架等大尺寸的内部导电物，其等电位连接应以最短路径连到最近的等电位连接带或其他已做了等电位连接的金属物或等电位连接网络，各导电物之间宜附加多次互相连接。

电子系统的所有外露导电物应与建筑物的等电位连接网络做功能性等电位连接。电子系统不应设独立的接地装置。向电子系统供电的配电箱的保护地线(PE 线)应就近与建筑物的等电位连接网络做等电位连接。一个电子系统的各种箱体、壳体、机架等金属组件与建筑物接地系统的等电位连接网络做功能性等电位连接应采用 S 型星形结构或 M 型网形结构(图 5-8)。当采用 S 型等电位连接时,电子系统的所有金属组件应与接地系统的各组件绝缘。

当电子系统为 300 kHz 以下的模拟线路时,可采用 S 型等电位连接,且所有设施管线和电缆宜从 ERP 处附近进入该电子系统。S 型等电位连接仅通过唯一的 ERP 点,形成 S_s型等电位连接(图 5-8)。设备之间的所有线路和电缆当无屏蔽时,宜与成星形连接的等电位连接线平行敷设。用于限制从线路传导来的过电压的电涌保护器,其引线的连接点应使加到被保护设备上的电涌电压最小。

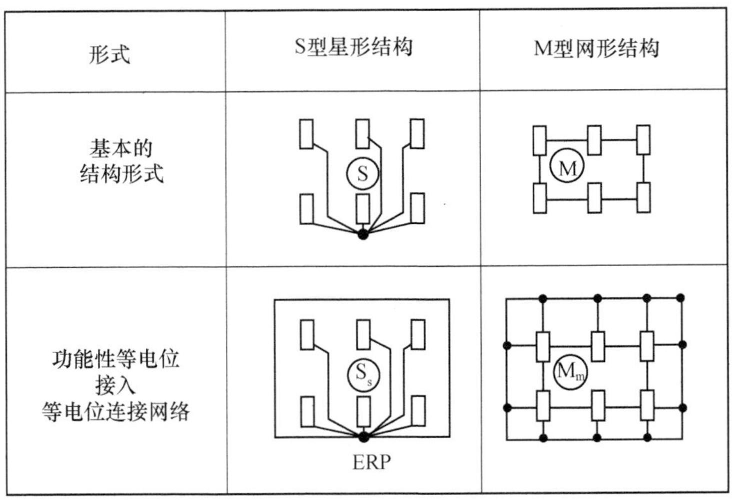

图 5-8　电子系统功能性等电位连接整合到等电位连接网络中

4. 安装和选择电涌保护器的要求

(1)两栋定为 LPZ1 区的独立建筑物用电气线路或信号线路的屏蔽电缆或穿钢管的无屏蔽线路连接时,屏蔽层流过的分雷电流在其上所产生的电压降不应对线路和所接设备引起绝缘击穿,同时屏蔽层的截面应满足通流能力(图 5-9)。

(2)LPZ1 区内两个 LPZ2 区之间用电气线路或信号线路的屏蔽电缆或屏蔽的电缆沟或穿钢管屏蔽的线路连接在一起,当有屏蔽的线路没有引出 LPZ2 区时,线路的两端可不安装电涌保护器(图 5-10)。

(3)需要保护的线路和设备的耐冲击电压,220/380 V 三相配电线路可按表 5-12 规定取值;其他线路和设备,包括电压和电流的抗扰度,宜按制造商提供的材料确定。

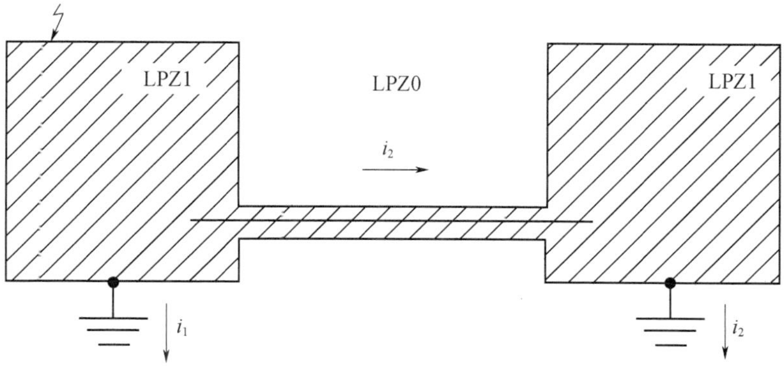

图 5-9　用屏蔽电缆或穿金属钢管线路将两栋独立的 LPZ1 区连接在一起

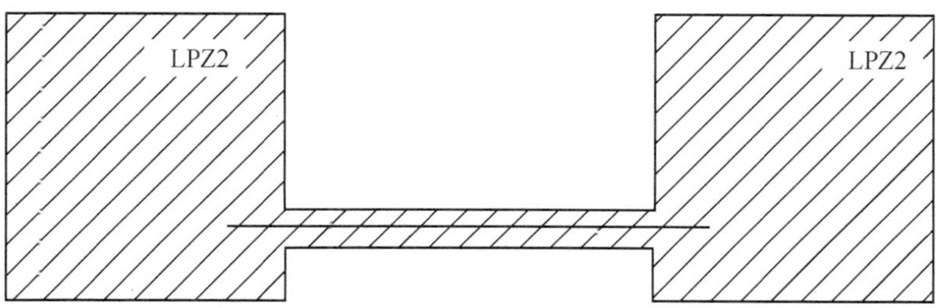

图 5-10　用屏蔽的线路将两个 LPZ2 区连接在一起

表 5-12　建筑物内 220/380 V 配电系统中设备绝缘耐冲击电压额定值

设备位置	电源处的设备	配电线路和最后分支线路的设备	用电设备	特殊需要保护的设备
耐冲击电压类别	Ⅳ类	Ⅲ类	Ⅱ类	Ⅰ类
耐冲击电压额定值 U_ω(kV)	6.0	4.0	2.5	1.5

电涌保护器安装位置和放电电流的选择，应符合下列规定：

1)户外线路进入建筑物处，即 $LPZ0_A$或 $LPZ0_B$进入 LPZ1 区，所安装的电涌保护器应按本章的第 5.1.2 节的规定确定。

2)靠近需要保护的设备处，即 LPZ2 和更高区的界面处，当需要安装电涌保护器时，对电气系统宜选用Ⅱ或Ⅲ级试验的电涌保护器，对电子系统宜按具体情况确定。

3)电涌保护器应与同一线路上游的电涌保护器在能量上配合，电涌保护器在能量上配合的资料应由制造商提供。若无此资料，Ⅱ级试验的电涌保护器，其标称放电电流不应小于 5 kA；Ⅲ级试验的电涌保护器，其标称放电电流不应小于 3 kA。

(4)电涌保护器的有效电压保护水平应符合下列规定：

1)对限压型电涌保护器：

$$U_{p/f}=U_p+\Delta U \tag{5-36}$$

2)对电压开关型电涌保护器，应取下列公式中的较大者：

$$U_{p/f}=U_p \text{ 或 } U_{p/f}=\Delta U \tag{5-37}$$

式中：$U_{p/f}$是电涌保护器的有效电压保护水平(kV)；U_p 是电涌保护器的电压保护水平(kV)；ΔU 是电涌保护器两端，引线的感应电压降即 $L\times(d_i/d_t)$，户外线路进入建筑物处可按 1 kV/m 计算，在其后的可按 $\Delta U=0.2U_p$ 计算，仅是感应电涌时可略去不计。

为取得较小的电涌保护器有效电压保护水平，应选用有较小电压保护水平值的电涌保护器，并应采用合理的接线，同时应缩短连接电涌保护器的导体长度。

(5)确定从户外沿线路引入雷击电涌时，电涌保护器的有效电压保护水平值的选取应符合下列规定：

1)当被保护设备距电涌保护器的距离沿线路的长度小于或等于 5 m 时，或在线路有屏蔽并两端等电位连接下沿线路的长度小于或等于 10 m 时，应按下式计算：

$$U_{p/f}\leqslant U_w \tag{5-38}$$

式中：U_w是被保护设备的设备绝缘耐冲击电压额定值(kV)。

2)当被保护设备距电涌保护器的距离，沿线路的长度大于 10 m 时，应按下式计算：

$$U_{p/f}\leqslant\frac{U_w-U_i}{2} \tag{5-39}$$

式中：U_i 是雷击建筑物附近，电涌保护器与被保护设备之间电路环路的感应过电压(kV)。

3)当建筑物或房间有空间屏蔽和线路有屏蔽或仅线路有屏蔽并两端等电位连接时，可不考虑电涌保护器与被保护设备之间电路环路的感应过电压，但应按下式计算：

$$U_{p/f}=\frac{U_w}{2} \tag{5-40}$$

5.2 建筑物电子信息系统防雷技术规范

5.2.1 雷电防护分区

1. 地区雷暴日等级划分

(1)地区雷暴日等级应根据年平均雷暴日数划分。

(2)地区雷暴日数按国家公布的当地年平均雷暴日数为准。

(3)按年平均雷暴日数，地区雷暴日等级宜划分为少雷区、中雷区、多雷区、强雷区：

少雷区：年平均雷暴日在 25 天及以下的地区；

中雷区：年平均雷暴日大于 25 天，不超过 40 天的地区；

多雷区：年平均雷暴日大于 40 天，不超过 90 天的地区；

强雷区：年平均雷暴日超过 90 天以上的地区。

2. 雷电防护区划分

(1)需要保护和控制雷电电磁脉冲环境的建筑物应按下列的规定划分为不同的雷电防护分区(图 5-11)：

$LPZ0_A$区：受直接雷击和全部雷电电磁场威胁的区域。该区域的内部系统可能受到全部或部分雷电浪涌电流的影响。

$LPZ0_B$区：直接雷击的防护区域，但该区域的威胁仍是全部雷电电磁场。该区域的内部系统可能受到部分雷电浪涌电流的影响。

LPZ1 区：由于边界处分流和附加浪涌保护器(SPD)的作用使浪涌电流受到限制的区域。该区域的空间屏蔽可以衰减雷电电磁场。

LPZ2～LPZn 后续雷电防护区：由于边界处分流和加浪涌保护器的作用使浪涌电流受到进一步限制的区域。该区域的空间屏蔽可以进一步衰减雷电电磁场。

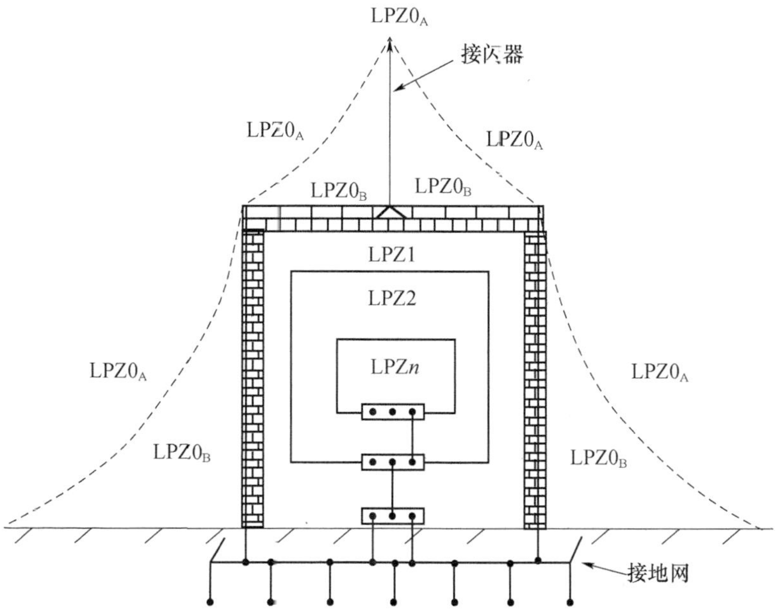

图 5-11　建筑物外部和内部雷电防护区划分示意图

[•••]—在不同雷电防护区界面上的等电位接地端子板

[砖墙]—起屏蔽作用的建筑物外墙

虚线 —按滚球法计算的接闪器保护范围界面

(2)雷击质损原因(S)与建筑物雷电防护区划分的关系见图 5-12。

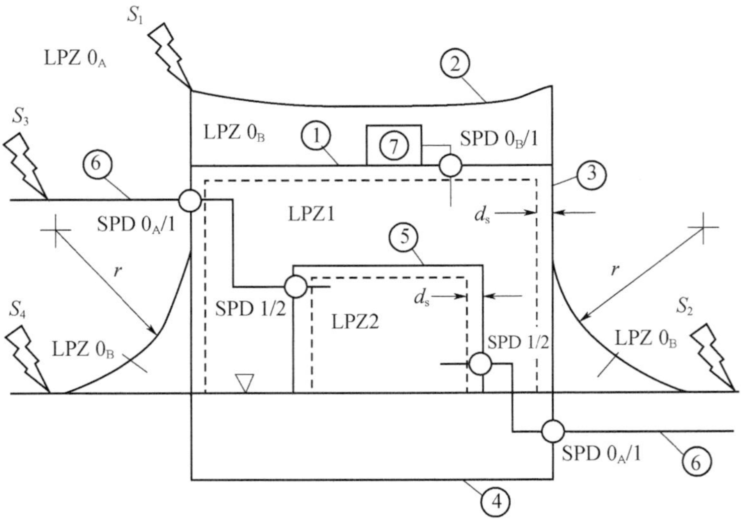

图 5-12　雷击致损原因(S)与建筑物雷电防护区(LPZ)示意图

①:建筑物(LPZ1 的屏蔽体)建一雷击建筑物;▽:地面;②:接闪器;S_2:雷击建筑物附近;③:引下线;S_3:雷击连接到建筑物的服务设施;④:接地体;S_4:雷击连接到建筑物的服务设施附近;⑤:房间(LPZ2 的屏蔽体);⑥:连接到建筑物的服务设施;d_s:防过高磁场的安全距离;⑦:建筑物屋顶电气设备 O:用 SPD 进行的等电位连接。

(3)保护对象应置于电磁特性与该对象耐受能力相兼容的雷电防护区内。

5.2.2　雷电防护等级划分和雷击风险评估

1. 一般规定

(1)建筑物电子信息系统可按防雷装置的拦截效率确定雷电防护等级、按电子信息系统的重要性使用性质和价值确定雷电防护等级或按风险管理要求进行雷击风险评估进行雷击风险评估。

雷电防护工程设计的依据之一是对工程所处地区的雷电环境进行风险评估的结果,按照风险评估的结果确定电子信息系统是否需要防护,需要什么等级的防护。因此,雷电环境的风险评估是雷电防护工程设计必不可少的环节。考虑到工程实际情况差异较大,用户要求各不相同,为提供工程设计的可操作性,本节提供了三种风险评估方法。工程设计人员可根据建筑物电子信息系统的特性、建筑物电子信息系统的重要性、评估所需数据资料的完备程度以及用户的要求选用。

雷电环境的风险评估是一项复杂的工作,要考虑当地的气象环境、地质地理环境;还要考虑建筑物的重要性、结构特点和电子信息系统设备的重要性及其抗扰能力。将这些因素综合考虑后,确定一个最佳的防护等级,才能达到安全可靠、经济合理的目的。

(2)建筑物电子信息系统可按防雷装置的拦截效率或电子信息系统的重要性、使用性质和价值确定雷电防护等级。

(3)对于重要的建筑物电子信息系统,宜分别按防雷装置的拦截效率确定雷电防护等级、按电子信息系统的重要性使用性质和价值确定雷电防护等级两种方法进行评估,按其中较高防护等级确定。

(4)重点工程或用户提出要求时,可按下文雷电防护风险管理方法确定雷电防护措施。在防雷设计时按风险管理要求对被保护对象进行雷击风险评估工作量大,对各种资料数据的准确性、完备性要求高,目前推广实施尚存在很多困难。因此,仅对重点工程或当用户提出要求时进行。此类评估一般由专门的雷电风险评估机构实施。

2. 按防雷装置的拦截效率确定雷电防护等级

(1)建筑物及入户设施年预计雷击次数 N 值可按下式确定:

$$N = N_1 + N_2 \tag{5-41}$$

式中:N_1 是建筑物年预计雷击次数(次/a),计算方法见 4.2.2;N_2 是建筑物入户设施年预计雷击次数(次/a),计算方法见 4.2.2。

(2)建筑物电子信息系统设备因直接雷击和雷电电磁脉冲可能造成损坏,可接受的年平均最大雷击次数 N_C 可按下式计算:

$$N_C = \frac{5.8 \times 10^{-1}}{C} \tag{5-42}$$

式中:C 是各类因子,按 4.2.2 节的规定取值。

(3)确定电子信息系统设备是否需要安装雷电防护装置时,应将 N 和 N_C 进行比较:

当 N 小于或等于 N_C 时,可不安装雷电防护装置;

当 N 大于 N_C 时,应安装雷电防护装置。

(4)安装雷电防护装置时,按防雷装置拦截效率 E($E=1-N_C/N$)确定其雷电防护等级:

当 E 大于 0.98 时,定为 A 级;

当 E 大于 0.90 小于或等于 0.98 时,定为 B 级;

当 E 大于 0.80 小于或等于 0.90 时,定为 C 级;

当 E 小于或等于 0.80 时,定为 D 级。

(5)按防雷装置的拦截效率确定雷电防护等级的计算实例:

1)建筑物年预计雷击次数 N_1

a)建筑物所处地区雷击大地密度(表 5-13)

$$N_g = 0.1T_d \tag{5-43}$$

表 5-13 N_g 按典型雷暴日 T_d 的取值

T_d 值	N_g(次/(km² · a))
25.0	2.5
40.0	4.0
60.0	6.0
90.0	9.0

b)建筑物等效截收面积 A_e 的计算(按图 4-1)

当 H 小于 100 m 时,按下式计算:

每边扩大宽度:

$$D=\sqrt{H(200-H)} \tag{5-44}$$

建筑物等效截收面积:

$$A_e=[LW+2(L+W)\sqrt{H(200-H)}+\pi H(200-H)]\times 10^{-6} \tag{5-45}$$

式中:L、W、H 分别是建筑物的长、宽、高(m)。

当 H 等于或大于 100 m 时:

$$A_e=[LW+2H(L+W)+\pi H^2]\times 10^{-6} \tag{5-46}$$

c)校正系数 K 的取值 1.0、1.5、1.7、2.0(根据建筑物所处的不同地理环境取值)。

d) N_1 值计算

$$N_1=K\times N_g\times A_e \tag{5-47}$$

分别代入不同的 K、N_g、A_e 值,可计算出不同的 N_1 值。

2)建筑物入户设施年预计雷击次数 N_2

a)N_2 值计算

$$N_2=N_g\times A'_e \tag{5-48}$$

$$A'_e=A'_{e1}+A'_{e2} \tag{5-49}$$

式中:A'_{e1}是电源线入户设施的截收面积(km²),见表 5-14;A'_{e2}是信号线入户设施的截收面积(km²),见表 5-14。

均按埋地引入方式计算 A_e 值。

表 5-14 入户设施的截收面积(km²)

线缆敷设方式	L(m)	d_s(m)			备注
		100	250	500	
低压电源埋地线缆	200	0.0400	0.1000	0.2000	$A'_{e1}=2\times d_s\times L\times 10^{-6}$
	500	0.1000	0.2500	0.5000	
	1000	0.2000	0.5000	10.0000	

续表

线缆敷设方式	L(m)	d_s(m)			备注
		100	250	500	
高压电源埋地电缆	200	0.0020	0.0050	0.0100	$A'_{e1}=0.1\times d_s\times L\times 10^{-6}$
	500	0.0050	0.0125	0.0250	
	1000	0.0100	0.0250	0.0500	
埋地信号线缆	200	0.0400	0.1000	0.2000	$A'_{e2}=2\times d_s\times L\times 10^{-6}$
	500	0.1000	0.2500	0.5000	
	1000	0.2000	0.5000	1.0000	

b)A'_e计算

取高压电源埋地线缆：L 等于 500 m，d_s 等于 250 m；埋地信号线缆：L 等于 500 m，d_s 等于 250 m。

查表 5-14：$A'_e=A'_{e1}+A'_{e2}=0.0125+0.25=0.2625(\text{km}^2)$

取高压电源埋地线缆：L 等于 1000 m，d_s 等于 500 m；埋地信号线缆：L 等于500 m，d_s 等于 500 m。

查表 5-14：$A'_e=A'_{e1}+A'_{e2}=0.05+0.5=0.55(\text{km}^2)$

3)建筑物及入户设施年预计雷击次数 N 的计算

$$N=N_1+N_2=K\times N_g\times A_e+N_g\times A'_e=N_g\times(KA_e+A'_e) \tag{5-50}$$

4)电子信息系统因雷击损坏可接受的最大年平均雷击次数

N_c 的确定

$$N_C=\frac{5.8\times 10^{-1}}{C} \tag{5-51}$$

式中：C 是各类因子，取值按表 5-15。

表 5-15　C 的取值

C值	大	中	小
C_1	2.5	1.5	0.5
C_2	3.0	2.5	1.0
C_3	3.0	1.0	0.5
C_4	2.0	1.0	0.5
C_5	2.0	1.0	0.5
C_6	1.4	1.2	0.8
$\sum C_i$	13.9	8.2	3.8

5)雷电电磁脉冲防护分级计算

防雷装置拦截效率的计算公式：

$$E=1-\frac{N_C}{N} \tag{5-52}$$

E 大于 0.98 定为 A 级；

E 大于 0.90 且等于或小于 0.98 定为 B 级；

E 大于 0.80 且等于或小于 0.90 定为 C 级；

E 等于或小于 0.8 定为 D 级。

a)取外引高压电源埋地线缆长度为 500 m,外引埋地信号线缆长度为 200 m,土壤电阻率取 250 Ω·m,建筑物如表 5-15 中所列六种 C 值,计算结果列入表 5-16 中。

b)取外引低压电源埋地线缆长度为 500 m,外引埋地信号线缆长度为 200 m,土壤电阻率取 500 Ω·m,建筑物如表 5-15 中所列六种 C 值,计算结果列入表 5-17 中。

表 5-16　风险评估计算实例一

建筑物种类			电信大楼	通信大楼	医科大楼	综合办公楼	高层住宅	宿舍楼
建筑物外形尺寸(m)		L	60	54	74	140	36	60
		W	40	22	52	60	36	13
		H	130	97	145	160	68	24
建筑物等效截收面积 A_e'(km^2)			0.0815	0.0478	0.1064	0.1528	0.0431	0.0235
入户设施截收面积 A_e(km^2)		A_{e1}'	0.0125	0.0125	0.0125	0.0125	0.0125	0.0125
		A_{e2}'	0.1	0.1	0.1	0.1	0.1	0.1
建筑物及入户设施年预计雷击次数 N(次/R)	T_d(天)	25	0.4850	0.4007	0.5472	0.6632	0.3890	0.3400
		40	0.7760	0.6412	0.8756	1.0612	0.6224	0.5440
		60	1.1640	0.9618	1.3134	1.5918	0.9336	0.8160
		90	1.7460	1.4427	1.9701	2.3877	1.4004	1.2240
电子信息系统设备因雷击损坏可接受的最大年平均雷击次数 N_c(次/a)	各类因子 C		0.0417	0.0417	0.0417	0.0417	0.0417	0.0417
			0.0707	0.0707	0.0707	0.0707	0.0707	0.0707
			0.1526	0.1526	0.1526	0.1526	0.1526	0.1526

注:外引高压电源埋地电缆长 500 m、埋地信号电缆长 200 m,ρ 为 250 Ω·m,$N_C=5.8\times\frac{10^{-1}}{C}$,$C=C_1+C_2+C_3+C_4+C_5+C_6$。

电信大楼 E 值($E=1-N_C/N$)

C	T_d			
	25	40	60	90
13.9	0.9140	0.9463	0.9642	0.9761
8.2	0.8542	0.9089	0.9393	0.9595
3.8	0.6854	0.8034	0.8689	0.9126

医科大楼 E 值($E=1-N_C/N$)

C	T_d			
	25	40	60	90
13.9	0.9793	0.9871	0.9914	0.9943
8.2	0.9649	0.9781	0.9854	0.9903
3.8	0.9243	0.9527	0.9685	0.9790

高层住宅 E 值($E=1-N_C/N$)

C	T_d			
	25	40	60	90
13.9	0.9776	0.9860	0.9906	0.9938
8.2	0.9619	0.9762	0.9841	0.9894
3.8	0.9179	0.9487	0.9658	0.9772

通信大楼 E 值($E=1-N_C/N$)

C	T_d			
	25	40	60	90
13.9	0.9777	0.9861	0.9907	0.9938
8.2	0.9622	0.9764	0.9842	0.9895
3.8	0.9184	0.9490	0.9660	0.9773

综合办公楼 E 值($E=1-N_C/N$)

C	T_d			
	25	40	60	90
13.9	0.9804	0.9878	0.9919	0.9946
8.2	0.9668	0.9793	0.9862	0.9908
3.8	0.9284	0.9553	0.9702	0.9801

宿舍楼 E 值($E=1-N_C/N$)

C	T_d			
	25	40	60	90
13.9	0.9769	0.9856	0.9904	0.9936
8.2	0.9609	0.9756	0.9837	0.9891
3.8	0.9156	0.9473	0.9648	0.9766

表 5-17 风险评估计算实例二

建筑物种类			电信大楼	通信大楼	医科大楼	综合办公楼	高层住宅	宿舍楼
建筑物外形尺寸(m)		L	60	54	74	140	36	60
		W	40	22	52	60	36	13
		H	130	97	145	160	68	24
建筑物截收面积 A_e(km^2)			0.0815	0.0478	0.1064	0.1528	0.0431	0.0235
入户设施截收面积 A'_e(km^2)		A'_{e1}	0.5	0.5	0.5	0.5	0.5	0.5
		A'_{e2}	0.2	0.2	0.2	0.2	0.2	0.2
建筑物及入户设施年预计雷击次数 N(次/a)	T_d(天)	25	1.9537	1.8695	2.016	2.132	1.8577	1.8087
		40	3.1260	2.9912	3.2256	3.4112	2.9724	2.8940
		60	4.6890	4.4868	4.8384	5.1168	4.4586	4.3410
		90	7.0335	6.7302	7.2576	7.6752	6.6879	6.5115
电子信息系统设备因雷击损坏可接受的最大年平均雷击次数 N_C(次/a)	各类因子 C		0.0417	0.0417	0.0417	0.0417	0.0417	0.0417
			0.0707	0.0707	0.0707	0.0707	0.0707	0.0707
			0.1526	0.1526	0.1526	0.1526	0.1526	0.1526

注:外引低压埋地电缆长 500 m,埋地信号电缆长 200 m,ρ 为 500 Ω·m,$N_c=5.8\times10^{-1}/C$,$C=C_1+C_2+C_3+C_4+C_5+C_6$。

电信大楼 E 值($E=1-N_C/N$)

C	T_d			
	25	40	60	90
13.9	0.9787	0.9867	0.9911	0.9941
8.2	0.9638	0.9774	0.9849	0.9899
3.8	0.9219	0.9512	0.9675	0.9783

医科大楼 E 值($E=1-N_C/N$)

C	T_d			
	25	40	60	90
13.9	0.9793	0.9871	0.9914	0.9943
8.2	0.9649	0.9781	0.9854	0.9903
3.8	0.9243	0.9527	0.9685	0.9790

高层住宅 E 值($E=1-N_C/N$)

C	T_d			
	25	40	60	90
13.9	0.9776	0.9860	0.9906	0.9938
8.2	0.9619	0.9762	0.9841	0.9894
3.8	0.9179	0.9487	0.9658	0.9772

通信大楼 E 值($E=1-N_C/N$)

C	T_d			
	25	40	60	90
13.9	0.9777	0.9861	0.9907	0.9938
8.2	0.9622	0.9764	0.9842	0.9895
3.8	0.9184	0.9490	0.9660	0.9773

综合办公楼 E 值($E=1-N_C/N$)

C	T_d			
	25	40	60	90
13.9	0.9804	0.9878	0.9919	0.9946
8.2	0.9668	0.9793	0.9862	0.9908
3.8	0.9284	0.9553	0.9702	0.9801

宿舍楼 E 值($E=1-N_C/N$)

C	T_d			
	25	40	60	90
13.9	0.9769	0.9856	0.9904	0.9936
8.2	0.9609	0.9756	0.9837	0.9891
3.8	0.9156	0.9473	0.9648	0.9766

3. 按电子信息系统的重要性、使用性质和价值确定雷电防护等级

建筑物电子信息系统可根据其重要性、使用性质和价值，按表5-18选择确定雷电防护等级。

表5-18　建筑物电子信息系统雷电防护等级

雷电防护等级	建筑物电子信息系统
A级	1. 国家级计算中心、国家级通信枢纽、国家金融中心、证券中心、银行总(分)行、大中型机场、国家级和省级广播电视中心、枢纽港口、火车枢纽站和省级城市水、电、气、热等城市重要公用设施的电子信息系统。 2. 一级安全防范系统，如国家文物、档案库的闭路电视监控和报警系统。 3. 三级医院电子医疗设备。
B级	1. 中型计算中心、银行支行、中型通信枢纽、移动通信基站、大型体育场(馆)监控系统、小型机场、大型港口、大型火车站的电子信息系统。 2. 二级安全防范系统，如省级文物、档案库的闭路电视监控和报警系统。 3. 雷达站、微波站、高速公路监控和收费系统。 4. 二级医院电子医疗设备。 5. 五星及更高星级宾馆电子信息系统。
C级	1. 三级金融设施、小型通信枢纽电子信息系统。 2. 大中型有线电视系统。 3. 四星及以下宾馆电子信息系统。
D级	除上述A、B、C级以外的一般用途的需防护电子信息设备。

4. 按风险管理要求进行雷击风险评估

(1)因雷击导致建筑物的各种损失对应的风险分量 R_X 可按下式估算：

$$R_X = N_X P_X L_X \tag{5-53}$$

式中：N_X 是年雷击危险事件次数；P_X 是每次雷击损害概率；L_X 是每次雷击损失率。

(2)建筑物的雷击损害风险可按下式估算：

$$R = \sum R_X \tag{5-54}$$

式中：R_X是建筑物的雷击损害风险涉及风险分量 $R_A \sim R_Z$，按表4-4确定。

(3)根据风险管理的要求，应计算建筑物雷击损害风险 R，并与风险容许值比较。当所有风险均小于或等于风险容许值，可不增加防雷措施；当某风险大于风险容许值，应增加防雷措施减小该风险，使其小于或等于风险容许值，并宜评估雷电防护措施的经济合理性。

(4)评估办公楼是否需防雷(无须评估采取保护措施的成本效益)计算实例：

需确定人身伤亡损失的风险 R_1(参照 4.2.2)，与容许风险 R_T 等于 1×10^{-5} 相比较，以决定是否需采取防雷措施，并选择能降低这种风险的保护措施。

1)有关的数据和特性

表 5-19～表 5-21 分别给出：

——建筑物本身及其周围环境的数据和特性；

——内部电气系统及入户电力线路的数据和特性；

——内部电子系统及入户通信线路的数据和特性。

表 5-19　建筑物特性

参数	说明	符号	数值
尺寸(m×m×m)	—	$L_b\times W_b\times H_b$	40×20×25
位置因子	孤立	C_d	1
减少物理损害的 LPS	无	P_B	1
建筑物的屏蔽	无	K_{S1}	1
建筑物内部的屏蔽	无	K_{S2}	1
雷击大地密度[次/(km²·a)]	—	N_g	4
建筑物内外人员数	户外和户内	n_t	200

表 5-20　内部电气系统以及相连供电线路的特性

参数	说明	符号	数值
长度(m)	—	L_c	200
高度(m)	架空	H_c	6
HV/LV 变压器	无	C_t	1
线路位置因子	孤立	C_d	1
线路环境因子	农村	C_e	1
线路屏蔽性能	非屏蔽线路	P_{LD}	1
		P_{LI}	0.4
内部合理布线	无	K_{S3}	1
设备耐受电压 U_w	U_w=2.5 kV	K_{S4}	0.6
匹配的 SPD 保护	无	P_{SPD}	1
线路“a”端建筑物的尺寸(m×m×m)	无	$L_a\times W_a\times H_a$	—

表 5-21 内部通信系统以及相连通信线路的特性

参数	说明	符号	数值
土壤电阻率(Ω·m)	—	P	250
长度(m)	—	L_c	1000
高度(m)	埋地	—	—
线路位置因子	孤立	C_d	1
线路环境因子	农村	C_e	1
线路屏蔽性能	非屏蔽线路	P_{LD}	1
		P_{LI}	1
内部合理布线	无	K_{S3}	1
设备耐受电压 U^*	U_w=1.5 kV	K_{S4}	1
匹配的 SPD 保护	无	P_{SPD}	1
线路"a"端建筑物的尺寸(m×m×m)	无	$L_a \times W_a \times H_a$	—

2)办公楼的分区及其特性

考虑到:

——入口、花园和建筑物内部的地表类型不同;

——建筑物和档案室都为防火分区;

——没有空间屏蔽;

——假定计算机中心内的损失率 L_x 比办公楼其他地方的损失率小。

划分以下主要的区域:

——Z_1(建筑物的入口处);

——Z_2(花园);

——Z_3(档案室一是防火分区);

——Z_4(办公室);

——Z_5(计算机中心)。

Z_1~Z_5 各区的特性分别在表 5-22~表 5-26 中给出。考虑到各区中有潜在危险的人员数与建筑物中总人员数的情况,经防雷设计人员的分析判断,决定与 R 相关的各区的损失率不取表 4-20 数值,而作了适当的减小。

表 5-22 Z_1 区的特性

参数	说明	符号	数值
地表类型	大理石	r_a	1×10^{-3}
电击防护	无	P_A	1
接触和跨步电压造成的损失率	有	L_t	2×10^{-4}
该区中有潜在危险的人员数	—	—	4

表 5-23 Z_2 区的特性

参数	说明	符号	数值
地表类型	草地	r_a	1×10^{-2}
电击防护	栅栏	P_a	0
接触和跨步旦压造成的损失率	有	L_t	1×10^{-4}
该区中有潜在危险的人员数	—	—	2

表 5-24 Z_3 区的特性

参数	说明	符号	数值
地表类型	油毡	r_a	1×10^{-5}
火灾危险	高	r_1	1×10^{-1}
特殊危险	低度惊慌	h_z	2
防火措施	无	r_p	1
空间屏蔽	无	K_{S2}	1
内部电源系统	有	连接到低压电力线路	—
内部电话系统	有	连接到电信线路	—
接触和跨步电压造成的损失率	有	L_t	1×10^{-5}
物理损害造成的损失率	有	L_f	1×10^{-3}
该区中有潜在危险的人员数	—	—	20

表 5-25 Z_4 区的特性

参数	说明	符号	数值
地表类型	油毡	r_u	1×10^{-5}
火灾危险	低	r_f	1×10^{-3}
特殊危险	低度惊慌	h_z	2
防火措施	无	r_p	1

续表

参数	说明	符号	数值
空间屏蔽	无	K_{S2}	1
内部电源系统	有	连接到低压电力线路	—
内部电话系统	有	连接到电信线路	—
接触和跨步电压造成的损失率	有	L_t	8×10^{-5}
物理损害造成的损失率	有	L_f	8×10^{-3}
该区中有潜在危险的人员数	—	—	160

表 5-26　Z_5 区的特性

参数	说明	符号	数值
地表类型	油毡	r_u	1×10^{-5}
火灾危险	低	r_f	1×10^{-3}
特殊危险	低度惊慌	h_z	2
防火措施	无	r_p	1
空间屏蔽	无	K_{S2}	1
内部电源系统	有	连接到低压电力线路	—
内部电话系统	有	连接到电信线路	—
接触和跨步电压造成的损失率	有	L_t	7×10^{-6}
物理损害造成的损失率	有	L_f	7×10^{-4}
该区中有潜在危险的人员数	—	—	14

3)相关量的计算

表 5-27、表 5-28 分别给出截收面积以及预期危险事件次数的计算结果。

表 5-27　建筑物和线路的截收面积

符号	数值(m²)
A_d	2.7×10^4
A_l(电力线)	4.5×10^3
A_i(电力线)	2×10^5
A_l(通信线)	1.45×10^4
A_i(通信线)	3.9×10^5

表 5-28　预期的年平均危险事件次数

符号	数值(次/a)
N_d	1.1×10^{-1}
N_L(电力线)	1.81×10^{-2}
N_I(电力线)	8×10^{-1}
N_L(通信线)	5.9×10^{-2}
N_I(通信线)	1.581

4)风险计算

表 5-29 中给出了各区风险分量以及风险 R_1 的计算结果。

表 5-29　各区风险分量值(数值$\times10^{-5}$)

	Z_1 (入口处)	Z_2 (花园)	Z_3 (档案室)	Z_4 (办公室)	Z_5 (计算机中心)	合计
R_A	0.002	0.000				0.002
R_B			2.210	0.177	0.016	2.403
R_u(电力线)			≈0.000	≈0.000	≈0.000	≈0.000
R_v(电力线)			0.362	0.029	0.002	0.393
R_u(通信线)			≈0.000	≈0.000	≈0.000	≈0.000
R_v(通信线)			1.180	0.094	0.008	1.282
合计	0.002	0.000	3.752	0.300	0.026	4.080

5)结论

R_1 等于 4.08×10^{-5}高于容许值 R_T等于 1×10^{-5},需增加防雷措施。

6)保护措施的选择

表 5-30 中给出了风险分量的组合(见表 4-7)。

表 5-30　R_1 的各风险分量按不同的方式组合得到的各区风险(数值$\times10^{-5}$)

	Z_1 (入口处)	Z_2 (花园)	Z_3 (档案室)	Z_4 (办公室)	Z_5 (计算机中心)	建筑物
R_D	0.002	0.000	2.210	0.177	0.016	2.405
R_I	0.000	0.000	1.542	0.123	0.010	1.673
合计	0.002	0.000	3.752	0.300	0.026	4.080
R_s	0.002	0.000	≈0.000	≈0.000	≈0.000	0.002
R_F	0.000	0.000	3.752	0.300	0.026	4.312
R_O	0.000	0.000	0.000	0.000	≈0.000	0.000
合计	0.002	0.000	3.752	0.300	0.026	4.080

其中：

$$R_D = R_A + R_B + R_c;$$
$$R_1 = R_M + R_u + R_v + R_w + R_z;$$
$$R_s = R_A + R_u;$$
$$R_F = R_B + R_v$$
$$R_O = R_M + R_c + R_w + R_z。$$

由表 5-30 可看出建筑物的风险主要是损害成因 S1 及 S3 在 Z_3 区中由物理损害产生的风险，占总风险的 92%。

根据表 5-29，Z_3 中对风险 R 起主要作用的风险分量有：

——分量 R_B 占 54%；

——分量 R_v（电力线）约占 9%；

——分量 R_v（通信线）约占 29%。

为了把风险降低到容许值以下，可以采取以下保护措施：

a)安装符合国家标准 GB/T 21714.3—2015《雷电防护第 3 部分：建筑物的物理损坏和生命危险》要求的减小物理损害的Ⅳ类 LPS，以减少分量 R_B；在入户线路上安装 LPL 为Ⅳ级的 SPD。前述 LPS 无格栅形空间屏蔽特性。表 5-19～表 5-21 中的参数将有以下变化：

P_B等于 0.2；

P_U和 P_V为 0.03(由于在入户线路上安装了 SPD)。

b)在档案室(Z_3 区)中安装自动灭火（或监测）系统以减少该区的风险 R_b 和 R_v，并在电力和电话线路入户处安装 LPL 为Ⅳ级的 SPD。表 5-20、表 5-21 和表 5-24 中的参数将有以下变化：

Z_3 区 r_p等于 0.2；

P_u和 P_v为 0.03(由于在入户线路上安装了 SPD)。

采用上述措施后各区的风险值见表 5-31。

表 5-31 两种防护方案得出的 R_1 值(数值×10^{-5})

	Z_1	Z_2	Z_3	Z_4	Z_5	合计
方案 1	0.002	0	0.488	0.039	0.003	0.532
方案 2	0.002	0	0.451	0.180	0.016	0.649

两种方案都把风险降低到了容许值之下，考虑技术可行性与经济合理性后选择最佳解决方案。

5.2.3　防雷设计

1. 一般规定

(1)建筑物电子信息系统宜进行雷击风险评估并采取相应的防护措施。

(2)需要保护的电子信息系统必须采取等电位连接与接地保护措施。建筑物上装设的外部防雷装置,能将雷击电流安全泄放入地。这保护了建筑物不被雷电直接击坏,但不能保护建筑物内的电气、电子信息系统设备被雷电冲击过电压、雷电感应产生的瞬态过电压击坏。为了避免电子信息设备之间及设备内部出现危险的电位差,采用等电位连接降低其电位差是十分有效的防范措施。接地是分流和泄放直接雷击电流和雷电电磁脉冲能量最有效的手段之一。

为了确保电子信息系统的正常工作、工作人员的人身安全并抑制电磁干扰,建筑物内电子信息系统必须采取等电位连接与接地保护措施。

(3)建筑物电子信息系统应根据需要保护的设备数量、类型、重要性、耐冲击电压额定值及所要求的电磁场环境等情况选择下列雷电电磁脉冲的防护措施:

1)等电位连接和接地;

2)磁场屏蔽;

3)合理布线;

4)能量配合的浪涌保护器防护。

LEMP 会危及电气和电子信息系统,因此应采取 LEMP 防护措施以避免建筑物内部的电气和电子信息系统失效。工程设计时应按照需要保护的设备数量、类型、重要性、耐冲击电压水平及所处雷电环境等情况,选择最适当的 LEMP 防护措施。例如在雷电防护区边界采用空间屏蔽、内部线缆屏蔽和设置能量协调配合的浪涌保护器等措施,使内部系统设备得到良好防护,并要考虑技术条件和经济因素。LEMP 防护措施系统(LPMS)的示例见图 5-2。

(4)新建工程的防雷设计应收集以下相关资料:

1)建筑物所在地区的地形、地物状况、气象条件和地质条件。

2)建筑物或建筑物群的长、宽、高度及位置分布,相邻建筑物的高度、接地等情况。

3)建筑物内各楼层及楼顶需保护的电子信息系统设备的分布状况。

4)配置于各楼层工作间或设备机房内被保护设备的类型、功能及性能参数。

5)电子信息系统的网络结构。

6)电子线路和信号线路进入建筑物的方式。

7)供、配电情况及其配电系统接地方式等。

(5)扩、改建工程除应具备上述资料外,还应收集下列相关资料:

1)防直击雷接闪装置的现状。

2)引下线的现状及其与电子信息系统设备接地引入线间的距离。

3)高层建筑物防侧击雷的措施。

4)电气竖井内线路敷设情况。

5)电子信息系统设备的安装情况及耐受冲击电压水平。

6)总等电位连接及各局部等电位连接状况,共用接地装置状况。

7)电子信息系统的功能性接地导体与等电位连接网络互连情况。

8)地下管线、隐蔽工程分布情况。

9)曾经遭受过的雷击灾害的记录等资料。

新建、扩建、改建工程应收集相关资料和数据,为防雷工程设计提供现场依据,而且这些资料和数据也是雷击风险评估计算所必需的原始材料。被保护设备的性能参数包括设备工作频率、功率、工作电平、传输速率、特性阻抗、传输介质及接口形式等。电子信息系统的网络结构指电子信息系统各设备之间的电气连接关系等。线路进入建筑物的方式指架空或埋地,屏蔽或非屏蔽。接地装置状况指接地装置位置、接地电阻值等。

2. 等电位连接与共用接地系统设计

(1)机房内电气和电子设备应作等电位连接。等电位连接的结构形式应采用S型、M型或它们的组合。电气和电子设备的金属外壳、机柜、机架、金属管槽、屏蔽线缆金属外层、电子设备防静电接地、安全保护接地、功能性接地和浪涌保护器接地端等均应以最短的距离与S型结构的接地基准点或M型结构的网格连接。机房等电位连接网络应与共用接地系统连接。

电气和电子设备的金属外壳、机柜、机架、金属管槽、屏蔽线缆外层、信息设备防静电接地和安全保护接地及浪涌保护器接地端等均应以最短的距离与局部等电位连接网络连接。

1)S型结构一般宜用于电子信息设备相对较少(面积100 m^2 以下)的机房或局部的系统中,如消防、建筑设备的监控、扩声等系统。当采用S型结构局部等电位连接网络时,电子信息设备所有的金属导体,如机柜、机箱和机架应与共用接地系统独立,仅通过作为接地参考点(EPR)的唯一等电位连接母排与共用接地系统连接,形成 S_s 型单点等电位连接的星形结构。采用星形结构时,单个设备的所有连线应与等电位连接导体平行,避免形成感应回路。

2)采用M型网格形结构时,机房内电气、电子信息设备等所有的金属导体,如机柜、机箱和机架不应与接地系统独立,应通过多个等电位连接点与接地系统连接,形成 M_m 型网状等电位连接的网格形结构。当电子信息系统分布于较大区域,设备之间有许多线路,并且通过多点进入该系统内时,适合采用网格形结构,网格大小宜为0.6～3 m。

3)在一个复杂系统中，可以结合两种结构(星形和网格形)的优点，如图 5-13 所示，构成组合 1 型(S_s结合 M_m)和组合 2 型(M_s结合 M_m)。

4)电子信息系统设备信号接地即功能性接地，所以机房内 S 型和 M 型结构形式的等电位连接也是功能性等电位连接。对功能性等电位连接的要求取决于电子信息系统的频率范围、电磁环境以及设备的抗干扰/频率特性。

根据工程中的做法：

a)S 型星形等电位连接结构适用于 1 MHz 以下低频率电子信息系统的功能性接地。

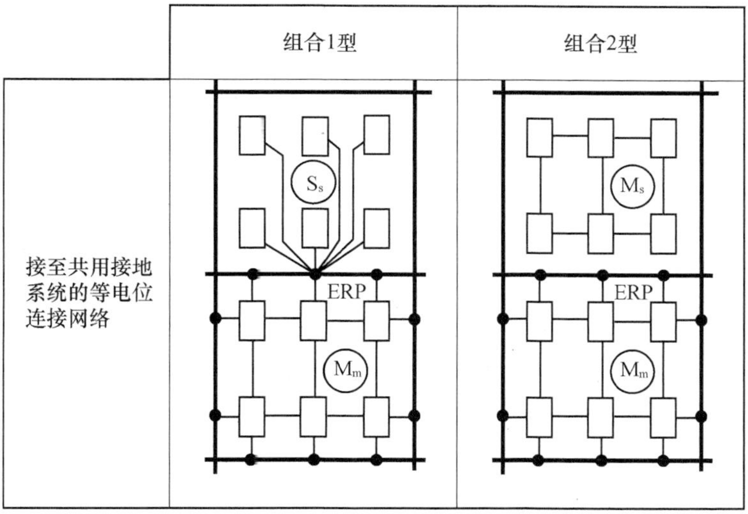

图 5-13　电子信息系统等电位连接方法的组合

共用接地系统　　ERP—接地参考点
等电位连接导体　　S_s—单点等电位连接的星形结构
设备　　M_m—网状等电位连接的网格形结构
等电位连接网络的连接点　　M_s—单点等电位连接的网格形结构

b)M 型网格形等电位连接结构适用于频率达 1 MHz 以上电子信息系统的功能性接地。每台电子信息设备宜用两根不同长度的连接导体与等电位连接网格连接，两根不同长度的连接导体应避开或远离干扰频率的 1/4 波长或奇数倍，同时要为高频干扰信号提供一个低阻抗的泄放通道。否则，连接导体的阻抗增大或为无穷大，不能起到等电位连接与接地的作用。

(2)在 $LPZ0_A$ 或 $LPZ0_B$ 区与 LPZ1 区交界处应设置总等电位接地端子板，总等电位连接端子板与接地装置的连接不应少于两处；每层楼宜设置楼层等电位接地端子板；电子信息系统设备机房应设置局部等电位接地端子板。各类等电位接地端子板之间的连接导体宜采用多股铜芯导线或铜带。各接地端子板应设置在便于安装和检查的位置，不得设置在潮湿或有腐蚀性气体及易受机械损伤的地方。等电位接地端子板的连接点应满足机械强度和电气连续性的要求，连接导体最小截面积应符合表 5-32 的规定。表中是各类等电位连接导体最小截面积：垂直接地干线采用多股铜芯导线或铜带，最小截面积 50 mm^2；楼层等电位连接端子板与机房局部等电位连接端子板之间的连接导体，材料为多股铜芯导线或铜带，最小截面积 25 mm^2；机房局部等电位连接端子板之间的连接导体材料用多股铜芯导线，最小截面积 16 mm^2；机房内设备与等电位连接网格或母排的连接导体用多股铜芯导线，最小截面积 6 mm^2；机房内等电位连接网格材料用铜箔或多股铜芯导体，最小截面积 25 mm^2。

各类等电位接地端子板宜采用铜带，其导体最小截面积应符合表 5-33 的规定。表 5-33 为最小截面积要求，实际截面积应按照工程具体情况而定。垂直接地干线的最小截面积是根据 GB 16895.24—2005《建筑物电气装置》中"接地干线"的要求规定的。

表 5-32　各类等电位连接导体最小截面积

名称	材料	最小截面积(mm^2)
垂直接地干线	多股铜芯导线或铜带	50
楼层端子板与机房局部端子板之间的连接导体	多股铜芯导线或铜带	25
机房局部端子板之间的连接导体	多股铜芯导线	16
设备与机房等电位连接网络之间的连接导体	多股铜芯导线	6
机房网格	铜箔或多股铜芯导线	25

表 5-33　各类等电位接地端子板最小截面积

名称	材料	最小截面积(mm^2)
总等电位接地端子板	铜带	150
楼层等电位接地端子板	铜带	100
机房局部等电位接地端子板(排)	铜带	50

(3)等电位连接网络应利用建筑物内部或其上的金属部件多重互连，组成网格状低阻抗等电位连接网络，并与接地装置构成一个接地系统(图 5-14)。电子信息设备机房的等电位连接网络可直接利用机房内墙结构柱主钢筋引出的预留接地端子接地。

在内部安装有电气和电子信息系统的每栋钢筋混凝土结构建筑物中，应利用建筑物的基础钢筋网作为共用接地装置。利用建筑物内部及建筑物上的金属部件，如混凝土中钢筋、金属框架、电梯导轨、金属屋顶、金属墙面、门窗的金属框架、金属地板框架、金属管道和线槽等进行多重相互连接组成三维的网格状低阻抗等电位连接网络，与接地装置构成一个共用接地系统。

内部电气和电子信息系统的等电位连接应按上文等电位连接与共用接地系统设计的内容来布置。每个楼层设置楼层等电位连接端子板就近与楼层预留的接地端子相连。电子信息设备机房设置的 S 型或 M 型局部等电位连接网络直接与机房内墙结构柱主钢筋预留的接地端子相连。

这就需要在新建筑物的初始设计阶段，由业主、建筑结构专业人员、电气专业人员、施工方、监理等协商确定后实施才能符合此条件。

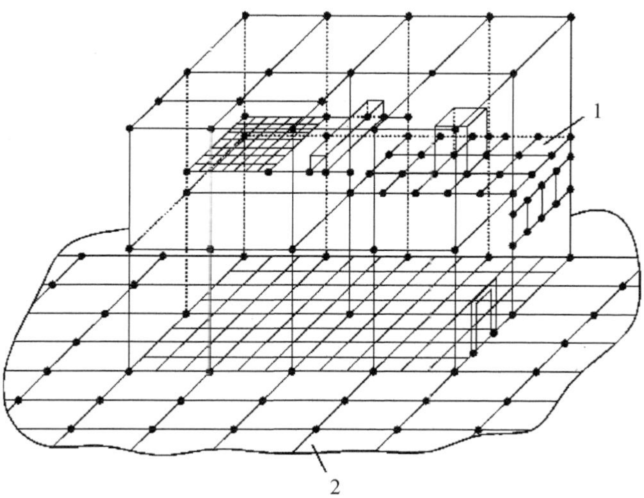

图 5-14　由等电位连接网络与接地装置组合构成的三维接地系统示例

1：等电位连接网络；2：接地装置

(4)某些特殊重要的建筑物电子信息系统可设专用垂直接地干线。垂直接地干线由总等电位接地端子板引出，同时与建筑物各层钢筋或均压带连通。各楼层设置的接地端子板应与垂直接地干线连接。垂直接地干线宜在竖井内敷设，通过连接导体引入设备机房与机房局部等电位接地端子板连接。音、视频等专用设备工艺接地干线应通过专用等电位接地端子板独立引至专用设备机房。

垂直干线由建筑物的总等电位接地端子板引出，参考图 5-15、图 5-16。在频率为 50 Hz 或 60 Hz 时，干线铜导体最小截面积为 50 mm^2，是材料成本与阻抗之间的最佳折中方案。如果频率较高及高层建筑物时，干线的截面积还要相应加大。

信息化时代的今天，声音、图像、数据为一体的网络信息应用日益广泛。各地都在建造新的广播电视大楼，其声音、图像系统的电子设备系微电流接地系统，应设置专用的工艺垂直接地干线以满足其要求，参考图 5-15。

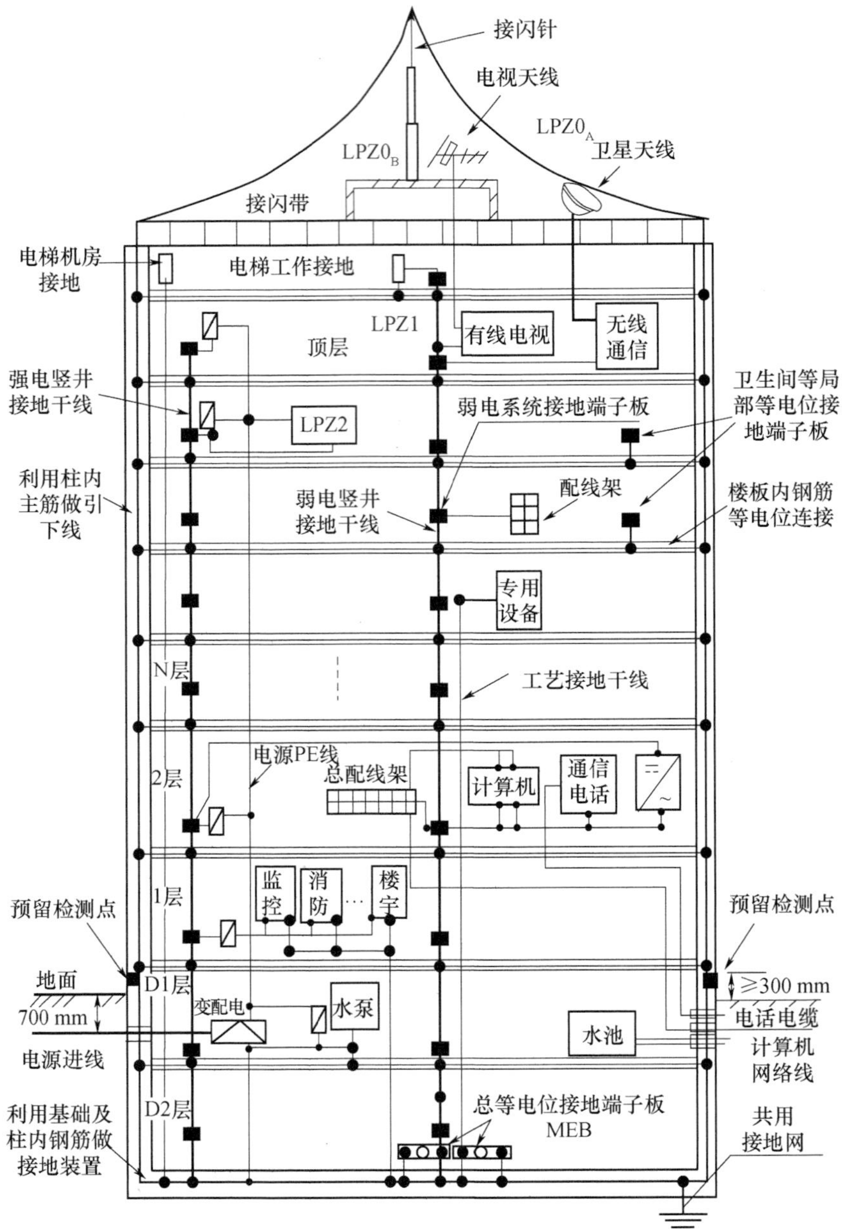

图 5-15　建筑物等电位连接及共用接地系统示意图

▱ —配电箱；　■ —楼层等电位接地端子板；

PE—保护接地线；MEB—总等电位接地端子板

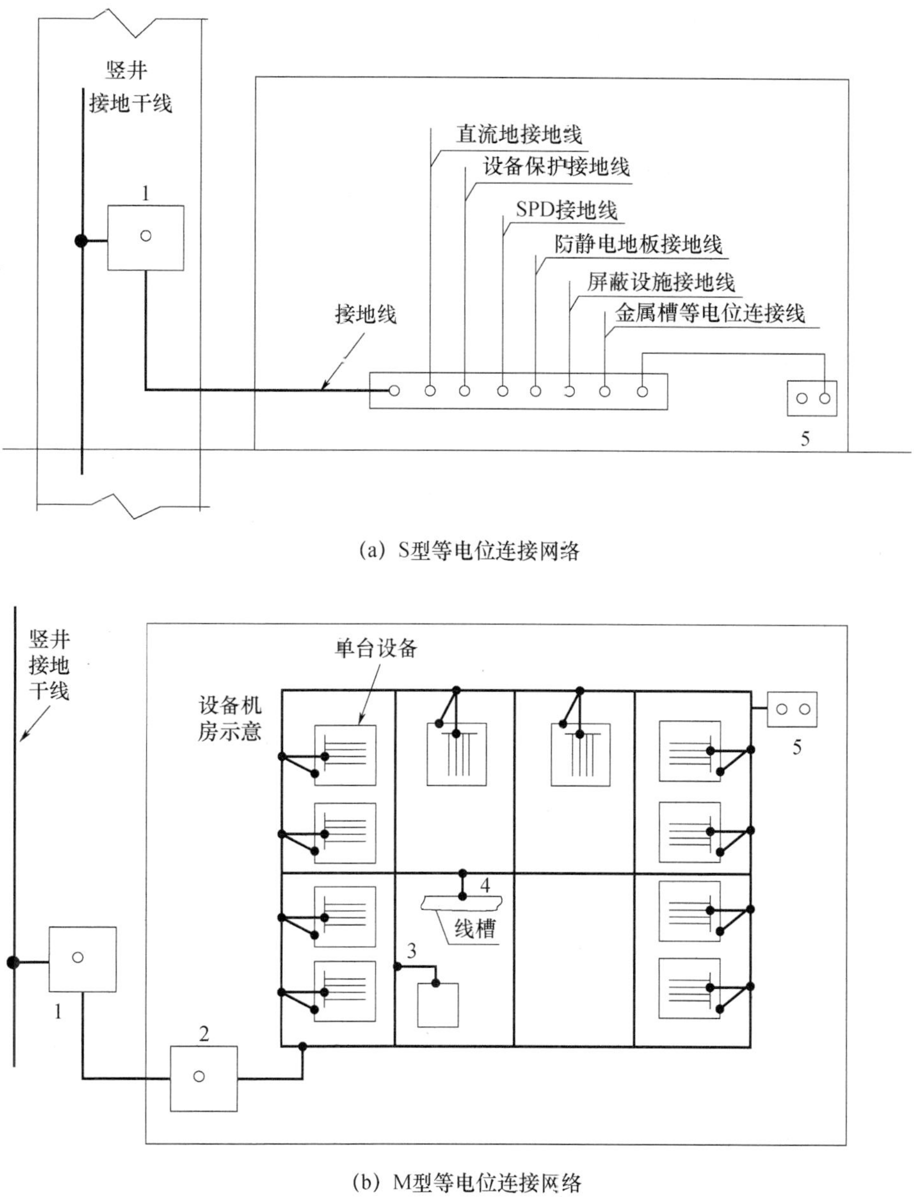

图 5-16　电子信息设备机房等电位连接网络示意图

1:竖井内楼层等电位接地端子板；2:设备机房内等电位接地端子板；

3:防静电地板接地线；4:金属线槽等电位连接线；5:建筑物金属构件

(5)防雷接地与交流工作接地、直流工作接地、安全保护接地共用一组接地装置时，接地装置的接地电阻值必须按接入设备中要求的最小值确定。

防雷接地：指建筑物防直击雷系统接闪装置、引下线的接地（装置），内部系统的电源线路、信号线路（包括天馈线路）SPD 接地。

交流工作接地：指供电系统中电力变压器低压侧三相绕组中性点的接地。

直流工作接地：指电子信息设备信号接地、逻辑接地，又称功能性接地。

安全保护接地：指配电线路防电击（PE 线）接地、电气和电子设备金属外壳接地、屏蔽接地、防静电接地等。

这些接地在一栋建筑物中应共用一组接地装置，在钢筋混凝土结构的建筑物中通常是采用基础钢筋网（自然接地极）作为共用接地装置。

将雷电流（高频特性）分散入地时，为使任何潜在的过电压降到最小，接地装置的形状和尺寸很重要。一般来说，建议采用较小的接地电阻（如果可能，低频测量时小于 10 Ω）。

低压系统由单独的低压电源供电时，其电源接地点接地装置的接地电阻不宜超过 4 Ω。

对于电子信息系统直流工作接地（信号接地或功能性接地）的电阻值，从我国各行业的实际情况来看，电子信息设备的种类很多，用途各不相同，它们对接地装置的电阻值要求不相同。

因此，当建筑物电子信息系统防雷接地与交流工作接地、直流工作接地、安全保护接地共用一组接地装置时，接地装置的接地电阻值必须按接入设备中要求的最小值确定，以确保人身安全和电气、电子信息设备正常工作。

（6）接地装置应优先利用建筑物的自然接地体，当自然接地体的接地电阻达不到要求时应增加人工接地体。

1）当基础采用硅酸盐水泥和周围土壤的含水量不低于 4%，基础外表面无防水层时，应优先利用基础内的钢筋作为接地装置。但如果基础被塑料、橡胶、油毡等防水材料包裹或涂有沥青质的防水层时，不宜利用基础内的钢筋作为接地装置。

2）当有防水油毡、防水橡胶或防水沥青层的情况下，宜在建筑物外面四周敷设闭合状的人工水平接地体。该接地体可埋设在建筑物散水坡及灰土基础外约 1 m 处的基础槽边。人工水平接地体应与建筑物基础内的钢筋多处相连接。

3）在设有多种电子信息系统的建筑物内，增加人工接地体应采用环形接地极比较理想。建筑物周围或者在建筑物地基周围混凝土中的环形接地极，应与建筑物下方和周围的网格形接地网相连接，网格的典型宽度为 5 m。这将大大改善接地装置的性能。如果建筑物地下室/地面中的钢筋混凝土构成了相互连接的网格，也应每隔 5 m 和接地装置相连接。

4）当建筑物基础接地体的接地电阻值满足接地要求时，不需另设人工接地体。

（7）机房设备接地线不应从接闪带、铁塔、防雷引下线直接引入，直接引入将导致雷电流进入室内电子设备，造成严重损害。

(8)进入建筑物的所有金属管线(含金属管、电力线、信号线)应在入口处就近连接到等电位连接端子板上。在 LPZ1 入口处应分别设置适配的电源和信号浪涌保护器，使电子信息系统的带电导体实现等电位连接。

进入建筑物的金属管线，例如金属管、电力线、信号线，宜就近连接到等电位连接端子板上，端子板应与基础中钢筋及外部环形接地或内部等电位连接带相互连接(图 5-17、图 5-18)，并与总等电位接地端子板连接。电力线应在 LPZ1 入口处设置适配的 SPD，使带电导体实现入口处的等电位连接。

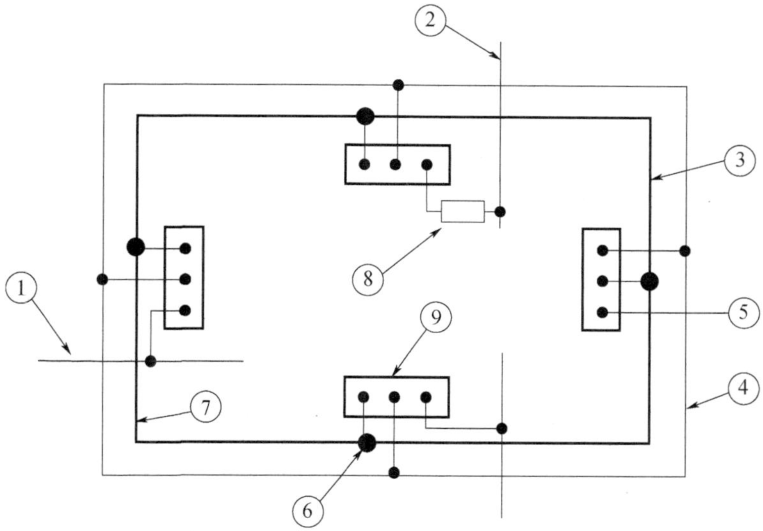

图 5-17　外部管线多点进入建筑物时端子板利用环形接地极互连示意图

(地基中的钢筋可以用作自然接地极)

①：外部导电部分，例如金属水管；②：电源线或通信线；③：外墙或地基内的钢筋；④：环形接地极；⑤：连接至接地极；⑥：专用连接接头；⑦：钢筋混凝土墙；⑧：SPD；⑨：等电位接地端子板

(9)电子信息系统涉及多个相邻建筑物时，至少应采用两根水平接地体将各建筑物的接地装置相互连通。

将相邻建筑物接地装置相互连通是为了减小各建筑物内部系统间的电位差。采用两根水平接地体是考虑到一根导体发生断裂时，另一根还可以起到连接作用。如果相邻建筑物间的线缆敷设在密封金属管道内，也可利用金属管道互连。使用屏蔽电缆屏蔽层互联时，屏蔽层截面积应足够大。

(10)新建建筑物的电子信息系统在设计、施工时，宜在各楼层、机房内墙结构柱主钢筋处引出和预留等电位接地端子。

新建的建筑物中含有大量电气、电子信息设备时，在设计和施工阶段，应考虑在施工时按现行国家有关标准的规定将混凝土中的主钢筋、框架及其他金属部件在外部及内部实现良好电气连通，以确保金属部件的电气连续性。满足此条件时，应在各楼层及机房内墙结构柱主钢筋上引出和预留数个等电位连接的接地端子，可为建筑物内的电源系统、电子信息系统提供等电位连接点，以实现内部系统的等电位连接。既方便又可靠，几乎不付出额外投资即可实现。

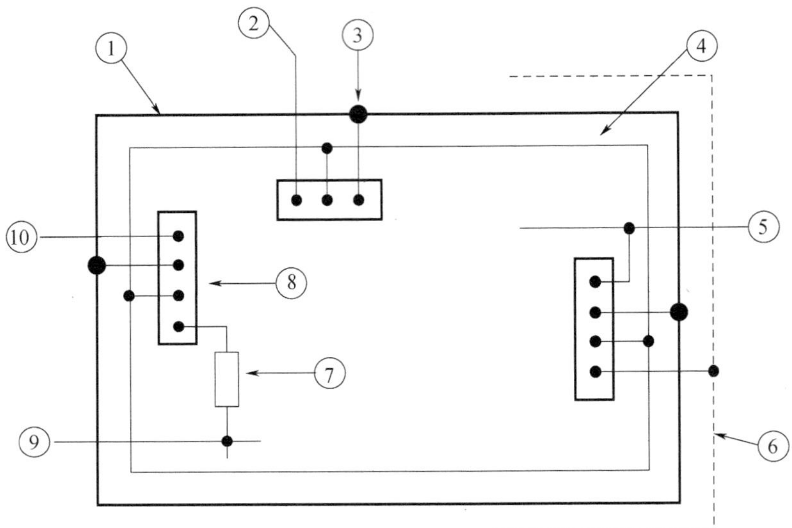

图 5-18　外部管线多点进入建筑物时端子板利用内部导体互连示意图

①:外墙或地基内的钢筋;②:连接至其他接地极;③:连接接头;④:内部环形导体;⑤:至外部导体部件,例如水管;⑥:环形接地极;⑦:SPD;⑧:等电位接地端子板;⑨:电力线或通信线;⑩:至附加接地装置。

3. 屏蔽及布线

(1)为减小雷电电磁脉冲在电子信息系统内产生的浪涌，宜采用建筑物屏蔽、机房屏蔽、设备屏蔽、线缆屏蔽和线缆合理布设措施，这些措施应综合使用。

磁场屏蔽能够减小电磁场及内部系统感应浪涌的幅值。磁场屏蔽有空间屏蔽、设备屏蔽和线缆屏蔽。空间屏蔽有建筑物外部钢结构墙体的初级屏蔽和机房的屏蔽，见图 5-2a。内部线缆屏蔽和合理布线(使感应回路面积为最小)可以减小内部系统感应浪涌的幅值。磁屏蔽、合理布线这两种措施都可以有效地减小感应浪涌，防止内部系统的永久失效。因此，应综合使用。

(2)电子信息系统设备机房的屏蔽应符合下列规定：

1)建筑物的屏蔽宜利用建筑物的金属框架、混凝土中的钢筋、金属墙面、金属屋顶等自然金属部件与防雷装置连接构成格栅型大空间屏蔽。空间屏蔽应当利用建筑物自然金属部件本身固有的屏蔽特性。在一个新建筑物或新系统的早期设计阶段就应该考虑空间屏蔽，在施工时一次完成。因为对于已建成建筑物来说，重新进行屏蔽可能会出现更高的费用和更多的技术难度。

2)当建筑物自然金属部件构成的大空间屏蔽不能满足机房内电子信息系统电磁环境要求时，应增加机房屏蔽措施。在通常情况下，利月建筑物自然金属部件作为空间屏蔽、内部线缆屏蔽等措施，能使内部系统得到良好保护。但是对于电磁环境要求严格的电子信息系统，当建筑物自然金属部件构成的大空间屏蔽不能满足机房设备电磁环境要求时，应采用导磁率较高的细密金属网格或金属板对机房实施雷电磁场屏蔽来保护电子信息系统。机房的门应采用无窗密闭铁门或采取屏蔽措施的有窗铁门并接地，机房窗户的开孔应采用金属网格屏蔽。金属屏蔽网、金属屏蔽板应就近与建筑物等电位连接网络连接。机房屏蔽不能满足个别重要设备屏蔽要求时，可利用封闭的金属网、箱或金属板、箱对被保护设备实行屏蔽。

3)电子信息系统设备主机房宜选择在建筑物低层中心部位，其设备应配置在LPZ1区之后的后续雷电防护区内，并与相应的雷电防护区屏蔽体及结构柱留有一定的安全距离(图5-4)。电子信息系统设备主机房宜选择在建筑物低层中心部位及设备安置在序数较高的雷电防护区内，因为这些地方雷电电磁环境较好。电子信息系统设备与屏蔽层及结构柱保持一定安全距离是因为部分雷电流会流经屏蔽层，靠近屏蔽层处的磁场强度较高。

(3)线缆屏蔽应符合下列规定：

1)与电子信息系统连接的金属信号线缆采用屏蔽电缆时，应在屏蔽层两端且宜在雷电防护区交界处做等电位连接并接地。当系统要求单独接地时，宜采用两层屏蔽或穿钢管敷设，外层屏蔽或钢管按前述要求处理。

2)当户外采用非屏蔽电缆时，从入孔井或出孔井到机房的引入线应穿钢管埋地引入，埋地长度 l 可按式(5-55)计算，但不宜小于15 m；电缆屏蔽槽或金属管道应在入户处进行等电位连接。

$$l \geqslant 2\sqrt{\rho} \tag{5-55}$$

式中：ρ 是埋地电缆处的土壤电阻率(Ω·m)。

3)当相邻建筑物的电子信息系统之间采用电缆互连时，宜采用屏蔽电缆，非屏蔽电缆应敷设在金属电缆管道内；屏蔽电缆屏蔽层两端或金属管道两端应分别连接到独立建筑物各自的等电位连接带上。采用屏蔽电缆互连时，电缆屏蔽层应能承载可预见的雷电流。

在分开的建筑物间可以用SPD将两个LPZ1防护区互连，如图5-19a所示；也可用屏蔽电缆或屏蔽电缆导管将两个LPZ1防护区互连，如图5-19b所示。

4)光缆的所有金属接头、金属护层、金属挡潮层、金属加强芯等，应在进入建筑物处直接接地。

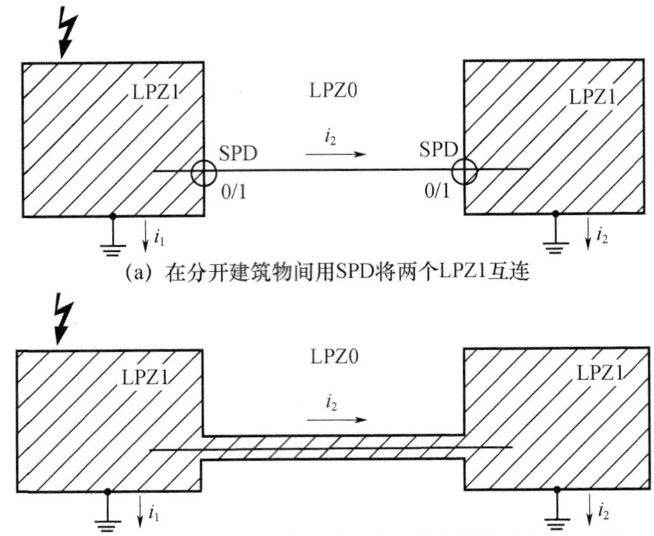

(a) 在分开建筑物间用SPD将两个LPZ1互连

(b) 在分开建筑物间用屏蔽电缆或屏蔽电缆管道将两个LPZ1互连

图 5-19　两个 LPZ1 的互联

注：1. i_1、i_2 为部分雷电流。

2. 图 a 表示两个 LPZ1 用电力线或信号线连接。应特别注意两个 LPZ1 分别代表有独立接地系统的相距数十米或数百米的建筑物的情况。这种情况，大部分雷电流会沿着连接线流动，在进入每个 LPZ1 时需要安装 SPD。

3. 图 b 表示该问题可以利用屏蔽电缆或屏蔽电缆管道连接两个 LPZ1 来解决，前提是屏蔽层可以携带部分雷电流。若沿屏蔽层的电压降不太大，可以免装 SPD。

(4)线缆敷设应符合下列规定：

1)电子信息系统线缆宜敷设在密闭的金属线槽或金属管道内。电子信息系统线路宜靠近等电位连接网络的金属部件敷设，不宜贴近雷电防护区的屏蔽层。

2)布置电子信息系统线缆路由走向时，应尽量减小由线缆自身形成的电磁感应环路面积(图 5-20)。

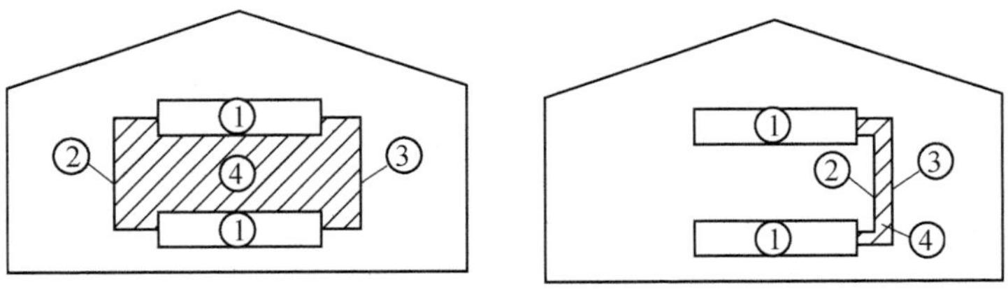

(a) 不合理布线系统　　　　(b) 合理布线系统

图 5-20　合理布线减少感应环路面积

①：设备；②：a 线(电源线)；③：b 线(信号线)；④：感应环路面积。

3)电子信息系统线缆与其他管线的间距应符合表 5-34 的规定。

表 5-34　电子信息系统线缆与其他管线的间距

其他管线类别	电子信息系统线缆与其他管线的净距	
	最小平行净距(mm)	最小交叉净距(mm)
防雷引下线	1000	300
保护地线	50	20
给水管	150	20
压缩空气管	150	20
热力管(不包封)	500	500
热力管(包封)	300	300
燃气管	300	20

注:当线缆敷设高度超过 600 m 时,与防雷引下线的交叉净距应大于或等于 0.05 H(H 为交叉处防雷引下线距地面的高度)。

4)电子信息系统信号电缆与电力电缆的间距应符合表 5-35 的规定。

表 5-35　电子信息系统信号电缆与电力电缆的间距

类别	与电子信息系统信号线缆接近状况	最小间距(mm)
380 V 电力电缆容量小于 2 kV · A	与信号线缆平行敷设	130
	有一方在接地的金属线槽或钢管中	70
	双方都在接地的金属线槽或钢管中[2]	10
380 V 电力电缆容量 2～5 kV · A	与信号线缆平行敷设	300
	有一方在接地的金属线槽或钢管中	150
	双方都在接地的金属线槽或钢管中[2]	80
380 V 电力电缆容量大于 5 kV · A	与信号线缆平行敷设	600
	有一方在接地的金属线槽或钢管中	300
	双方都在接地的金属线槽或钢管中	150

注:1. 当 380 V 电力电缆的容量小于 2 kV · A,双方都在接地的线槽中,且平行长度小于或等于 10 m 时,最小间距可为 10 mm。
2. 双方都在接地的线槽中,系指两个不同的线槽,也可在同一线槽中用金属板隔开。

4. 浪涌保护器的选择

(1)室外进、出电子信息系统机房的电源线路不宜采用架空线路。

(2)电子信息系统设备由 TN 交流配电系统供电时,从建筑物内总配电柜(箱)开始引出的配电线路必须采用 TNS 系统的接地形式。

装有或可能装有大量信息技术设备的现有的建筑物内，不宜采用 TN-C 系统。装有或可能装有大量信息技术设备的新建的建筑物内不应采用 TN-C 系统。由公共低压电网供电且装有或可能装有大量信息技术设备的现有建筑物内，在装置的电源进线点之后宜采用 TN-S 系统。在新建的建筑物内，在装置的电源进线点之后应采用 TN-S 系统。

在 TN-S 系统中，中性线电流仅在专用的中性导体(N)中流动。而在 TN-C 系统中，中性线电流将通过信号电缆中的屏蔽或参考地导体、外露可导电部分和装置外可导电部分(例如建筑物的金属构件)流动。

对于敏感电子信息系统的每栋建筑物，因 TN-C 系统在全系统内 N 线和 PE 线是合一的，存在不安全因素，一般不宜采用。当 220/380 V 低压交流电源为 TN-C 系统时，应在入户总配电箱处将 N 线重复接地一次，在总配电箱之后采用 TN-S 系统，N 线不能再次接地，以避免工频 50 Hz 基波及其谐波的干扰。设置有 UPS 电源时，在负荷侧起点将中性点或中性线做一次接地，其后就不能接地了。

(3)电源线路浪涌保护器的选择应符合下列规定：

1)配电系统中设备的耐冲击电压额定值 U_w 可按表 5-36 选用。

表 5-36 220 V/380 V 三相配电系统中各种设备耐冲击电压额定值 U_w

设备位置	电源进线端设备	配电线路设备	用电设备	需要保护的电子信息设备
耐冲击电压类别	Ⅳ类	Ⅲ类	Ⅱ类	Ⅰ类
U_w(kV)	6.0	4.0	2.5	1.5

注：1. Ⅰ类——需要将瞬态过电压限制到特定水平的设备，如含有电子电路的设备，计算机及含有计算机程序的用电设备。

2. Ⅱ类——如家用电器(不含计算机及含有计算机程序的家用电器)、手提工具、不间断电源设备、整流器和类似负荷。

3. Ⅲ类——如配电盘、断路器、包括电缆、母线、分线盒、开关、插座等的布线系统，以及应用于工业的设备和永久接至固定装置的固定安装的电动机等的一些其他设备。

4. Ⅳ类——如电气计量仪表、一次线过流保护设备、波纹控制设备。

2)浪涌保护器的最大持续工作电压 U_c 不应低于表 4-1a 规定的值。

3)进入建筑物的交流供电线路，在线路的总配电箱等 $LPZ0_A$ 或 $LPZ0_B$ 与 LPZ1 区交界处，应设置Ⅰ类试验的浪涌保护器或Ⅱ类试验的浪涌保护器作为第一级保护；在配电线路分配电箱、电子设备机房配电箱等后续防护区交界处，可设置Ⅱ类或Ⅲ类试验的浪涌保护器作为后级保护；特殊重要的电子信息设备电源端口，可安装Ⅱ类或Ⅲ类试验的浪涌保护器作为精细保护(图 5-21)。使用直流电源的信息设备，视其工作电压要求，宜安装适配的直流电源线路浪涌保护器。

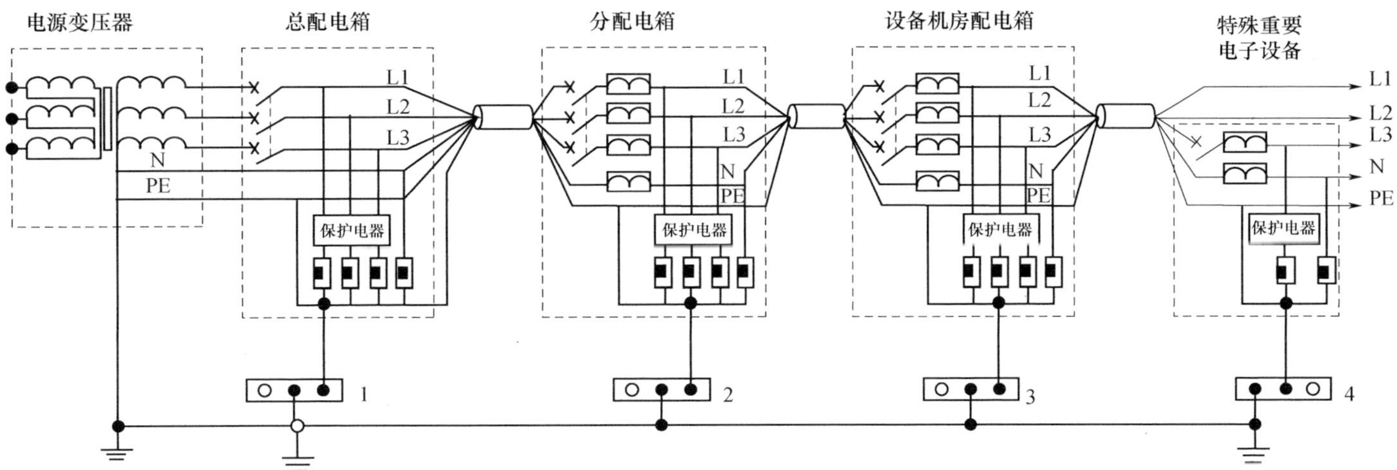

图5-21　TN-S系统的配电线路浪涌保护器安装位置示意图

空气断路器　隔离开关　浪涌保护器

退偶器件　等电位接地端子板

1—总等电位端子板　2—楼层等电位端子板　3、4—局部等电位端子板

4)浪涌保护器设置级数应综合考虑保护距离、浪涌保护器连接导线长度、被保护设备耐冲击电压额定值U_{ω}等因素。各级浪涌保护器应能承受在安装点上预计的放电电流,其有效保护水平$U_{p/f}$应小于相应类别设备的U_{ω}。

图5-21为TN-S系统配电线路浪涌保护器分级设置位置与接地的示意图,SPD的选择与安装由工程具体要求确定。当总配电箱靠近电源变压器时,该处N对PE的SPD可不设置。

SPD的选择和安装是个比较复杂的问题。它与当地雷害程度、雷击点的远近、低压和高压(中压)电源线路的接地系统类型、电源变电所的接地方式、线缆的屏蔽和长度情况等都有关联。

在可能出现雷电冲击过电压的建筑物电气系统内,在$LPZ0_A$或$LPZ0_B$与LPZ1区交界处,其电源线路进线的总配电箱内应设置第一级SPD。用于泄放雷电流并将雷电冲击过电压降低,其电压保护水平U_p应不大于2.5 kV。如果建筑物装有防直击雷装置而易遭受直接雷击,或近旁具有易落雷的条件,此级SPD应是通过10/350 μs,波形的最大冲击电流I_{imp}(Ⅰ类)试验的SPD。根据我国有些工程多年来在设计中选择和安装了Ⅱ类试验的SPD也能提供较好保护的实际情况,作出了选择性的规定:也可选择Ⅱ类试验的SPD作第一级保护。SPD应能承受在总配电箱位置上可能出现的放电电流可由式(5-56)或式(5-57)估算确定;当无法计算确定时,可按表5-37冲击电流推荐值选择。如果这一级SPD未能将电压保护水平U_p限制在2.5 kV以下,则需在下级分配电箱处设置第二级SPD来进一步降低冲击电压。此级SPD应为通过8/20 μs波形标称放电电流I_n(Ⅱ类)试验的SPD,并能将电压保护水平U_p限制在约2 kV。在电子信息系统设备机房配电箱内或在其电源插座内设置第三级SPD。这级SPD应为通过8/20 μs波形标称放电电流I_n试验或复合波Ⅲ类试验的SPD,它的保护水平U_p应低于电子信息设备能承受的冲击电压的水平,或不大于1.2 kV。

在建筑物电源进线入口的总配电箱内必须设置第一级SPD。如果保护水平U_p不大于2.5 kV,其后的线缆采取了良好的屏蔽措施,这种情况,可只在电子信息设备机房配电箱内设置第二级SPD。

通常是在电源线路进入建筑物的入口(LPZ1边界)总配电箱内安装SPD1。要确定内部被保护系统的冲击耐受电压U_{ω},选择SPD1的保护水平U_{p1},使有效保护水平$U_{p/f}$等于或小于U_{ω},根据第5章式(5-60)和式(5-62)检查或估算振荡保护距离$L_{po/1}$和感应保护距离$L_{pi/1}$。若满足$U_{p/f}$等于或小于U_{ω},而且SPD1与被保护设备间线路长度小于$L_{po/1}$和$L_{pi/1}$,则SPD1有效地保护了设备。否则,应设置SPD2。在靠近被保护设备(LPZ2边界)的分配电箱内设置SPD2,选择SPD2的保护水平U_{p2},使有效保护水平检查或估算振荡保护距离$L_{po/2}$和感应保护距离$L_{pi/2}$。若满足有效保护水平$U_{p/f}$等于或小于U_{ω},而且SPD2与被保护设备间线路长度小于$L_{po/1}$和$L_{pi/1}$,则SPD2有效地保护了设备。否则，应在靠近被保护设备处(机房配电箱内或插座)设置 SPD3。该 SPD 应与 SPD1 和 SPD2 能量协调配合。

5)LPZ0 和 LPZ1 界面处每条电源线路的浪涌保护器的冲击电流 I_{imp}，当采用非屏蔽线缆时按式(5-56)估算确定；当采用屏蔽线缆时按式(5-57)估算确定；当无法计算确定时应取 I_{imp} 大于或等于 12.5 kA。

$$I_{imp}=\frac{0.5I}{(n_1+n_2)m} \tag{5-56}$$

$$I_{imp}=\frac{0.5IR_s}{(n_1+n_2)\times(mR_s+R_c)} \tag{5-57}$$

式中：I 是雷电流(kA)；n_1 是埋地金属管、电源及信号线缆的总数目；n_2 是架空金属管、电源及信号线缆的总数目；m 是每一线缆内导线的总数目；R_s 是屏蔽层每千米的电阻(Ω/km)；R_c 是芯线每千米的电阻(Ω/km)。

6)当电压开关型浪涌保护器至限压型浪涌保护器的线路长度小于 10 m，限压型浪涌保护器之间的线路长度小于 5 m 时，在两级浪涌保护器之间应加装退耦装置。当浪涌保护器具有能量自动配合功能时，浪涌保护器之间的线路长度不受限制。浪涌保护器应有过电流保护装置和劣化显示功能。

对于开关型 SPD1 至限压型 SPD2 的线距应大于 10 m 和 SPD2 至限压型 SPD3 的线距应大于 5 m 的规定，其目的主要是在电源线路中安装了多级电源 SPD。由于各级 SPD 的标称导通电压和标称导通电流不同、安装方式及接线长短的差异，在设计和安装时如果能量配合不当，将会出现某级 SPD 不动作的盲点问题。为了保证雷电高电压脉冲沿电源线路侵入时，各级 SPD 都能分级启动泄流，避免多级 SPD 间出现盲点，两级 SPD 间必须有一定的线距长度(即一定的感抗或加装退耦元件)来满足避免盲点的要求。同时规定，末级电源 SPD 的保护水平必须低于被保护设备对浪涌电压的耐受能力。各级电源 SPD 能量配合最终目的是，将威胁设备安全的电压、电流浪涌值减低到被保护设备能耐受的安全范围内，而各级电源 SPD 泄放的浪涌电流不超过自身的标称放电电流。

7)确定雷电防护等级时，用于电源线路的浪涌保护器的冲击电流和标称放电电流参数推荐值宜符合表 5-37 的规定。确定电源线路雷电浪涌防护等级时，用于建筑物入口处(总配电箱点)的浪涌保护器的冲击电流 I_{imp}，由式(5-56)和式(5-57)估算确定。当 I_{imp} 无法确定时，取值应大于或等于 12.5 kA。所以表中在 LPZ0 与 LPZ1 边界的总配电箱处，C、D 等级的 I_{imp} 参数推荐值为 12.5 kA。12.5 kA 这个 I_{imp} 值是 IEC 标准推荐的最小值。考虑到我国幅员辽阔，夏天的雷击灾害多，在雷电防护等级较高的电子信息系统设置的电源线路浪涌保护器能承受的冲击电流 I_{imp} 应适当有所提高。所以 A 级的 I_{imp} 参数推荐值为 20 kA，B 级 I_{imp} 推荐值为 15 kA。

鉴于我国有些工程中，在建筑物入口的总配电箱处选用安装Ⅱ类试验（波形8/20 μs）的限压型浪涌保护器。所以本书推荐在LPZ0与LPZ1边界的总配电箱也可选用经Ⅱ类试验（波形8/20 μs）的浪涌保护器：A级I_n等于或大于80 kA、B级I_n等于或大于60 kA、C级I_n等于或大于50 kA、D级I_n等于或大于50 kA。

为了提高电子信息系统的电源线路浪涌保护可靠性，应保证局部雷电流大部分在LPZ0与LPZ1的交界处转移到接地装置。同时限制各种途径入侵的雷电浪涌，限制沿进线侵入的雷电波、地电位反击、雷电感应。建筑物中的浪涌保护通常是多级配置，以雷电防护区为层次，每级SPD的通流容量足以承受在其位置上的雷电浪涌电流，且对雷电能量逐级减弱。SPD电压保护水平也要逐级降低，最终使过电压限制在设备耐冲击电压额定值以下。

表5-37 电源线路浪涌保护器冲击电流和标称放电电流参数推荐值

雷电防护等级	总配电箱		分配电箱	设备机房配电箱和需要特殊保护的电子信息设备端口处	
	LPZ0与LPZ1边界		LPZ1与LPZ2边界	后续防护区的边界	
	10/350 μs Ⅰ类试验	8/20 μs Ⅱ类试验	8/20 μs Ⅱ类试验	8/20 μs Ⅱ类试验	1.2/50 μs和8/20 μs复合波Ⅲ类试验
	I_{imp}(kA)	I_n(kA)	I_n(kA)	I_n(kA)	U_{OC}(kV)/I_{SC}(kA)
A	≥20.0	≥80.0	≥40.0	≥5.0	≥10.0/≥5.0
B	≥15.0	≥60.0	≥30.0	≥5.0	≥10.0/≥5.0
C	≥12.5	≥50.0	≥20.0	≥3.0	≥6.0/≥3.0
D	≥12.5	≥50.0	≥10.0	≥3.0	≥6.0/≥3.0

注：SPD分级应根据保护距离、SPD连接导线长度、被保护设备耐冲击电压额定值U_ω等因素确定。

8）电源线路浪涌保护器在各个位置安装时，浪涌保护器的连接导线应短直，其总长度不宜大于0.5 m。有效保护水平$U_{p/f}$应小于设备耐冲击电压额定值U_ω（图5-22）。

LEMP是敏感电子设备遭受雷害的主要原因。LEMP通过传导、感应、辐射等方式从不同的渠道侵入建筑物的内部，致使电子设备受损。其中，电源线是LEMP入侵最主要的渠道之一。安装电源SPD是防御LEMP从配电线这条渠道入侵的重要措施。正确安装的SPD能把雷电电磁脉冲拒于建筑物或设备之外，使电子设备免受其害。不正确安装的SPD不仅不能防御入侵的LEMP，连SPD自身也难免受损。

其实，SPD作用只有两个：①泄流：把入侵的雷电流分流入地，让雷电的大部分能量泄入大地，使LEMP无法达到或仅极少部分到达电子设备；②限压：在雷电过电压

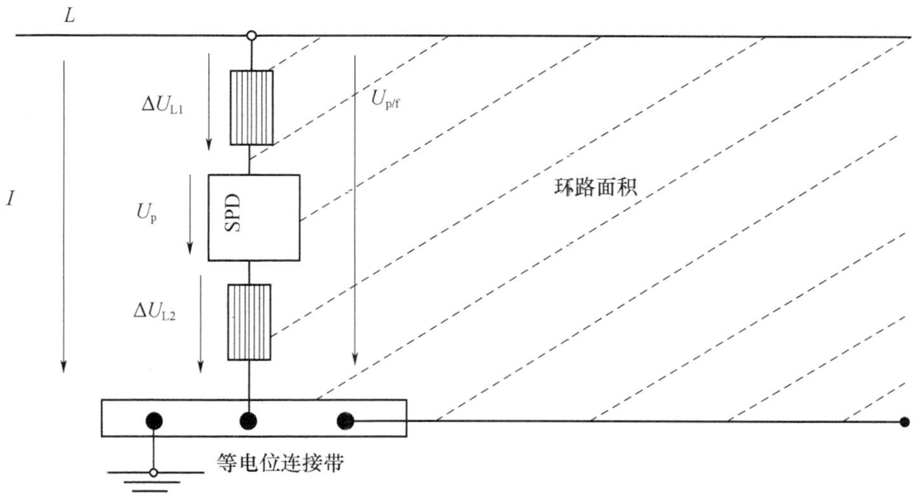

图 5-22 相线与等电位连接带之间的电压

I:局部雷电流;$U_{p/f}=U_p+\Delta U$:有效保护水平;U_p=SPD 的电压保护水平;

$\Delta U=\Delta U_{L1}+\Delta U_{L2}$:连接导线上的感应电压

通过电源线入户时,在 SPD 两端保持一定的电压(残压),而这个限压又是电子设备所能接受的。这两个功能是同时获得的(即在分流过程中达到限压),使电子设备受到保护。

目前,防雷工程中电源 SPD 的设计和施工不规范的主要问题有两个:一是 SPD 接线过长,国内外防雷标准凡涉及电源浪涌保护器的安装时都强调接线要短直,其总长度不超过 0.5 m,但大多情况接线长度都超过 1 m,甚至有长达 4～5 m 的;二是多级 SPD 安装时的能量配合不当。对这两个问题的忽视导致有些建筑物内部虽安装了 SPD,仍会出现其内的电子设备遭雷击损坏的现象。

当 SPD 与被保护设备连接时,最终有效保护水平 $U_{p/f}$ 应考虑连接导线的感应电压降 ΔU。SPD 最终的有效电压保护水平为:

$$U_{p/f}=U_p+\Delta U \tag{5-58}$$

式中:ΔU 是 SPD 两端连接导线的感应电压降。

$$\Delta U=\Delta U_{L1}+\Delta U_{L2}=L\frac{di}{dt} \tag{5-59}$$

式中:L 是两段导线的电感量(μH);di/dt 是流入 SPD 雷电流陡度。

当 SPD 流过部分雷电流时,可假定 ΔU 等于 1 kV/m,或者考虑 20%的裕量。

当 SPD 仅流过感应电流时,则 ΔU 可以忽略。

也可改进 SPD 的电路连接,采用凯文接线法见图 5-23。

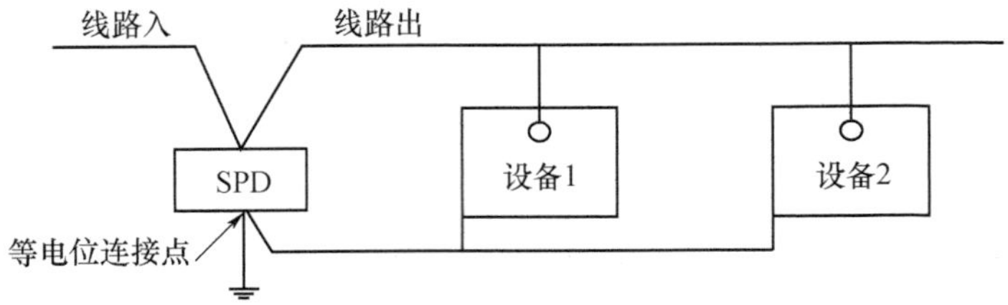

图 5-23　凯文接线法

9)电源线路浪涌保护器安装位置与被保护设备间的线路长度大于 10 m 且有效保护水平大于 $U_{w/2}$ 时，应按式(5-60)和式(5-61)估算振荡保护距离 L_{po}。当建筑物位于多雷区或强雷区且没有线路屏蔽措施时，应按式(5-62)和式(5-63)估算感应保护距离 L_{pi}：

$$L_{po}=\frac{U_{\omega}-U_{p}}{k} \tag{5-60}$$

$$k=25 \tag{5-61}$$

$$L_{pi}=\frac{U_{\omega}-U_{p/f}}{h} \tag{5-62}$$

$$h=30000\times K_{S1}\times K_{S2}\times K_{S3} \tag{5-63}$$

式中：U_{ω} 是设备耐冲击电压额定值；$U_{p/f}$ 是有效保护水平，即连接导线的感应电压降与浪涌保护器的 U_p 之和；K_{S1} 是 LPZ0/1 交界处的建筑物结构、LPS 和其它屏蔽物的屏蔽效能因子；K_{S2} 是建筑物丙部 LPZX/Y($X>0$,$Y>1$)交界处的屏蔽物的屏蔽效能因子；K_{S3} 是建筑物内部布线的特性因子，一般取值见表 4-17。

SPD 在工作时，SPD 安装位置处的线对地电压限制在 U_p。若 SPD 和被保护设备间的线路太长，浪涌的传播将会产生振荡现象，设备端产生的振荡电压值会增至 $2U_p$，即使选择 U_p 等于或小于 U_{ω}，振荡仍能引起被保护设备失效。

保护距离 L_{po} 是 SPD 和设备间线路的最大长度，在此限度内，SPD 有效保护了设备。若线路长度小于 10 m 或者 $U_{p/f}$ 小于 $U_{\omega/2}$ 时，保护距离可以不考虑。若线路长度大于 10 m 且 $U_{p/f}$ 大于 $U_{\omega/2}$ 时，保护距离可以由公式(5-64)估算：

$$L_{po}=\frac{U_{\omega}-U_{p/f}}{k} \tag{5-64}$$

式中：k 是 25。

当建筑物或附近建筑物地面遭受雷击时，会在 SPD 与被保护设备构成的回路内感应出过电压，它加于 U_p 上降低了 SPD 的保护效果。感应过电压随线路长度、保护地 PE 与相线的距离、电源线与信号线间的回路面积尺寸的增大而增大，随空间屏蔽、线路屏蔽效率的提高而减小。

保护距离 L_{pi} 是 SPD 与被保护设备间最大线路长度，在此距离内，SPD 对被保护设备的保护才是有效的，因此应考虑感应保护距离。当雷电产生的磁场极强时，应减小

SPD 与设备间的距离。也可采取措施减小磁场强度，如建筑物（LPZ1）或房间（LPZ2 等后续防护区域）采用空间屏蔽，使用屏蔽电缆或电缆管道对线路进行屏蔽等。

当采用了上述屏蔽措施后，可以不考虑感应保护距离 L_{pi}。

当 SPD 与被保护设备间的线路长、线路未屏蔽、回路面积大时，应考虑感应保护距离 L_{pi}，用下列公式(5-65)估算：

$$L_{pi}=(U_{\omega}-U_{p/f})/h \tag{5-65}$$

式中：$h=30000\times K_{S1}\times K_{S2}\times K_{S3}$。

对 $U_{p/f}$ 有以下规定：

a)SPD 和设备间的电路长度可忽略不计时（如 SPD 安装在设备端口），$U_{p/f}$ 等于或小于 U_{W}。

b)SPD 和设备间的电路长度不大于 10 m 时（如 SPD 安装在二级配电箱或插座处），$U_{p/f}$ 等于或小于 $0.8U_{\omega}$。当内部系统故障会导致人身伤害或公共服务损失时，应考虑振荡导致的 2 倍电压并要求满足 $U_{p/f}$ 等于或小于 $U_{\omega/2}$。

c)SPD 和设备间的电路长度大于 10 m 时（如 SPD 安装在建筑物入口处或某些情况下二级配电箱处）：

$$U_{p/f}\leqslant(U_{\omega}-U_{i})/2 \tag{5-66}$$

式中：U_{ω} 是被保护设备的绝缘耐冲击电压额定值(kV)；U_{i} 是雷击建筑物上或附近时，SPD 与被保护设备间线路回路的感应过电压(kV)。

10）入户处第一级电源浪涌保护器与被保护设备间的线路长度大于 L_{po} 或 L_{pi} 时，应在配电线路的分配电箱处或在被保护设备处增设浪涌保护器。当分配电箱处电源浪涌保护器与被保护设备间的线路长度大于 L_{po} 或 L_{pi} 时，应在被保护设备处增设浪涌保护器。被保护的电子信息设备处增设浪涌保护器时，U_{p} 应小于设备耐冲击电压额定值 U_{ω}，宜留有 20％裕量。在一条线路上设置多级浪涌保护器时应考虑它们之间的能量协调配合。

在一条线路上，级联选择和安装两个以上的浪涌保护器时，应当达到多级电源 SPD 的能量协调配合。

LEMP 和操作过电压会危及敏感的电子信息系统。为了避免雷电和操作引起的浪涌通过配电线路损害电子设备，按 IEC 防雷分区的观点，通常在配电线穿越 LPZ 界面处安装 SPD。如果线路穿越多个雷电防护区，宜在每个区域界面处安装一个电源 SPD(图 5-24)。这些 SPD 除了注意接线方式外，还应该对它们进行精心选择并使之能量配合，以便按照各 SPD 的能量耐受能力分摊雷电流，把雷电流导引入地，使雷电威胁值减少到受保护设备的抗扰度之下，达到保护电子系统的效果。这就是多级电源 SPD 的能量配合。

有效的能量配合应考虑各 SPD 的特性、安装地点的雷电威胁值以及受保护设备的特性。SPD 和设备的特性可从产品说明书中获得。雷电威胁值主要考虑宜接雷击中的首次短雷击。后续短时雷击陡度虽大，但其幅值、单位能量和电荷量均较首次短雷击小。而长雷击只是 SPD Ⅰ类测试电流的一个附加负荷因素，在 SPD 的能量配合过程中可以不予考虑。因此，只要 SPD 系统能防御直接雷击中的首次短雷击，其他形式的雷击将不至于构成威胁。

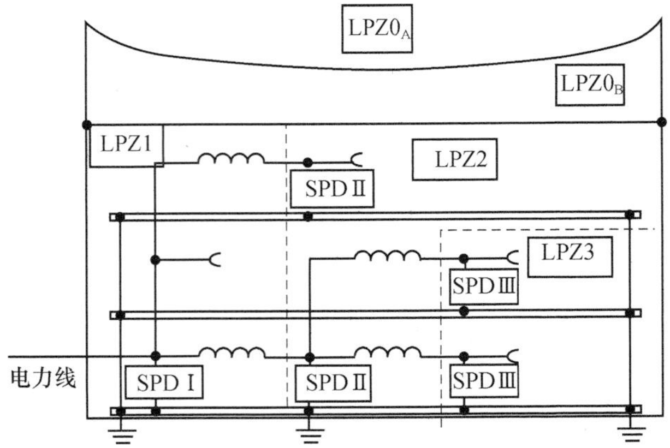

图 5-24 低压配电线路穿越两个雷电防护区时在边界安装 SPD 示例

SPD ——浪涌防护器（例如Ⅱ类测试的SPD）

——去耦元件或电缆长度

a)配合的目的

电源 SPD 能量配合的目的是利用 SPD 的泄流和限压作用，把出现在配电线路上的雷电、操作等浪涌电流安全地引导入地，使电子信息系统获得保护。只要对于所有的浪涌过电压和过电流，保护系统中任何一个 SPD 所耗散的能量不超出各自的耐受能力，就实现了能量配合。

b)能量配合的方法

SPD 之间可以采用下列方法之一进行配合：

①伏安特性配合

这种方法基于 SPD 的静态伏安特性，适用于限压型 SPD 的配合。该法对电流波形不是特别敏感，也不需要去耦元件，线路上的分布阻抗本身就有一定的去耦作用。

②使用专门的去耦元件配合

为了达到配合的目的，可以使用具有足够的浪涌耐受能力的集中元件作去耦元件(其中，电阻元件主要用于信息系统中，而电感元件主要用于电源系统中)。如果采用电感去耦，电流陡度是决定性的参数。电感值和电流陡度越大越易实现能量配合。

③用触发型的 SPD 配合

触发型的 SPD 可以用来实现 SPD 的配合。触发型 SPD 的电子触发电路应当保证被配合的后续 SPD 的能量耐受能力不会被超出。这个方法也不需要去耦元件。

c)SPD 配合的基本模型和原理

SPD 配合的基本模型见图 5-25。图中以两级 SFD 为例说明 SPD 配合的原理。配电系统中两级 SPD 的两种配合方式介绍如下：

· 两个限压型 SPD 的配合；

· 开关型 SPD 和限压型 SPD 的配合。

①这两种配合共同的特点是：

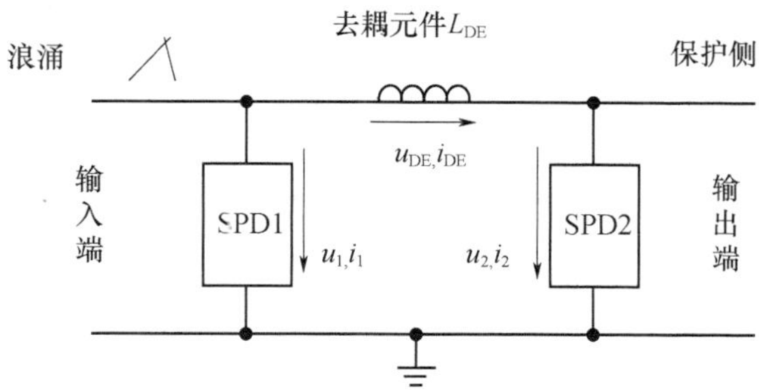

图 5-25　SPD 能量配合电路模型

前级 SPD1 的泄流能力应比后级 SPD2 的大得多，即通流量大得多(比如 SPD1 应泄去 80%以上的雷电流)。

去耦元件可采用集中元件，也可利用两级 SPD 之间连接导线的分布电感(该分布电感的值应足够大)。

最后一级 SPD 的限压应小于被保护设备的耐受电压。

②这两种配合不同的特点是：

两个限压型 SPD 的伏安特性都是连续的(例如 MOV 或抑制二极管)。当两个限压型 SPD 标称导通电压(U_n)相同且能量配合正确时，由于线路自身电感或串联去耦元件 L_{DE}的阻流作用，输入的浪涌上升达到 SPD1 启动电压并使之导通时，SPD2 不可能同时导通。只有当浪涌电压继续上升，流过 SPD1 的电流增大，使 SPD1 的残压上升，SPD2 两端电压随之上升达到 SPD2 的启动电压时，SPD2 才导通。只要通过各 SPD 的浪涌能量都不超过各自的耐受能力，就实现了能量配合。

开关型 SPD1 和限压型 SPD2 配合时，SPD1 的伏安特性不连续(例如火花间隙(SG)、气体放电管(GDT)、半导体闸流管、可控硅整流器和三端双向可控硅开关元件等)，后续 SPD2 的伏安特性连续。图 5-26 说明了这两种 SPD 能量配合的基本原则。当浪涌输入时，由于 SPD1(SG)的触发电压较高，SPD2 将首先达到启动电压而导通。随着浪涌电压继续上升，流过 SPD2 的电流增大，使 SPD2 的两端电压 u_2(残压)上升，当 SPD1 的两端电压 u_1(等于 SPD2 两端的残压 u_2 与去耦元件两端动态压 u_{DE}之和)超过 SG 的动态火花放电电压 u_{SPARK}，即 $u_1=u_2+u_{DE}\geq u_{SPARK}$时，SG 就会点火导通。只要通过 SPD2 的浪涌电流能量未超出其耐受能力之前，SG 触发导通，就实现了能量配合。这一切取决于 MOV 的特性和入侵的浪涌电流的陡度、幅度和去耦元件的大小。此外，这种配合还通过 SPD1 的开关特性缩短 10/350 μs 的初始冲击电流的半值时间，大大减小了后续 SPD 的负荷。值得注意的是，SPD1 点火导通之前，SPD2 将承受全部雷电流。

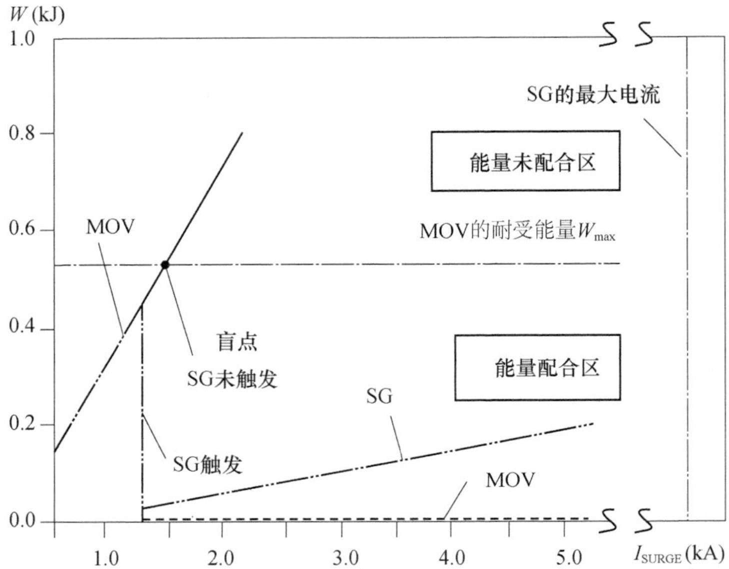

图 5-26　SG 和 MOV 的能量配合原理

d）去耦元件的选择

如果电源 SPD 系统采用线路的分布电感进行能量配合，其电感大小与线路布设和长度有关。线路单位长度分布电感可以用下述方法近似估算：两根导线（相线和地线）在同一个电缆中，电感为 0.5～1 μH/m（取决于导线的截面积）；两根分开的导线，应当假定单位长度导线有更大的电感值（取决于两根导线之间的距离），则去耦电感为单位长度分布电感与长度的积。因此，为了能量配合，必须有最小线路长度要求。如不满足要求须加去耦元件（电感或电阻）。

（4）信号线路浪涌保护器的选择应符合下列规定：

1）电子信息系统信号线路浪涌保护器应根据线路的工作频率、传输速率、传输带宽、工作电压、接口形式和特性阻抗等参数，选择插入损耗小、分布电容小、与纵向平衡、近端串扰指标适配的浪涌保护器。U_c 应大于线路上的最大工作电压 1.2 倍，U_p应低于被保护设备的耐冲击电压额定值 U_w。

2）电子信息系统信号线路浪涌保护器宜设置在雷电防护区界面处（图 5-27）。根据雷电过电压、过电流幅值和设备端口耐冲击电压额定值，可设单级浪涌保护器保护，也可设能量配合的多级浪涌保护器。

3)信号线路浪涌保护器的参数宜符合表 5-38 的规定。

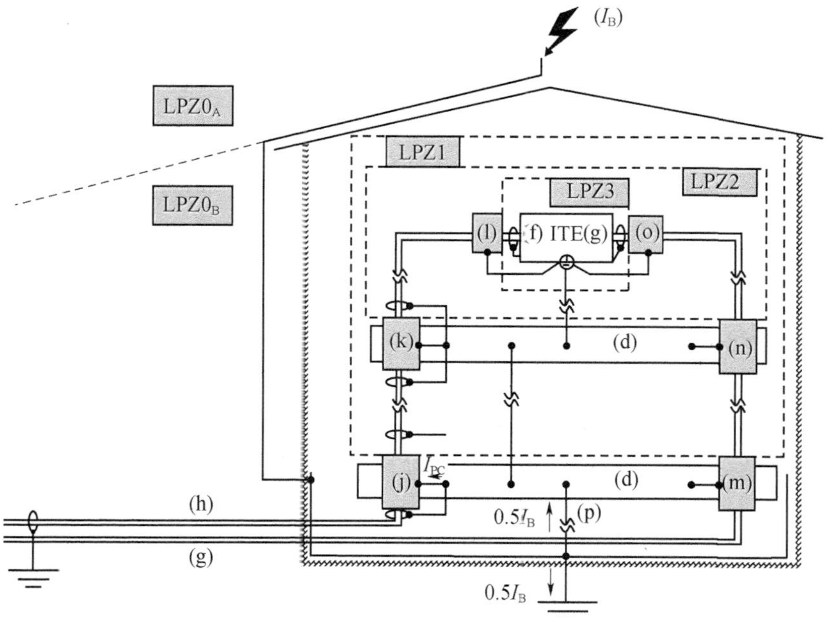

图 5-27　信号线路浪涌保护器的设置

(d)：雷电防护区边界的等电位连接端子板；(m，n，o)：符合Ⅰ、Ⅱ或Ⅱ类试验要求的电源浪涌保护器；(f)：信号接口；(p)：接地线；(g)：电源接口；LPZ：雷电防护区；(h)：信号线路或网络；Ipc：部分雷电流；(j，k，l)：不同雷电防护区边界的信号线路浪涌保护器；I_B：直击雷电流。

表 5-38　信号线路浪涌保护器的参数推荐值

雷电防护区		LPZ0/1	LPZ1/2	LPZ2/3
浪涌范围	10/350 μs	0.5～2.5 kA	—	—
	1.2/50 μs、8/20 μs	—	0.5～10 kV 0.25～5 kA	0.5～1 kV 0.25～0.5 kA
	10/700 μs、5/300 μs	4 kV 100 A	0.5～4 kV 25～100 A	—
对 SPD 的要求	SPD(j)	D_1、B_2	—	—
	SPD(k)	—	C_2、B_2	—
	SPD(l)	—	—	C_1

注：1. SPD(j，k，l)见图 5-27。

2. 浪涌范围为最小的耐受要求，可能设备本身具备 LPZ2/3 栏标注的耐受能力。

3. B_2、C_1、C_2、D_1 等是表 4-1c 规定的信号线路浪涌保护器冲击试验类型。

(5)天馈线路浪涌保护器的选择应符合下列规定：

1)天线应置于直击雷防护区($LPZ0_B$)内。

2)应根据被保护设备的工作频率、平均输出功率、连接器形式及特性阻抗等参数，选用插入损耗小、电压驻波比小、适配的天馈线路浪涌保护器。

3)天馈线路浪涌保护器应安装在收发通信设备的射频出、入端口处。其参数应符合表5-39规定。

表5-39　天馈线路浪涌保护器的主要技术参数推荐表

工作频率(MHz)	传输功率(W)	电压驻波比	插入损耗(dB)	接口方式	特性阻抗(Ω)	U_c(V)	I_{imp}(kA)	U_p(V)
1.5～6000.0	≥1.5倍系统平均功率	≤1.3	≤0.3	应满足系统接口要求	50/75	大于线路上最大运行电压	≥2 kA或按用户要求确定	小于设备端口U_ω

4)具有多副天线的天馈传输系统，每副天线应安装适配的天馈线路浪涌保护器。当天馈传输系统采用波导管传输时，波导管的金属外壁应与天线架、波导管支撑架及天线反射器电气连通，其接地端应就近接在等电位接地端子板上。

5)天馈线路浪涌保护器接地端，应采用能承载预期的雷电流的多股绝缘铜导线，连接到$LPZ0_A$或$LPZ0_B$与LPZ1边界处的等电位接地端子板上，导线截面积不小于6 mm^2。同轴电缆的前、后端及进机房前应将金属屏蔽层就近接地。

5. 电子信息系统的防雷与接地

(1)通信接入网和电话交换系统的防雷与接地应符合下列规定：

1)有线电话通信用户交换机设备金属芯信号线路，应根据总配线架所连接的中继线及用户线的接口形式选择适配的信号线路浪涌保护器。

2)浪涌保护器的接地端应与配线架接地端相连，配线架的接地线应采用截面积不小于16 mm^2的多股铜线接至等电位接地端子板上。

3)通信设备机柜、机房电源配电箱等的接地线应就近接至机房的局部等电位接地端子板上。

4)引入建筑物的室外铜缆宜穿钢管敷设，钢管两端应接地。

5)在总配线架信号线路输入端以及交换机(PABX)的信号线路输出端，分别安装信号线路SPD。

(2)信息网络系统的防雷与接地应符合下列规定：

1)进、出建筑物的传输线路上，在$LPZ0_A$或$LPZ0_B$与LPZ1的边界处应设置适配的信号线路浪涌保护器。被保护设备的端口处宜设置信号浪涌保护器。网络交换机、集线器、光电端机的配电箱内，应加装电源浪涌保护器。

2)入户处浪涌保护器的接地线应就近接至等电位接地端子板;设备处信号浪涌保护器的接地线宜采用截面积不小于 1.5 mm^2 的多股绝缘铜导线连接到机架或机房等电位连接网络上。计算机网络的安全保护接地、信号工作地、屏蔽接地、防静电接地和浪涌保护器的接地等均应与局部等电位连接网络连接。

3)适配是指安装浪涌保护器的性能参数,例如工作频率、工作电平、传输速率、特性阻抗、传输介质及接口形式等应符合传输线路的性质和要求。

(3)安全防范系统的防雷与接地应符合下列规定:

1)置于户外摄像机的输出视频接口应设置视频信号线路浪涌保护器。摄像机控制信号线接口处应设置信号线路浪涌保护器。解码箱处供电线路应设置电源线路浪涌保护器。

2)主控机、分控机的信号控制线、通信线、各监控器的报警信号线,宜在线路进出建筑物 $LPZ0_A$或 $LPZ0_B$与 LPZ1 边界处设置适配的线路浪涌保护器。

3)系统视频、控制信号线路及供电线路的浪涌保护器,应分别根据视频信号线路、解码控制信号线路及摄像机供电线路的性能参数来选择。信号浪涌保护器应满足设备传输速率、带宽要求,并与被保护设备接口兼容。

4)系统的户外供电线路、视频信号线路、控制信号线路应有金属屏蔽层并穿钢管埋地敷设,屏蔽层及钢管两端应接地。视频信号线屏蔽层应单端接地,钢管应两端接地。信号线与供电线路应分开敷设。监控系统的户外供电线路、视频信号线路、控制信号线路应有金属屏蔽层并穿钢管埋地敷设。因为户外架空线路难以做到防直接雷击和防御空间 LEMP 的侵害,从实际很多工程的案例来看,凡是采用架空线路,在雷雨季节都难逃系统受到损害。因此,在初建时应按本款规定采用屏蔽线缆并穿钢管埋地敷设。视频图像信号最好采用光纤线路传回信号,以免摄像机受损,这是防直接雷击和防 LEMP 的最佳方法。

5)系统的接地宜采用共用接地系统。主机房宜设置等电位连接网络,系统接地干线宜采用多股铜芯绝缘导线,其截面积应符合表 5-32 的规定。

(4)火灾自动报警及消防联动控制系统的防雷与接地应符合下列规定:

1)火灾报警控制系统的报警主机、联动控制盘、火警广播、对讲通信等系统的信号传输线缆宜在线路进出建筑物 $LPZ0_A$或 $LPZ0_B$与 LPZ1 边界处设置适配的信号线路浪涌保护器。

2)消防控制中心与本地区或城市"119"报警指挥中心之间联网的进出线路端口应装设适配的信号线路浪涌保护器。

3)消防控制室内所有的机架(壳)、金属线槽、安全保护接地、浪涌保护器接地端均应就近接至等电位连接网络。

4)区域报警控制器的金属机架(壳)、金属线槽(或钢管)、电气竖井内的接地干线、接线箱的保护接地端等，应就近接至等电位接地端子板。

5)火灾自动报警及联动控制系统的接地应采用共用接地系统。接地干线应采用铜芯绝缘线，并宜穿管敷设接至本楼层或就近的等电位接地端子板。

6)火灾自动报警及消防联动控制系统的信号电缆、电源线、控制线均应在设备侧装设适配的 SPD。

(5)建筑设备管理系统的防雷与接地应符合下列规定：

1)系统的各种线路在建筑物 $LPZ0_A$ 或 $LPZ0_B$ 与 LPZ1 边界处应安装适配的浪涌保护备。

2)系统中央控制室宜在机柜附近设等电位连接网络。室内所有设备金属机架(壳)、金属线槽、保护接地和浪涌保护器的接地端等均应做等电位连接并接地。

3)系统的接地应采用共用接地系统，其接地干线宜采用铜芯绝缘导线穿管敷设，并就近接至等电位接地端子板，其截面积应符合表 5-32 的规定。

(6)有线电视系统的防雷与接地应符合下列规定：

1)进、出有线电视系统前端机房的金属芯信号传输线宜在入、出口处安装适配的浪涌保护器。

2)有线电视网络前端机房内应设置局部等电位接地端子板，并采用截面积不小于 25 mm^2 的铜芯导线与楼层接地端子板相连。机房内电子设备的金属外壳、线缆金属屏蔽层、浪涌保护器的接地以及 PE 线都应接至局部等电位接地端子板上。

3)有线电视信号传输线路宜根据其干线放大器的工作频率范围、接口形式以及是否需要供电电源等要求，选用电压驻波比和插入损耗小的适配的浪涌保护器。地处多雷区、强雷区的用户端的终端放大器应设置浪涌保护器。

4)有线电视信号传输网络的光缆、同轴电缆的承重钢绞线在建筑物入户处应进行等电位连接并接地。光缆内的金属加强芯及金属护层均应良好接地。

5)有线电视系统室外的 SPD 应采用截面积不小于 16 mm^2 的多股铜线接地。信号电缆吊线的钢绞绳分段敷设时，在分段处将前、后段连接起来，接头处应作防腐处理，吊线钢绞绳两端均应接地。

(7)移动通信基站的防雷与接地应符合下列规定：

1)移动通信基站的雷电防护宜进行雷电风险评估后采取防护措施。

2)基站的天线必须设置于直击雷防护区($LPZ0_B$)内。

3)基站天馈线应从铁塔中心部位引下，同轴电缆在其上部、下部和经走线桥架进入机房前，屏蔽层应就近接地。当铁塔高度大于或等于 60 m 时，同轴电缆金属屏蔽层还应在铁塔中间部位增加一处接地。

4)机房天馈线入户处应设室外接地端子板作为馈线和走线桥架入户处的接地点，室外接地端子板应直接与地网连接。馈线入户下端接地点不应接在室内设备接地端子板上，亦不应接在铁塔一角上或接闪带上，见图 5-28。

5）当采用光缆传输信号时，光缆的所有金属接头、金属护层、金属挡潮层、金属加强芯等，应在进入建筑物处直接接地，见图 5-28。

6）移动基站的地网应由机房地网、铁塔地网和变压器地网相互连接组成。机房地网由机房建筑基础和周围环形接地体组成，环形接地体应与机房建筑物四角主钢筋焊接连通，（图 5-28）。

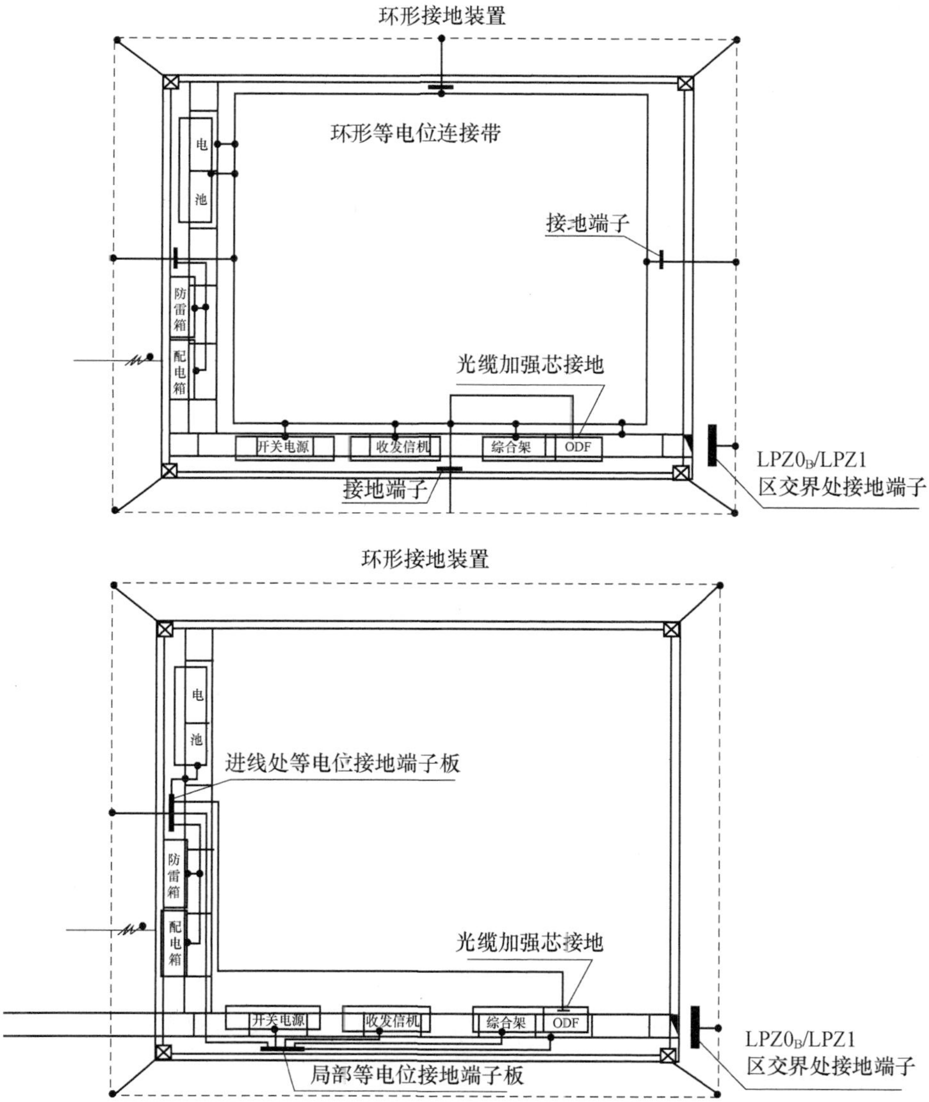

图 5-28　移动通信基站的接地

(8)卫星通信地面站防雷与接地应符合下列规定：

1)在卫星通信地面站的接地装置设计中，应将卫星天线基础接地体、电力变压器接地装置及站内各建筑物接地装置互相连通组成共用接地装置。

2)设备通信和信号端口应设置浪涌保护器保护，并采用等电位连接和电磁屏蔽措施，必要时可改用光纤连接。站外引入的信号电缆屏蔽层在入户处应接地。

3)卫星天线的波导管应在天线架和机房入口外侧接地。

4)卫星天线伺服控制系统的控制线及电源线，应采用屏蔽电缆，屏蔽层应在天线处和机房入口外接地，并应设置适配的浪涌保护器保护。

5)卫星通信天线应设置防直击雷的接闪装置，使天线处于 $LPZ0_B$ 防护区内。

6)当卫星通信地面站具有双向(收/发)通信功能且天线架设在高层建筑物的屋面时，天线架应通过专引接地线(截面积大于或等于 25 mm^2 铜导线)与卫星通信机房等电位接地端子板连接，不应与接闪器直接连接。

5.2.4 防雷施工

1. 一般规定

(1)建筑物电子信息系统防雷工程施工应按本书的规定和已批准的设计施工文件进行。

(2)建筑物电子信息系统防雷工程中采用的器材应符合国家现行有关标准的规定，并应有合格证书。

(3)防雷工程施工人员应持证上岗。

(4)测试仪表、量具应鉴定合格，并在有效期内使用。

2. 接地装置

(1)人工接地体宜在建筑物四周散水坡外大于 1 m 处埋设，在土壤中的埋设深度不应小于 0.5 m。冻土地带人工接地体应埋设在冻土层以下。水平接地体应挖沟埋设，钢质垂直接地体宜直接打入地沟内，其间距不宜小于其长度的 2 倍并均匀布置。铜质材料、石墨或其他非金属导电材料接地体宜挖坑埋设或参照生产厂家的安装要求埋设。

(2)垂直接地体坑内、水平接地体沟内宜用低电阻率土壤回填并分层夯实。

(3)接地装置宜采用热镀锌钢质材料。在高土壤电阻率地区，宜采用换土法、长效降阻剂法或其他新技术、新材料以降低接地装置的接地电阻。

(4)钢质接地体应采用焊接连接。其搭接长度应符合下列规定：

1)扁钢与扁钢(角钢)搭接长度为扁钢宽度的 2 倍，不少于三面施焊。

2)圆钢与圆钢搭接长度为圆钢直径的 6 倍，双面施焊。

3)圆钢与扁钢搭接长度为圆钢直径的 6 倍，双面施焊。

4)扁钢和圆钢与钢管、角钢互相焊接时，除应在接触部位双面施焊外，还应增加圆钢搭接件；圆钢搭接件在水平、垂直方向的焊接长度各为圆钢直径的 6 倍，双面施焊。

5)焊接部位应除去焊渣后作防腐处理。

(5)铜质接地装置应采用焊接或热熔焊，钢质和铜质接地装置之间连接应采用放热熔焊，连接部位应做防腐处理。

(6)接地装置连接应可靠，连接处不应松动、脱焊、接触不良。

(7)接地装置施工结束后，接地电阻值必须符合设计要求，隐蔽工程部分应有随工检查验收合格的文字记录档案。

3. 接地线

(1)接地装置应在不同位置至少引出两根连接导体与室内总等电位接地端子板相连接。接地引出线与接地装置连接处应焊接或热熔接，连接点应有防腐措施。

(2)接地装置与室内总等电位接地端子板的连接导体截面积，铜质接地线不应小于 50 mm^2，当采用扁铜时，厚度不应小于 2 mm；钢质接地线不应小于 100 mm^2，当采用扁钢时，厚度不小于 4 mm。

(3)等电位接地端子板之间应采用截面积符合表 5-32 要求的多股铜芯导线连接，等电位接地端子板与连接导线之间宜采用螺栓连接或压接。当有抗电磁干扰要求时，连接导线宜穿钢管敷设。

(4)接地线采用螺栓连接时，应连接可靠，连接处应有防松动和防腐蚀措施。接地线穿过有机械应力的地方时，应采取防机械损伤措施。

(5)接地线与金属管道等自然接地体的连接应根据其工艺特点采用可靠的电气连接方法。

4. 等电位接地端子板(等电位连接带)

(1)在雷电防护区的界面处应安装等电位接地端子板，材料规格应符合设计要求，并应与接地装置连接。

(2)钢筋混凝土建筑物宜在电子信息系统机房内预埋与房屋内墙结构柱主钢筋相连的等电位接地端子板，并宜符合下列规定：

1)机房采用 S 型等电位连接时，宜使用不小于 25 mm×3 mm 的铜排作为单点连接的等电位接地基准点。

2)机房采用 M 型等电位连接时，宜使用截面积不小于 25 mm^2 的铜带或多股铜芯导线在防静电活动地板下做成等电位接地网格。

3)砖木结构建筑物宜在其四周埋设环形接地装置。电子信息设备机房宜采用截面积不小于 50 mm^2 铜带安装局部等电位连接带，并采用截面积不小于 25 mm^2 的绝缘铜芯导线穿钢管与环形接地装置相连。

(3)等电位连接网格的连接宜采用熔接或压接。连接导体与等电位接地端子板之间应采用螺栓连接,连接处应进行热搪锡处理。

(4)等电位连接导线应使用具有黄绿相间色标的铜质绝缘导线。

(5)对于暗敷的等电位连接线及其连接处,应做隐蔽工程记录,并在竣工图上注明其实际部位、走向。

(6)等电位连接带表面应无毛刺、明显伤痕、残余焊渣,安装平整、连接牢固,绝缘导线的绝缘层无老化龟裂现象。

5. 浪涌保护器

(1)电源线路浪涌保护器的安装应符合下列规定:

1)电源线路的各级浪涌保护器应分别安装在线路进入建筑物的入口、雷电防护区的界面和靠近被保护设备处。各级浪涌保护器连接导线应短直,其长度不宜超过0.5 m,并固定牢靠。浪涌保护器各接线端应在本级开关、熔断器的下桩头分别与配电箱内线路的同名端相线连接,浪涌保护器的接地端应以最短距离与所处雷电防护区的等电位接地端子板连接。配电箱的保护接地线(PE)应与等电位接地端子板直接连接。

2)带有接线端子的电源线路浪涌保护器应采用压接;带有接线柱的浪涌保护器宜采用接线端子与接线柱连接。

3)浪涌保护器的连接导线最小截面积宜符合表5-40的规定。

表 5-40 浪涌保护器连接导线最小截面积

SPD 级数	SPD 的类型	导线截面积(mm^2)	
		SPD 连接相线铜导线	SPD 接地端连接铜导线
第一级	开关型或限压型	6.0	10.0
第二级	限压型	4.0	6.0
第三级	限压型	2.5	4.0
第四级	限压型	2.5	4.0

注:组合型 SPD 参照相应级数的截面积选择。

(2)天馈线路浪涌保护器的安装应符合下列规定:

1)天馈线路浪涌保护器应安装在天馈线与被保护设备之间,宜安装在机房内设备附近或机架上,也可以直接安装在设备射频端口上。

2)天馈线路浪涌保护器的接地端应采用截面积不小于6 mm^2 的铜芯导线就近连接到 $LPZ0_A$ 或 $LPZ0_B$ 与 LPZ1 交界处的等电位接地端子板上,接地线应短直。

(3)信号线路浪涌保护器的安装应符合下列规定:

1)信号线路浪涌保护器应连接在被保护设备的信号端口上。浪涌保护器可以安装在机柜内,也可以固定在设备机架或附近的支撑物上。

2)信号线路浪涌保护器接地端宜采用截面积不小于 1.5 mm^2 的铜芯导线与设备机房等电位连接网络连接，接地线应短直。

6. 线缆敷设

(1)接地线在穿越墙壁、楼板和地坪处宜套钢管或其他非金属的保护套管，钢管应与接地线做电气连通。

(2)线槽或线架上的线缆，其绑扎间距应均匀合理。绑扎线扣应整齐，松紧适宜，绑扎线头宜隐藏不外露。

(3)接地线、浪涌保护器连接线的敷设宜短直、整齐。

(4)接地线、浪涌保护器连接线转弯时弯角应大于 90°，弯曲半径应大于导线直径的 10 倍。

5.2.5　检测与验收

1. 检测

(1)防雷装置检测应按现行有关标准执行。

(2)检测仪表、量具应鉴定合格，并在有效期内使用。

2. 验收项目

(1)接地装置验收应包括下列项目：

1)接地装置的结构和安装位置；

2)接地体的埋设间距、深度、安装方法；

3)接地装置的接地电阻；

4)接地装置的材质、连接方法、防腐处理；

5)随工检测及隐蔽工程记录。

(2)接地线验收应包括下列项目：

1)接地装置与总等电位接地端子板连接导体规格和连接方法；

2)接地干线的规格、敷设方式、与楼层等电位接地端子板的连接方法；

3)楼层等电位接地端子板与机房局部等电位接地端子板连线的规格、敷设方式、连接方法；

4)接地线与接地体、金属管道之间的连接方法；

5)接地线在穿越墙体、伸缩缝、楼板和地坪时加装的保护管是否满足设计要求。

(3)等电位接地端子板(等电位连接带)验收应包括下列项目：

1)等电位接地端子板(等电位连接带)的安装位置、材料规格和连接方法；

2)等电位连接网络的安装位置、材料规格和连接方法；

3)电子信息系统的外露导电物体、各种线路、金属管道以及信息设备等电位连接的材料规格和连接方法。

(4)屏蔽设施验收应包括下列项目：

1)电子信息系统机房和设备屏蔽设施的安装方法；

2)进出建筑物线缆的路由布置、屏蔽方式；

3)进出建筑物线缆屏蔽设施的等电位连接。

(5)浪涌保护器验收应包括下列项目：

1)浪涌保护器的安装位置、连接方法、工作状态指示；

2)浪涌保护器连接导线的长度、截面积；

3)电源线路各级浪涌保护器的参数选择及能量配合。

(6)线缆敷设验收应包括下列项目：

1)电源线缆、信号线缆的敷设路由；

2)电源线缆、信号线缆的敷设间距；

3)电子信息系统线缆与电气设备的间距。

3. 竣工验收

(1)防雷工程竣工后，应由相关单位代表进行验收。

(2)防雷工程竣工验收时，凡经随工检测验收合格的项目，不再重复检验。如果验收组认为有必要时，可进行复检。

(3)检验不合格的项目不得交付使用。

(4)防雷工程竣工后，应由施工单位提出竣工验收报告，并由工程监理单位对施工安装质量作出评价。竣工验收报告宜包括以下内容：

1)项目概述；

2)施工与安装；

3)防雷装置的性能、被保护对象及范围；

4)接地装置的形式和敷设；

5)防雷装置的防腐蚀措施；

6)接地电阻以及有关参数的测试数据和测试仪器；

7)等电位连接带及屏蔽设施；

8)其他应予说明的事项；

9)结论和评价。

(5)防雷工程竣工，应由施工单位提供下列技术文件和资料：

1)竣工图。

a)防雷装置安装竣工图；

b)接地线敷设竣工图；

c)接地装置安装竣工图；

d)等电位连接带安装竣工图；

e)屏蔽设施安装竣工图。

2)被保护设备一览表。

3)变更设计的说明书或施工洽谈单。

4)安装工程记录(包括隐蔽工程记录)。

5)重要会议及相关事宜记录。

5.2.6 维护与管理

1. 维护

(1)防雷装置的维护分为定期维护和日常维护两类。

(2)每年在雷雨季节到来之前,应进行一次定期全面检测维护。

(3)日常维护应在每次雷击之后进行。在雷电活动强烈的地区,对防雷装置应随时进行目测检查。

(4)检测外部防雷装置的电气连续性。若发现有脱焊、松动和锈蚀等,应进行相应的处理,特别是在断接卡或接地测试点处,应经常进行电气连续性测量。

(5)检查接闪器、杆塔和引下线的腐蚀情况及机械损伤,包括由雷击放电所造成的损伤情况。若有损伤,应及时修复;当锈蚀部位超过截面的三分之一时应更换。

(6)测试接地装置的接地电阻值。若测试值大于规定值,应检查接地装置和土壤条件,找出变化原因,采取有效的整改措施。

(7)检测内部防雷装置和设备金属外壳、机架等电位连接的电气连续性。若发现连接处松动或断路,应及时更换或修复。

(8)检查各类浪涌保护器的运行情况:有无接触不良,漏电流是否过大,发热、绝缘是否良好,积尘是否过多等。出现故障应及时排除或更换。

2. 管理

(1)防雷装置应由熟悉雷电防护技术的专职或兼职人员负责维护管理。

(2)防雷装置投入使用后,应建立管理制度。对防雷装置的设计、安装、隐蔽工程图纸资料、年检测试记录等,均应及时归档,妥善保管。

(3)雷击事故发生后,应及时调查雷害损失,分析致害原因,提出改进措施,并上报主管部门。

5.3 建筑物防雷装置检测技术规范

5.3.1 检测分类及项目

检测分为首次检测和定期检测。首次检测分为新建、改建、扩建建筑物防雷装置施工过程中的检测和投入使用后建筑物防雷装置的第一次检测。定期检测是按规定周期进行的检测。

新建、改建、扩建建筑物防雷装置施工过程中的检测，应对其结构、布置、形状、材料规格、尺寸、连接方法和电气性能进行分阶段检测。投入使用后建筑物防雷装置的第一次检测应按设计文件要求进行检测。

检测项目如下：

建筑物的防雷分类；

接闪器；

引下线；

接地装置；

雷电防护区的划分；

雷击电磁脉冲屏蔽；

等电位连接；

电涌保护器(SPD)。

5.3.2　检测要求和方法

1. 建筑物的防雷分类

建筑物应根据建筑物重要性、使用性质、发生雷电事故的可能性和后果，按防雷要求分为三类。

2. 接闪器

接闪器的布置，应符合表 5-41 的规定。布置接闪器时，可单独或任意组合采用接闪杆、接闪带、接闪网。

表 5-41　各类防雷建筑物接闪器的布置要求

建筑物防雷类别	滚球半径(m)	接闪网网格尺寸(m×m)
第一类防雷建筑物	30	≤5×5 或≤6×4
第二类防雷建筑物	45	≤10×10 或≤12×8
第三类防雷建筑物	60	≤20×20 或≤24×16

检查接闪器与建筑物顶部外露的其他金属物的电气连接、与引下线的电气连接，屋面设施的等电位连接。检查接闪器的位置是否正确，焊接固定的焊缝是否饱满无遗漏，螺栓固定的应备帽等防松零件是否齐全，焊接部分补刷的防腐油漆是否完整，接闪器截面是否锈蚀 1/3 以上。检查接闪带是否平正顺直，固定支架间距是否均匀，固定可靠，接闪带固定支架间距和高度是否符合要求。检查每个支持件能否承受 49 N 的垂直拉

力。首次检测时，应检查接闪网的网格尺寸是否符合表 5-41 的要求。

首次检测时，应用经纬仪或测高仪和卷尺测量接闪器的高度、长度，建筑物的长、宽、高，并根据建筑物防雷类别用滚球法计算其保护范围。检查接闪器上有无附着的其他电气线路。当低层或多层建筑物利用女儿墙内、防水层内或保温层内的钢筋作暗敷接闪器时，要对该建筑物周围的环境进行检查，防止可能发生的混凝土碎块坠落等事故隐患。除低层和多层建筑物外，其他建筑物不应利用女儿墙内钢筋作为暗敷接闪器。

接闪带在转角处应按建筑造型弯曲，其夹角应大于 90°，弯曲半径不宜小于圆钢直径的 10 倍、扁钢宽度的 6 倍。接闪带通过建筑物伸缩沉降缝处，应将接闪带向侧面弯成半径为 100 mm 弧形。

当树木在第一类防雷建筑物接闪器保护范围外时，应检查第一类防雷建筑物与树木之间的净距，其净距应大于 5 m。

3. 引下线

引下线的布置一般采用明敷、暗敷或利用建筑物内主钢筋或其他金属构件敷设。专设引下线可沿建筑物最易受雷击的屋角外墙明敷，建筑艺术要求较高者可暗敷。建筑物的消防梯、钢柱等金属构件宜作为引下线的一部分，其各部件之间均应连成电气通路。例如，采用铜锌合金焊、熔焊、螺钉或螺栓连接(各金属构件可被覆有绝缘材料)。

各类防雷建筑物专设引下线平均间距应符合表 5-42 的规定。

表 5-42　各类防雷建筑物专设引下线的平均间距

建筑物防雷类别	间距(m)
第一类防雷建筑物	≤12
第二类防雷建筑物	≤18
第三类防雷建筑物	≤25

第一类防雷建筑物的独立接闪杆的杆塔、架空接闪线的端部和架空接闪网的各支柱处应至少设一根引下线。对于用金属制成或有焊接、绑扎连接钢筋网的杆塔、支柱，宜利用其作为引下线。

第一类防雷建筑物防闪电感应时，金属屋面周边每隔 18～24 m，应采用引下线接地一次。现场浇制的或由预制构架组成的钢筋混凝土屋面，其钢筋宜绑扎或焊接成闭合回路，并应每隔 18～24 m 采用引下线接地一次。

第二类防雷建筑物的专设引下线不应少于两根，并应沿建筑物四周和内庭院四周均匀对称布置，其间距沿周长计算不应大于 18 m。当建筑物的跨度较大，无法在跨距中间设引下线时，应在跨距两端设引下线并减小其他引下线的间距，专设引下线的平均间距不应大于 18 m。当仅利用建筑物四周的钢柱或柱内钢筋作为引下线时，可按跨度设引下线。

第三类防雷建筑物的专设引下线不应少于两根，并应沿建筑物四周和内庭院四周均匀对称布置，其间距沿周长计算不应大于 25 m。当建筑物的跨度较大，无法在跨距中间设引下线时，应在跨距两端设引下线并减小其他引下线的间距，专设引下线的平均间距不应大于 25 m。当仅利用建筑物四周的钢柱或柱内钢筋作为引下线时，可按跨度设引下线。

明敷引下线与电气和电子线路敷设的最小距离，平行敷设时不宜小于 1.0 m，交叉敷设时宜不小于 0.3 m。

引下线与易燃材料的墙壁或墙体保温层间距应大于 0.1 m。当小于 0.1 m 时，引下线的横截面应不小于 100 mm^2。

首次检测时，应检查引下线隐蔽工程记录。检查专设引下线位置是否准确，焊接固定的焊缝是否饱满无遗漏，焊接部分补刷的防锈漆是否完整，专设引下线截面是否腐蚀 1/3 以上。检查明敷引下线是否平正顺直、无急弯，卡钉是否分段固定。引下线固定支架间距均匀，是否符合水平或垂直直线部分 0.5～1.0 m，弯曲部分 0.3～0.5 m 的要求，每个固定支架应能承受 49 N 的垂直拉力。检查专设引下线、接闪器和接地装置的焊接处是否锈蚀，油漆是否有遗漏及近地面的保护设施。

首次检测时，应用卷尺测量每相邻两根专设引下线之间的距离，记录专设引下线布置的总根数，每根专设引下线为一个检测点，按顺序编号检测。

首次检测时，应用游标卡尺测量每根专设引下线的规格尺寸。检测每根专设引下线与接闪器的电气连接性能，其过渡电阻不应大于 0.2 Ω。

测量接地电阻时，每年至少应断开断接卡一次。专设引下线与环形接地体相连，测量接地电阻时，可不断开断接卡。采用仪器测量专设引下线接地端与接地体的电气连接性能，其过渡电阻应不大于 0.2 Ω。

4. 接地装置

除第一类防雷建筑物独立接闪杆和架空接闪线(网)的接地装置有独立接地要求外，其他建筑物应利用建筑物内的金属支撑物、金属框架或钢筋混凝土的钢筋等自然构件、金属管道、低压配电系统的保护线(PE)等与外部防雷装置连接构成共用接地系统。当互相邻近的建筑物之间有电力和通信电缆连通时，宜将其接地装置互相连接。

第一类防雷建筑物的独立接闪杆和架空接闪线(网)的支柱及其接地装置至被保护物及与其有联系的管道、电缆等金属物之间的间隔距离应符合规定。各类防雷建筑物接地装置的接地电阻(或冲击接地电阻)值应符合要求。其他行业有关标准规定的设计要求值见表 5-43。

表 5-43 接地电阻(或冲击接地电阻)允许值

接地装置的主体	允许值(Ω)	接地装置的主体	允许值(Ω)
汽车加油、加气站	≤10	天气雷达站	≤4
电子信息系统机房	≤4	配电电气装置(A类)或配电变压器(B类)	≤4
卫星地面站	≤5	移动基(局)站	≤10

注:1. 加油加气站防雷接地、防静电接地、电气设备的工作接地、保护接地及信息系统的接地当采用共用接地装置时,其接地电阻不应大于 4 Ω。

2. 电子信息系统机房宜将交流工作接地(要求≤4 Ω)、交流保护接地(要求≤4 Ω)、直流工作接地(按计算机系统具体要求确定接地电阻值)、防雷接地共用一组接地装置,其接地电阻按其中最小值确定。

3. 雷达站共用接地装置在土壤电阻率小于 100 Ω·m 时,宜≤1 Ω;土壤电阻率为 100~300 Ω·m 时,宜≤2 Ω;土壤电阻率为 30~1000 Ω·m 时,宜≤4 Ω;当土壤电阻率>1000 Ω·m 时,可适当放宽要求。

人工接地体的材料、埋设深度、间距和土壤电阻率的测量等要求应符合规定。第一、二、三类防雷建筑物的接地装置在一定的土壤电阻率条件下,其地网等效半径大于规定值时,可不增设人工接地体,此时可不计及冲击接地电阻值。

首次检测时,应查看隐蔽工程记录;检查接地装置的结构型式和安装位置;校核每根专设引下线接地体的接地有效面积;检查接地体的埋设间距、深度、安装方法;检查接地装置的材质、连接方法、防腐处理。

检查接地装置的填土有无沉陷情况。检查有无因挖土方、敷设管线或种植树木而挖断接地装置。首次检测时,应检查相邻接地体在未进行等电位连接时的地中距离。检查独立接闪杆的杆塔、架空接闪线(网)的支柱及其接地装置与被保护建筑物及相关有联系的管道、电缆等金属物之间的间隔距离是否符合规定。检查防跨步电压措施是否符合规定。用毫欧表测量两相邻接地装置的电气贯通情况,判定两相邻接地装置是否达到规定的共用接地系统要求或规定的独立接地要求。检测时应使用最小电流为 0.2 A 的毫欧表对两相邻接地装置进行测量,如测得阻值不大于 1 Ω,判定为电气贯通;如测得阻值大于 1 Ω,判定各自为独立接地。

接地装置的工频接地电阻值测量常用三极法和接地电阻表法,其测得的值为工频接地电阻值。当需要冲击接地电阻值时,应进行换算或使用专用仪器测量。测量大型接地地网(如变电站、发电厂的接地地网)时,应选用大电流接地电阻测试仪。使用接地电阻表(仪)进行接地电阻值测量时,应按选用仪器的要求进行操作。

接地装置冲击接地电阻与工频接地电阻的换算见 4.1.3 节。

(1)三极法测量接地电阻值

三极法的三极是指图 5-29 上的被测接地装置 G,测量用的电压极 P 和电流极 C。三极(G、P、C)应布置在一条直线上且垂直于地网。测量用的电流极 C 和电压极 P 离被测接地装置 G 边缘的距离为 $d_{GC}=(4\sim5)D$ 和 $d_{GP}=(0.5\sim0.6)d_{GC}$,$D$ 为被测接地装置的最大对角线长度，点 P 可以认为是处在实际的零电位区内。为了较准确地找到实际零电位区时，可把电压极沿测量用电流极与被测接地装置之间连接线方向移动三次，每次移动的距离约为 d_{GC} 的 5%，测量电压极 P 与接地装置 G 之间的电压。如果电压表的三次指示值之间的相对误差不超过 5%，则可以把中间位置作为测量用电压极的位置。把电压表和电流表的指示值 U_G 和 I 代入式 $R_G=\frac{U_G}{I}$ 中去，得到被测接地装置的工频接地电阻 R_G。

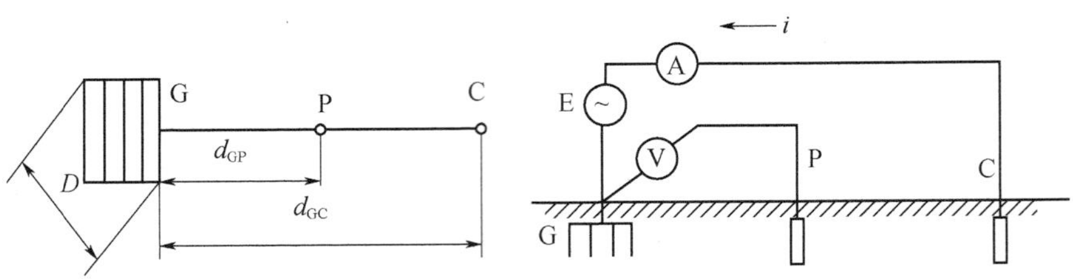

(a)电极布置图　　(b)原理接线图

图 5-29　三极法的接线原理图

G：被测接地装置；P：测量用的电压极；C：测量用的电流极；E：测量用的工频电源；A：交流电流表；V：交流电压表；D：被测接地装置的最大对角线长度。

当被测接地装置的面积较大而土壤电阻率不均匀时，为了得到较可信的测试结果，宜将电流极离被测接地装置的距离增大，同时电压极离被测接地装置的距离也相应地增大。测量工频接地电阻时，如 d_{GC} 取(4～5)D 值有困难，当接地装置周围的土壤电阻率较均匀时，d_{GC} 可以取 $2D$ 值，而 d_{GP} 取 D 值；当接地装置周围的土壤电阻率不均匀时，d_{GC} 可以取 $3D$ 值，d_{GP} 值取 $1.7D$ 值。测量大型接地地网(如变电站、发电厂的接地地网)时，应选用大电流接地电阻测试仪。使用接地电阻表(仪)进行接地电阻值测量时，宜按选用仪器的要求进行操作。

(2)检测中常见问题处理

1)当引下线暗敷且未设断接卡而与接地装置直接连接时，可在引下线与接地装置不断开的情况下对防雷装置电气通路和工频接地电阻值进行检测。其检测方法是：当被测建筑物是用多根暗敷引下线接至接地装置时，应根据建筑物防雷类别所规定的引下线间距(一类 12 m、二类 18 m、三类 25 m)在建筑物顶面敷设的接闪带上选择检测点，每一检测点作为待测接地极 G′，由 G′将连接导线引至接地电阻仪，然后按仪器说明书的使用方法测试。

2)当接地极 G′和电流极 C 之间的距离大于 40 m 时，电位极 P 的位置可插在 G′、C 连线中间附近，其距离误差允许范围为 10 m，此时仅考虑仪表的灵敏度。当 G′和 C 之间的距离小于 40 m 时，则应将电位极 P 插于 G′与 C 的中间位置。

3)三极(G、P、C)应在一条直线上且垂直于地网,应避免平行布置。

4)在测量过程中,由于杂散电流、工频漏流、高频干扰等因素,使接地电阻表出现读数不稳定时,可将 G 极连线改成屏蔽线(屏蔽层下端应单独接地),或选用能够改变测试频率、采用具有选频放大器或窄带滤波器的接地电阻表检测,以提高其抗干扰的能力。

5)当地网带电影响检测时,应查明地网带电原因,在解决带电问题之后测量,或改变检测位置进行测量。

6)G 极连接线长度宜小于 5 m。当需要加长时,应将实测接地电阻值减去加长线阻值后填入表格;也可采用四极接地电阻测试仪进行检测。加长线线阻应用接地电表二极法测量。

7)造成接地电阻测量不准确的原因:

a)地网周围土壤构成不一致,结构不紧密,干湿程度不同,具有分散性。地表面有杂散电流,架空地线、地下水管、电缆外皮等对测试影响特别大。解决的方法是取不同的点进行测试,取平均值。从理论上讲,搞清土壤结构是准确测量接地电阻的前提。

b)测试线方向不对,距离不够长。解决的方法是找准测试方向和距离。

c)辅助接地极电阻过大。解决的方法是在地桩处泼水或使用降阻剂降低电流极的接触电阻。

d)测试夹与电极间的接触电阻过大。

e)干扰影响。解决的方法是调整放线,尽量避开干扰大的方向。

f)若背靠高山,面对河流,应沿土壤分界面方向上测量。

8)首次检测时,在测试接地电阻值符合设计要求的情况下,可通过查阅防雷装置工程竣工图纸、施工安装技术记录等资料,将接地装置的形式、包围的面积、接地体金属表面积、材料、规格、焊接、埋设深度、位置等资料填入防雷装置原始记录表。

(3)土壤电阻率的测量

测量目的:为解决本书中涉及土壤电阻率 ρ 的相关规定和计算公式中的要求。

土壤电阻率是土壤的一种基本物理特性,是土壤在单位体积内的正方体相对两面间,在一定电场作用下,对电流的导电性能。一般取每边长为 10 mm 的正方体的电阻值为该土壤电阻率 ρ,单位为 $\Omega \cdot m$。

土壤电阻率的影响因子有:土壤的类型、含水量、含盐量、温度和紧密程度等化学和物理性质。同时土壤电阻率随深度变化较横向变化要大很多。因此,对测量数据的分析应进行相关的校正。本书只对接地装置所在的上层(数米以内)土壤层进行测量,不考虑土壤电阻率的深层变化。

在进行土壤电阻率测量之前,宜先了解土壤的地质期和地质构造,并参见表 5-44,对所在地土壤电阻率进行估算。

表 5-44　地质期和地质构造与土壤电阻率

<table>
<tr><th>土壤电阻率(Ω·m)</th><th>第四纪</th><th>白垩纪
第三纪
第四纪</th><th>石炭纪
三叠纪</th><th>寒武纪
奥陶纪
泥盆纪</th><th>寒武纪前
和寒武纪</th></tr>
<tr><td>1(海水)</td><td rowspan="7"></td><td></td><td rowspan="3"></td><td rowspan="5"></td><td rowspan="6"></td></tr>
<tr><td>10(特低)</td><td rowspan="3">砂质黏土
黏土
白垩</td></tr>
<tr><td>30(甚低)</td></tr>
<tr><td>100(低)</td><td rowspan="4">白垩
暗色岩
辉绿岩
页岩
石灰石
砂岩</td></tr>
<tr><td>300(中)</td><td rowspan="4"></td></tr>
<tr><td>1000(高)</td><td rowspan="2">石灰石
页岩
砂岩
大理石</td></tr>
<tr><td>3000(甚高)</td><td rowspan="2">砂岩
石英岩
板石岩
花岗岩
片麻岩</td></tr>
<tr><td>10000(特高)</td><td>表层为砂砾和石子的土壤</td><td></td><td></td></tr>
</table>

土壤电阻率的测量方法有:土壤试样法、三点法(深度变化法)、两点法(西坡土壤电阻率测定法)、四点法等。这里主要介绍四点法。在采用四点法测量土壤电阻率时,应注意如下事项:〈1〉试验电极应选用钢接地棒,且不应使用螺纹杆。在多岩石的土壤地带,宜将接地棒按与铅垂方向成一定角度斜行打入,倾斜的接地棒应躲开石头的顶部。〈2〉试验引线应选用挠性引线,以适用多次卷绕。在确定引线的长度时,要考虑到现场的温度。引线的绝缘层应不因低温而冻硬或皲裂。引线的阻抗应较低。〈3〉对于一般的土壤,因需把钢接地棒打入较深的土壤,宜选用质量为 2～4 kg 的手锤。〈4〉为避免地下埋设的金属物对测量造成的干扰,在了解地下金属物位置的情况下,可将接地棒排列方向与地下金属物(管道)走向呈垂直状态。〈5〉在测量变电站和避雷器接地极时,应使用绝缘鞋、绝缘手套、绝缘垫及其他防护手段。要采取措施使避雷器放电电流减至最小,才可测试其接地极。〈6〉不要在雨后土壤较湿时进行测量。

1)等距法或文纳法

将小电极埋入被测土壤呈一字排列的四个小洞中,埋入深度均为 b,直线间隔均为 a。测试电流 I 流入外侧两电极,而内侧两电极间的电位差 V 可用电位差计或高阻电压表测量,如图 5-30 所示。设 a 为两邻近电极间距,则电阻率 ρ 按式(5-67)计算:

$$V=V_1-V_2=\frac{IP}{2\pi}\left(\frac{1}{a}-\frac{1}{2a}\right)-\frac{IP}{2\pi}\left(\frac{1}{2a}-\frac{1}{a}\right)=\frac{IP}{2\pi a} \tag{5-67}$$

式中:ρ 是土壤电阻率(Ω·m);R 是所测电阻(Ω);a 是电极间距(m);V 是电压表所测电压(V);V 是电压表左测电压(V);V_2 是电压表右侧电压(V);I 是电流表所测电流(A)。

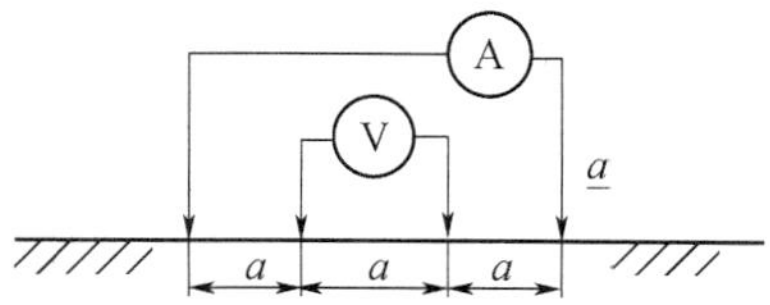

图5-30 电极均匀布置

当测试电极入地深度 b 不超过 $0.1a$，可假定 b 等于0，则计算公式可简化为式(5-68)：

$$\rho=2\pi a\frac{V}{I}=2\pi aR \tag{5-68}$$

2)非等距法或施伦贝格—巴莫法

主要用于当电极间距增大到40 m以上，采用非等距法，其布置方式见图5-31。此时电位极布置在相应的电流极附近，如此可升高所测的电位差值。

这种布置，当电极的埋地深度 b 与其距离 d 和 c 相比较甚小时，则所测得电阻率可按式(5-69)计算：

$$\rho=\pi c(c+d)R/d \tag{5-69}$$

式中：ρ 是土壤电阻率(Ω·m)；c 是电流极与电位极间距(m)；R 是所测电阻(Ω)；d 是电位极距(m)。

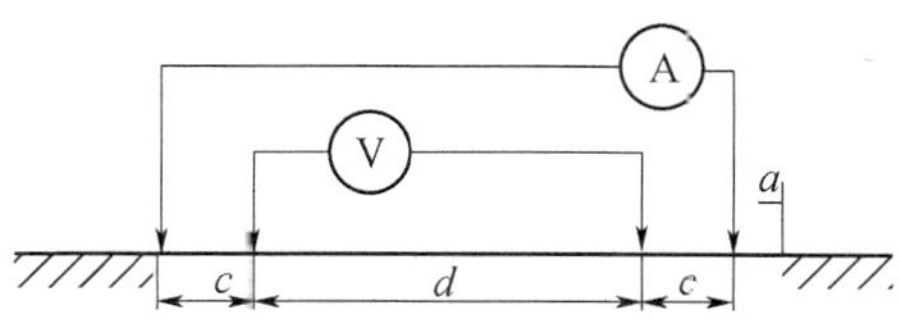

图5-31 电极非均匀布置

3)测量数据处理

为了了解土壤的分层情况，在用等距法测量时，可改变几种不同的 a 值进行测量，如 a=2 m、4 m、5 m、10 m、15 m，20 m、25 m、30 m等。

根据需要采用非等距法测量，测量电极间距可选择40 m、50 m、60 m。按式(5-68)计算相应的土壤电阻率。根据实测值绘制土壤电阻率 ρ 与电极间距的二维曲线图。采用兰开斯特一琼斯法判断在出现曲率转折点时(即下一层土壤)，其深度为所对应电极间距的2/3处。

土壤电阻率应在干燥季节或天气晴朗多日后进行，因此土壤电阻率应是所测的土壤电阻率数据中最大的值，为此应按式(5-70)进行季节修正：

$$\rho=\psi\rho_0 \tag{5-70}$$

式中：ρ_0 是所测土壤电阻率(Ω·m)；ψ 是季节修正系数，见表5-45。

表 5-45 根据土壤性质决定的季节修正系数表

土壤性质	深度(m)	ψ_1	ψ_2	ψ_3
黏土	0.50～0.80	3.00	2.00	1.50
黏土	0.80～3.00	2.00	1.50	1.40
陶土	0.00～2.00	2.40	1.36	1.20
砂砾盖以陶土	0.00～2.00	1.80	1.20	1.10
园地	0.00～3.00	1.70	1.32	1.20
黄沙	0.00～2.00	2.40	1.56	1.20
杂以黄沙的砂砾	0.00～2.00	1.50	1.30	1.20
泥炭	0.00～2.00	1.40	1.10	1.00
石灰石	0.00～2.00	2.50	1.51	1.20

注:1. ψ_1 在测量前数天下过较长时间的雨时选用。

2. ψ_2 在测量时土壤具有中等含水量时选用。

3. ψ_3 在测量时,可能为全年最高电阻,即土壤干燥或测量前降雨不大时选用。

4)测量仪器

a)带电流表和高阻电压表的电源;

b)比率欧姆表;

c)双平衡电桥;

d)单平衡变压器;

e)感应极化发送器和接收器。

5. 雷电防护区的划分

雷电防护区的划分应按照规定将需要防雷击电磁脉冲的环境划分为 $LPZ0_A$、$LPZ0_B$、LPZ1、…、LPZn+1 区。

6. 雷击电磁脉冲屏蔽

建筑物的屋顶金属表面、立面金属表面、混凝土内钢筋和金属门窗框架等大尺寸金属件等应等电位连接在一起,并与防雷接地装置相连。屏蔽电缆的金属屏蔽层应两端接地,并宜在各雷电防护区交界处做等电位连接,且与防雷接地装置相连。如要求一端接地的情况下,应采取两层屏蔽,外屏蔽层应两端接地。建筑物之间用于敷设非屏蔽电缆的金属管道、金属格栅或钢筋成格栅形的混凝土管道,两端应电气贯通,且两端应与各自建筑物的等电位连接带连接。屏蔽材料宜选用钢材或铜材。选用板材时,其厚度宜为 0.3～0.5 mm。

用毫欧表检查屏蔽网格、金属管槽、防静电地板支撑金属网格大尺寸金属件、房间屋顶金属龙骨、屋顶金属表面、立面金属表面、金属门窗、金属格栅和电缆屏蔽层的电气连接,过渡电阻值不宜大于 0.2 Ω。首次检测时,用游标卡尺测量屏蔽材料规格尺寸是否符合的规定。首次检测时,应检查按图施工是否符合标准要求。

(1)磁场强度指标

电子计算机机房内磁场干扰环境场强不应大于 800 A/m。可按表 5-46 规定的等级进行脉冲磁场试验。

表 5-46　脉冲磁场试验等级

等级	1	2	3	4	5	×
脉冲磁场强度(A/m)	—	—	100	300	1000	待定
试验环境	无须试验的环境		有防雷装置或金属构造的一般建筑物,含商业楼、控制楼、非重工业区和高压变电站的计算机房等	工业环境区,主要指重工业、发电厂、高压变电站的控制室等	高压输电线路、重工业厂矿的开关站、电厂等	特殊环境

注:1. 脉冲磁场强度取峰值。

2. 脉冲磁场产生的原因有两种,一是雷击建筑物或建筑物上的防雷装置;二是电力系统的暂态过电压。

由于雷击电磁脉冲的干扰,对计算机而言,在无屏蔽状态下,当环境磁场感应强度大于 0.07 G_S时,计算机会误动作;当环境磁场感应强度大于 2.4 G_S(191 A/m)时,设备会发生永久性损坏。

(2)磁场强度测量方法

雷电流发生器法试验原理如图 5-32 所示,雷击电流发生器原理如图 5-33 所示。

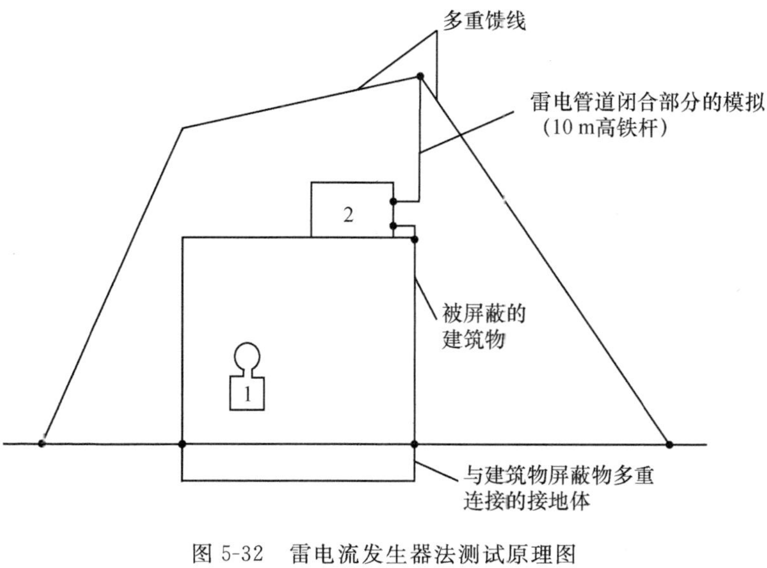

图 5-32　雷电流发生器法测试原理图

1:磁场测试仪;2:雷击电流发生器

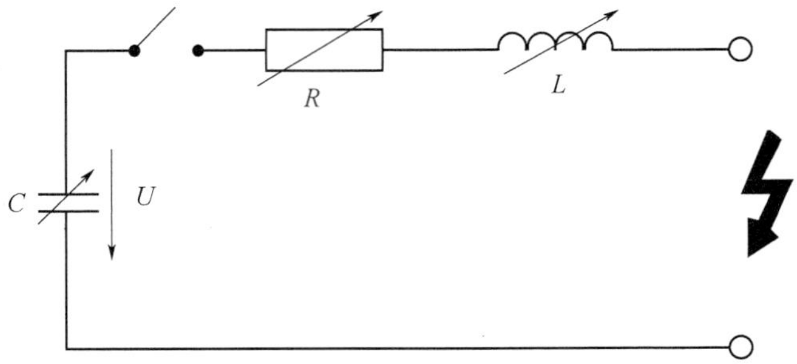

图 5-33　雷电流发生器原理图

在雷电流发生器法试验中可以用低电平试验来进行，在这些低电平试验中模拟雷电流的波形应与原始雷电流相同。IEC 标准规定，雷击可能出现短时首次雷击电流 i_f(10/350 μs)和后续雷击电流 i_s(0.25/100 μs)。首次雷击产生磁场 H_f，后续雷击产生磁场 H_s，见图 5-34 和图 5-35：

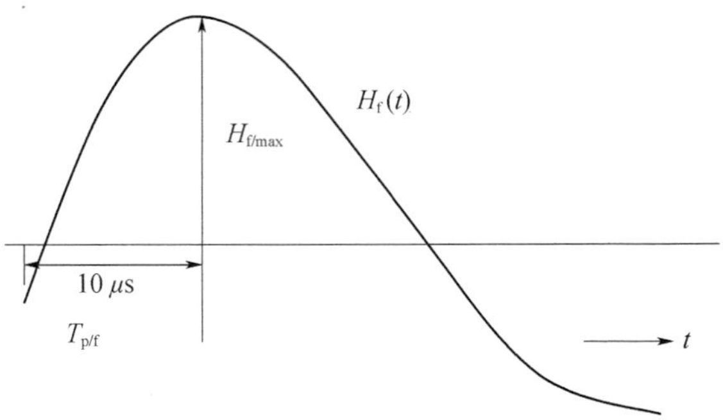

图 5-34　首次雷击磁场强度(10/350 μs)上升期的模拟

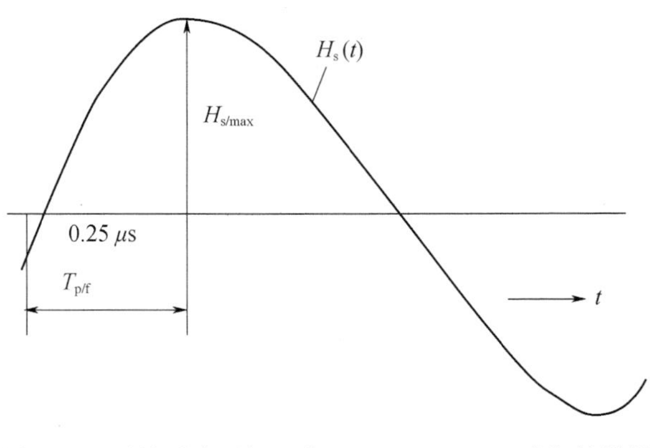

图 5-35　后续雷击磁场强度(0.25/100 μs)上升期的模拟

磁感应效应主要是由磁场强度升至其最大值的上升时间规定的，首次雷击磁场强度 H_f 可用最大值 $H_{f/max}$（25 kHz）的阻尼振荡场和升至其最大值的上升时间 $H_{p/f}$（10 μs、波头时间）来表征。同样，后续雷击磁场强度 H_s 可用 $H_{s/max}$（1 MHz）和 $T_{p/f}$（0.25 μs）来表征。

当发生器产生电流 $i_{0/max}$ 为 100 kA，建筑物屏蔽网格为 2 m 时，实测出不同尺寸建筑物的磁场强度见表 5-47。

表 5-47　不同尺寸建筑物内磁场强度测量实例

建筑物类型	建筑物长、宽、高（$L\times W\times H$）	$H_{1/max}$（中心区）（A/m）	$H_{1/max}$（$d_\omega=d_{s/1}$处）（A/m）
1	10 m×10 m×10 m	179	447
2	50 m×50 m×10 m	36	447
3	10 m×10 m×50 m	80	200

注：1. $H_{1/max}$是 LPZ1 区内最大磁场强度。

2. d_ω是闪电直击在格栅形大空间屏蔽上的情况下，被考虑的点 LPZ1 区屏蔽壁的最短距离。

3. $d_{s/1}$是闪电击在格栅形大空间屏蔽以外附近的情况下，LPZ1 区内距屏蔽层的安全距离。

1）浸入法

受试设备（EUT）可放在具有确定形状和尺寸的导体环（称为感应线圈）的中部，当环中流过电流时，在其平面和所包围的空间内产生确定的磁场。试验磁场的电流波形为 6.4/16 μs 的电流脉冲。试验过程中应从 x、y、z 三个轴向分别进行。由于受试设备的体积与格栅形大空间屏蔽体相比甚小，此法只适于体积较小设备的测试和在矮小的建筑物屏蔽测量时可参照使用。

2）大环法

高性能屏蔽室相对屏蔽效能的测试和计算方法，主要适用于 1.5～15.0 m 的长方形屏蔽室，采用常规设备在非理想条件的现场测试。为模拟雷电流频率，在测试中应选用的常规测试频率范围为 100 Hz～20 MHz，模拟干扰源置于屏蔽室外，其屏蔽效能计算公式可用式（5-71）表示：

$$S_H=20\lg(H_0/H_1) \tag{5-71}$$

式中：S_H 是屏蔽效能（dB）；H_0 是没有屏蔽的磁场强度（A/m）；H_1 是有屏蔽的磁场强度（A/m）。

测试用天线为环形天线，应注意在测试之前，把被测屏蔽室内的金属（及带金属的）设备，含办公用桌、椅、柜子搬走；在测试中，所有的射频电缆、电源等均应按正常位置放置。

大环法可根据屏蔽室的四壁均可接近时而采用优先大环法，或屏蔽室的部分壁面不可接近时而采用备用大环法。现将备用大环法简要介绍如下：

a)发射环使用频段Ⅰ(100 Hz～200 kHz)的环形天线。

b)当屏蔽室的一个壁面可以接近时，将磁场源置于屏蔽室外，并用双绞线引至可接近的壁，沿壁边布置发射环，环的平面与壁面平行，其间距应大于 25 cm。可用橡胶吸力杯将发射环固定在壁面上。

c)磁场源由通用输出变压器、常闭按钮开关、具有 1 W 输出的超低频振荡器、热电偶电流表组成。

d)屏蔽室内置检测环、衰减器和检测仪，其中检测环的直径为 300 mm。

e)当检测仪采用高阻选频电压表时，屏蔽效能按式(5-72)计算：

$$S_H = 20\lg(V_0/V_1) \tag{5-72}$$

式中：S_H 是屏蔽效能(dB)；V_0 是没有屏蔽的电压值(V)；V_1 是有屏蔽的电压值(V)。

3)中波广播信号测量法

以当地中波广播频点对应的波头作为信号源，将信号接收机置于建筑物内和建筑物外，分别测试出信号强度 E_0 和 E_1。用式(5-73)计算出建筑物的屏蔽效能：

$$S_E = 20\lg(E_0/E_1) \tag{5-73}$$

式中：S_E 是屏蔽效能(dB)；E_0 是无屏蔽处信号电势(V)；E_1 是有屏蔽处信号电势(V)。

测试时，接收机应采用标准环形天线。当天线在室外时，环形天线设置高度应为 0.6～0.8 m，与大的金属物，如铁栏杆、汽车等应距 1 m 以外。当天线在室内时，其高度应与室外布置同高，并置在距外墙或门窗 3～5 m 远处。室内布置与大环法的要求相同。可使用专门的仪器设备(如 EMP-2 或 EMP-2HC 等脉冲发生器)进行与备用大环法相似的测试，其区别于备用大环法的内容有：

a)脉冲发生器置于被测墙外约 3 m 处。发生器产生模拟雷电流波头的条件，如 10 μs、0.25 μs 及 2.6 μs、0.5 μs。发生器的发生电压可达 5～8 kV，电流 4～19 kA。

b)从被测建筑物墙内 0.5 m 起，每隔 1 m 直至距内墙 5～6 m 处，每个测点进行信号电势的测量。被测房间如较深，在 5～6 m 处之后可每隔 2 m(或 3 m、4 m)测信号电势一次，直至距被测墙体对面墙的 0.5 m 处。

c)平移脉冲发生器，在对应室内测量的各点处测量无屏蔽状况的信号电势。

d)各点的屏蔽效能按式(5-74)计算：

$$E = 20\lg(e_0/e_1) \tag{5-74}$$

式中：E 是屏蔽效能(dB)；e_0 是无屏蔽处信号电势(V)；e_1 是有屏蔽处信号电势(V)。

e)建筑物的屏蔽效能应是各点的平均值。

4)屏蔽效率的计算

屏蔽效率的测量一般指将规定频率的模拟信号源置于屏蔽室外时，接收装置在同一距离条件下在室外和室内接收的磁场强度之比。屏蔽效率与衰减量的对应关系参见表 5-48。

表 5-48　屏蔽效率与衰减量的对应表

屏蔽效能(dB)	原始场强	屏蔽后的场强比	衰减量(%)
20	1	1/10	90
40	1	1/100	99
60	1	1/1000	99.9
80	1	1/10000	99.99
100	1	1/100000	99.999
120	1	1/1000000	99.9999

7. 等电位连接

各类防雷建筑物等电位连接应符合要求。大尺寸金属物的连接检测，应检查设备、管道、构架、均压环、钢骨架、钢窗、放散管、吊车、金属地板、电梯轨道、栏杆等大尺寸金属物与共用接地装置的连接情况。如已实现连接，应进一步检查连接质量、连接导体的材料和尺寸。

对于第一类和处在爆炸危险环境的第二类防雷建筑物中平行敷设的长金属物的检测，应检查平行或交叉敷设的管道、构架和电缆金属外皮等长金属物，其净距小于规定要求值时的金属线跨接情况。如已实现跨接应进一步检查连接质量，连接导体的材料和尺寸。

对于第一类和处在爆炸危险环境的第二类防雷建筑物中长金属物的弯头、阀门等连接物的检测，应测量长金属物的弯头、阀门、法兰盘等连接处的过渡电阻。当过渡电阻大于 0.03 Ω 时，检查是否有跨接的金属线，并检查连接质量，连接导体的材料和尺寸。

总等电位连接带的检测，应检查由 LPZ0 区到 LPZ1 区的总等电位连接状况。如其已实现与防雷接地装置的两处以上连接，应进一步检查连接质量，连接导体的材料和尺寸。

低压配电线路引入和连接的检测，应检查低压配电线路是否全线穿金属管埋地或敷设在架空金属线槽内引入。如全线采用铠装电缆穿金属管埋地引入有困难，应检测电缆埋地长度，电缆金属外皮、钢管及绝缘子铁脚等接地连接性能，连接导体的材料和尺寸，埋地电缆与架空线连接处安装的电涌保护器性能指标和安装工艺。

第一类防雷建筑物外架空金属管道的检测，应检查架空金属管道进入建筑物前是否每隔 25 m 接地一次，进一步检查连接质量，连接导体的材料和尺寸。

建筑物内竖直敷设的金属管道及金属物的检测，应检查建筑物内竖直敷设的金属管道及金属物与建筑物内钢筋就近不少于两处的连接。如已实现连接，应进一步检查连接质量，连接导体的材料和尺寸。

进入建筑物的外来导电物连接的检测，应检查所有进入建筑物的外来导电物是否在 LPZ0 区与 LPZ1 区界面处与总等电位连接带连接。如已实现连接，应进一步检查连接质量，连接导体的材料和尺寸。

穿过各后续雷电防护区界面处导电物连接的检测，应检查所有穿过各后续雷电防护区界面处导电物是否在界面处与建筑物内的钢筋或等电位连接预留板连接。如已实现连接应进一步检查连接质量，连接导体的材料和尺寸。

电子设备等电位连接的检测，应检查电子设备与建筑物共用接地系统的连接，应检查连接的基本形式是否符合规定，并进一步检查连接质量、连接导体的材料和尺寸。测量以下部位与等电位连接带(或等电位端子板)之间的电气连接情况：

(1)配电柜(盘)内部的 PE 排及外露金属导体；

(2)UPS 及电池柜金属外壳；

(3)电子设备的金属外壳；

(4)设备机架、金属操作台；

(5)机房内消防设施、其他配套设施金属外壳；

(6)线缆的金属屏蔽层；

(7)光缆屏蔽层和金属加强筋；

(8)金属线槽；

(9)配线架；

(10)防静电地板支架；

(11)金属门、窗、隔断等。

等电位连接的过渡电阻的测试采用空载电压 4～24 V，最小电流为 0.2 A 的测试仪器进行测量，过渡电阻值一般不应大于 0.2 Ω。

8. 电涌保护器(SPD)

应使用经国家认可的检测实验室检测、符合规定要求的产品。

SPD 安装的位置和等电位连接位置应在各雷电防护区的交界处，但当线路能承受预期的电涌时，SPD 可安装在被保护设备处。

SPD 应能承受预期通过它们的雷电流，并具有通过电涌时的电压保护水平和有熄灭工频续流的能力。

当电源采用 TN 系统时，从建筑物总配电盘(箱)开始，引出的供电给本建筑物内的配电线路和分支线路应采用 TN-S 系统。选择 220 V/380 V 三相系统中的电涌保护器，U_c 值应符合表 4-1a 的规定。

电源 SPD 的有效电压保护水平 $U_{p/f}$ 应低于被保护设备的耐冲击过电压额定值 U_w，U_w 值可参见表 5-36。其中，$U_{p/f}=U_p+\Delta U$，$\Delta U=L\frac{di}{dt}$ 为 SPD 两端引线上产生的电压，户外线进入建筑物处可按 1 kV/m 计算(8/20 μs、20 kA 时)。

选择电子系统信号电涌保护器，U_c 值一般应高于系统运行时信号线上的最高工作电压的 1.2 倍，表 5-49 提供了常见电子系统的参考值。

表 5-49　常用电子系统工作电压与 SPD 额定工作电压的对应关系参考值

序号	通信线类型	额定工作电压(V)	SPD 额定工作电压(V)
1	DDN/X.25/帧中继	<6.0 或 40.0～60.0	18.0 或 80.0
2	xDSL	<6.0	18.0
3	2 M 数字中继	<5.0	6.5
4	ISDN	40.0	80.0
5	模拟电话线	<110.0	180.0
6	100 M 以太网	<5.0	6.5
7	同轴以太网	<5.0	6.5
8	RS232	<12.0	18.0
9	RS422/485	<5.0	6.0
10	视频线	<6.0	6.5
11	现场控制	<24.0	29.0

SPD 两端的连线应符合连接导线的最小截面积要求，SPD 两端的引线长度之和不宜大于 0.5 m，SPD 应安装牢固。连接导线的过渡电阻应不大于 0.2 Ω。

在 $LPZ0_A$ 与 LPZ1 区交界处，从室外引来的线路上安装的 SPD 应选用符合 I 级试验的电涌保护器，每一相线和中性线对 PE 之间 SPD 的冲击电流 I_{imp} 值不宜小于 12.5 kA；采用 3+1 形式时，中性线与 PE 线间不宜小于 50 kA(10/350 μs)；对多极 SPD，总放电电流 I_{Total} 不宜小于 50 kA(10/350 μs)。当进线完全在 $LPZ0_B$ 或雷击建筑物和雷击与建筑物连接的电力线或通信线上的失效风险可以忽略时，宜采用Ⅱ级试验的 SPD。

当雷击架空线路且架空线使用金属材料杆(含钢筋混凝土杆)并采取接地措施或雷击线路附近时，SPD1 可选用Ⅱ级和Ⅲ级试验的产品。

在 LPZ1 区与 LPZ2 区交界处、分配电盘处或 UPS 前端，宜安装第二级 SPD，其标称放电电流 I_n 不应小于 5 kA(8/20 μs)。

在重要的终端设备或精密敏感设备处，宜安装第三级 SPD，其标称放电电流 I_n 值不宜小于 3 kA(8/20 μs)。当在线路上多处安装 SPD 时，电压开关型 SPD 与限压型 SPD 之间的线路长度不宜小于 10 m；若小于 10 m 应加装退耦元件。限压型 SPD 之间的线路长度不宜小于 5 m；若小于 5 m 应加装退耦元件。当 SPD 具有能量自动配合功能时，SPD 之间的线路长度不受限制。

安装在电路上的 SPD，其前端宜有后备保护装置。后备保护装置如使用熔断器，其值应与主电路上的熔断器电流值相配合，宜根据 SPD 制造商推荐的过电流保护器的最大额定值选择，或应符合设计要求。如果额定值大于或等于主电路中的过电流保护器时，则可省去。

SPD 如有通过声、光报警或遥信功能的状态指示器，应检查 SPD 的运行状态和指示器的功能。

连接导体应符合：相线采用黄、绿、红色，中性线用浅蓝色，保护线用绿黄双色线的要求。

电信和信号网络 SPD 的布置要求：连接于电信和信号网络的 SPD 其电压保护水平 U_p，和通过的电流 I_p 应低于被保护的电子设备的耐受水平。在 $LPZ0_A$ 区或 $LPZ0_B$ 区与 LPZ1 区交界处应选用 I_{imp} 值为 0.5～2.5 kA（10/350 μs 或 10/250 μs）的 SPD 或 4 kV（10/700 μs）的 SPD；在 LPZ1 区与 LPZ2 区交界处应选用 U_{oc} 值为 0.5～10 kV（1.2/50 μs）的 SPD 或 0.25～5 kA（8/20 μs）的 SPD；在 LPZ2 区与 LPZ3 区交界处应选用 0.5～1 kV（1.2/50 μs）的 SPD 或 0.25～0.5 kA（8/20 μs）的 SPD。电信和信号网络 SPD 性能指标和试验波形见表 4-1c。

网络入口处通信系统的 SPD 应满足通信系统传输特性。信号电涌保护器应设置在金属线缆进出建筑物（机房）的雷电防护区界面处。但由于工艺要求或其他原因，受保护设备的安装位置不会正好设在雷电防护区界面处。在这种情况下，当线路能承受所发生的电涌电压时，也可将信号电涌保护器安装在保护设备端口处。信号电涌保护器与被保护设备的等电位连接导体的长度不应大于 0.5 m，以减少电感电压降对有效电压保护水平的影响。连接导线的过渡电阻不应大于 0.2 Ω。

SPD 运行期间，会因长时间工作或因处在恶劣环境中而老化，也可能因受雷击电涌而引起性能下降、失效等故障。因此，需定期进行检查。如测试结果表明 SPD 劣化，或状态指示指出 SPD 失效，应及时更换。

用 N-PE 环路电阻测试仪，测试从总配电盘（箱）引出的分支线路上的中性线（N）与保护线（PE）之间的阻值，确认线路为 TN-C 或 TN-C-S 或 TN-S 或 TT 或 IT 系统。

检查并记录各级 SPD 的安装位置，安装数量、型号、主要性能参数（如 U_c、I_n、I_{max}、I_{imp}、U_p 等）和安装工艺（连接导体的材质和导线截面，连接导线的色标，连接牢固程度）。

对 SPD 进行外观检查，SPD 的表面应平整、光洁、无划伤、无裂痕和烧灼痕或变形，SPD 的标示应完整和清晰。

测量多级 SPD 之间的距离和 SPD 两端引线的长度，应符合规定。检查 SPD 是否具有状态指示器。如有，则需确认状态指示与生产厂说明相一致。检查安装在电路上的 SPD 限压元件前端是否有脱离器。如 SPD 无内置脱离器，则检查是否有过电流保护器，检查安装的过电流保护器是否符合规定。检查 SPD 安装工艺和接地线与等电位连接带之间的过渡电阻。

检查输送火灾爆炸危险物质的埋地金属管道和具有阴极保护的埋地金属管道。当其从室外进入户内处设有绝缘段时，在绝缘段处跨接的电压开关型电涌保护器或隔离放电间隙应符合规定。

(1)压敏电压 U_{1mA} 的测试。压敏电压 U_{1mA} 的测试应符合以下要求：

1)测试仪适用于以金属氧化物压敏电阻(MOV)为限压元件且无串并联其他元件的 SPD。

2)可使用防雷元件测试仪或压敏电压测试表对 SPD 的压敏电压 U_{1mA} 进行测量。

3)首先应将后备保护装置断开，并确认已断开电源后，直接用防雷元件测试仪或其他适用的仪表测量对应的模块，或者取下可插拔式 SPD 的模块或将 SPD 从线路上拆下进行测量，SPD 应按图 5-36 所示连接逐一进行测试。

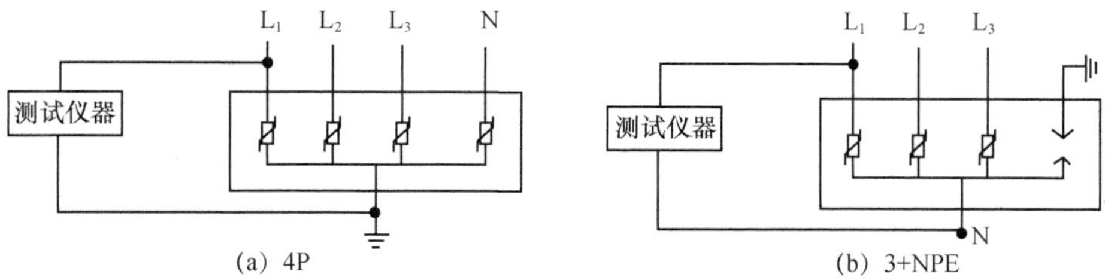

图 5-36　SPD 测试示意图

4)合格判定：首次测量压敏电压 U_{1mA} 时，实测值应在表 5-50 中 SPD 的最大持续工作电压 U_c 对应的压敏电压 U_{1mA} 的区间范围内。如表 5-50 中无对应 U_c 值时，交流 SPD 的压敏电压 U_{1mA} 值与 U_c 的比值不小于 1.5，直流 SPD 的压敏电压 U_{1mA} 值与 U_c 的比值不小于 1.15。

5)后续测量压敏电压 U_{1mA} 时，除需满足上述要求外，实测值还应不小于首次测量值的 90%。

表 5-50　压敏电压和最大持续工作电压的对应关系表

标称压敏电阻 U_N(V)	最大持续工作电压 U_C(V)	
	交流(r·m·s)	直流
82	50	65
100	60	85
120	75	100
150	95	125
180	115	150

续表

标称压敏电阻 U_N(V)	最大持续工作电压 U_C(V)	
	交流(r·m·s)	直流
200	130	170
220	140	180
240	150	200
275	175	225
300	195	250
330	210	270
360	230	300
390	250	320
430	275	350
470	300	385
510	320	410
560	350	450
620	385	505
680	420	560
750	460	615
820	510	670
910	550	745
1000	625	825
1100	680	895
1200	750	1060

注:压敏电压的允许公差±10%。

(2)泄漏电流的测试。泄漏电流的测试应符合以下要求:

1)测试仅适用于以金属氧化物压敏电阻(MOV)为限压元件且无其他串并联元件的 SPD。

2)可使用防雷元件测试仪或泄漏电流测试表对 SPD 的泄漏电流 I_{ie} 值进行测量。

3)首先应将后备保护装置断开并确认已断开电源后,直接用仪表测量对应的模块,或者取下可插拔式 SPD 的模块或将 SPD 从线路上拆下进行测量,SPD 应按图 5-35 逐一进行测试。

4)合格判定依据：首次测量 I_{1mA} 时，单片 MOV 构成的 SPD，其泄漏电流 I_{ie} 的实测值应不超过生产厂标称的 I_{ie} 最大值；如生产厂未声称泄漏电流 I_{ie} 时，实测值应不大于 20 μA。多片 MOV 并联的 SPD，其泄漏电流 I_{ie} 实测值不应超过生产厂标称的 I_{ie} 最大值；如生产厂未声称泄漏电流 I_{ie} 时，实测值应不大于 20 μA 乘以 MOV 阀片的数量。不能确定阀片数量时，SPD 的实测值不大于 20 μA。

5)后续测量 I_{1mA} 时，单片 MOV 和多片 MOV 构成的 SPD，其泄漏电流 I_{ie} 的实测值应不大于首次测量值。

SPD 的绝缘电阻测试仪对 SPD 所有接线端与 SPD 壳体间进行测量。先将后备保护装置断开并确认已断开电源后，再用不小于 500 V 绝缘电阻测试仪正负极性各测试一次。测量时针应在稳定之后或施加电压 1 min 后读取。合格判定标准为不小于 50 MΩ。

检测土壤电阻率和接地电阻值宜在非雨天和土壤未冻结时进行。现场环境条件应能保证正常检测。应具备保障检测人员和设备的安全防护措施。雷雨天应停止检测，攀高危险作业应遵守攀高作业安全守则。检测仪表、工具等不能放置在高处，防止坠落伤人。应使用在检定合格有效期内的检测仪器。检测时，接地电阻测试仪的接地引线和其他导线应避开高、低压供电线路。每一项检测需要有两人以上共同进行，每一个检测点的检测数据需经复核无误后，填入原始记录表。在检测爆炸火灾危险环境的防雷装置时，严禁带火种、手提电话；严禁吸烟；不应穿化纤服装；禁止穿钉子鞋；现场不准随意敲打金属物，以免产生火星，造成重大事故。应使用防爆型对讲机、防爆型检测仪表和不易产生火花的工具。现场检测时，应严格遵守受检单位规章制度和安全操作规程。检测配电房、变电所的防雷装置时，应穿戴绝缘鞋、绝缘手套，使用绝缘垫，以防电击。

5.3.3　定期检测周期

具有爆炸和火灾危险环境的防雷建筑物检测间隔时间为 6 个月，其他防雷建筑物检测间隔时间为 12 个月。

5.3.4　检测程序

检测前应对使用仪器仪表和测量工具进行检查，保证其在计量认证有效期内且能够正常使用。首次检测应按全部检测项目实施检测。对受检单位的定期检测，应查阅前一次检测记录，并现场勘查受检单位防雷装置有无变化。现场检测时宜按先检测外部防雷装置，后检测内部防雷装置的顺序进行，将检测结果填入防雷装置检测原始记录表。

5.3.5　检测数据整理及报告

检测结果的记录。在现场将各项检测结果如实记入原始记录表，原始记录表应有检测人员、校核人员和现场负责人签名。原始记录表应作为用户档案保存两年。

首次检测时，应绘制建筑物防雷装置平面示意图，定期检测时应进行补充或修改。

检测结果的判定。用数值修约比较法将经计算或整理的各项检测结果与相应的技术要求进行比较，判定各检测项目是否合格。检测报告内容填写完毕，检测员和校核员签字后，经技术负责人签发，应加盖检测单位检测专用章。检测报告不少于两份，一份送受检单位，一份由检测单位存档。存档应有纸质和计算机存档两种形式。

参考文献

曹和生，黄晓虹，梅勇成，等，2015. 建筑物防雷装置检测技术规范：GB/T 21431—2015[S]. 北京：中国标准出版社.

方静，王茁，陈俊章，等，2011. 交流电气装置的接地设计规范：GB /T 50065—2011[S]. 北京：中国计划出版社.

黄妙庆，王厚余，周贤，等，2005. 建筑物电气装置 第 7—710 部分：特殊装置或场所的要求 医疗场所：GB 16895. 24—2005[S]. 北京：中国标准出版社.

林维勇，黄友根，焦兴学，等，2010. 建筑物防雷设计规范：GB 50057—2010[S]. 北京：中国标准出版社.

孙巍巍，薛文安，王德言，等，2015. 雷电防护 第 4 部分：建筑物内电气和电子系统：GB/T 21714. 4—2015[S]. 北京：中国标准出版社.

王德言，李雪佩，刘寿先，等，2012. 建筑物电子信息系统防雷设计规范：GB 50343—2012[S]. 北京：中国标准出版社.

第 6 章 雷电安全管理

6.1 电流通过人体效应

人身安全是电气安全的首要问题。这个问题的研究需要从“电”对人体的危害入手，即“电”究竟是怎样危及人身安全的？危害受哪些因素影响？危害程度如何度量？等。搞清楚这些问题，对于制定防护标准、采取有效的防护措施以及最大限度地保障生命安全，具有基础性意义。

6.1.1 电击形式及对应的防护形式

电击指电流通过人或动物躯体而引起的生理效应，也指人或动物因电流通过而受到生理伤害的事件，分为直接电击和间接电击两种类型。

1. 直接电击与基本防护

因接触到带电部分而产生的电击，称为直接电击，又称直接接触。带电部分指正常运行时带电的可导电部分。如电工在检修配电屏时不小心触及带电的相母线，或人插拔电源插头时触及尚未脱离电接触的金展插片等，都属于直接电击。直接电击强度以承受相电压的情况居多，也有部分承受线电压的情况。

无故障条件下的电击防护叫作基本防护。基本防护主要是针对直接接触的防护。

2. 间接电击与故障防护

正常工作时不带电的部位，因故（主要是各类故障）带上危险电压后被人触及而产生的电击，称为间接电击，又称间接接触。如电气设备因保护绝缘损坏发生漏电、TN-C 系统因 PEN 线断线使设备金属外壳带电等造成的电击，都属于间接电击。间接电击发生的情况远较直接电击为多，电击强度范围较大，防护措施更为复杂，是电击防护的重点。

单一故障条件下的电击防护称为故障防护。故障防护主要是针对间接接触的防护。

6.1.2 人体通过电流时产生的生理反应

1. 研究历程

早在第二次世界大战前后，一些国家的科技工作者就相继投入了电击生理伤害的研究工作，并一直持续到现在。由于这种研究大多不能在活体人体中进行，研究者们只能从两方面入手展开工作：一是对已经发生的电击伤害事件进行调查分析；二是进行大量的动物性试验，仅在远小于致命电流的范围内进行活体人体试验，极个别研究者在自己身上进行过危险电流活体试验。研究者们对从这两方面工作中所获得的现象和数据进行综合分析，期望得出一些有意义的结论。经过长期的研究，这项工作不断取得成效，其典型成果反映在国际电工委员会第 479 号出版物中，为各国普遍采纳。

2. 生理效应

研究发现，电击危险程度与通过生命体的电流有关，与电流大小呈正相关性，还与通电时间、电流波形、频率等因素有关。为了表达这种相关性，研究者把人受电击时产生的生理反应划分为几种状态，这几种状态的临界点称为生理阈，与这些生理阈对应的电流称为阈值电流，或简称阈电流、阈值、阈。

(1)反应阈：能引起人体肌肉不自觉收缩的最小电流值，称为反应阈。反应阈电流本身通常不会产生有害的生理效应，但它所引起的人体肌肉的不自觉收缩，可能造成二次事故，如使人从高处跌落等。反应阈电流很小，典型值为 0.5 mA。

(2)感知阈：使人产生触电感觉的最小电流值，称为感知阈。感知阈有个体差异，其概率曲线如图 6-1 所示。按 50% 概率计，成年男性的感知阈为 1.1 mA，女性为 0.7 mA。感知阈与电流持续时间长短无关，但与频率有关，频率越高，感知阈越大，即人体对低频电流更敏感。

(3)摆脱阈：手握电极通过电流时，人体受刺激的肌肉尚能自主摆脱电极所能承受的最大电流值，称为摆脱阈。可以认为：当通过人体的电流大于摆脱阈时，受电击者自救的可能性便不复存在。摆脱阈也具有个体差异，其概率曲线如图 6-2 所示。以 50% 概率计，成年男性的摆脱阈为 16 mA，女性为 10.5 mA，通用值取为 10 mA。摆脱阈与电流持续时间无关，在 20～100 Hz 频率范围内基本上与频率无关。

(4)室颤阈：通过人体能引起心室纤维性颤动的最小电流值，称为心室纤维性颤动阈，简称室颤阈。从医学上看，室颤很可能导致死亡，故室颤阈被认为是致命的人体电流值。试验发现，室颤阈不仅与通过受试对象的电流大小有关，还与通过电流持续的时间有关。达尔基尔(Dalzil)和柯宾(Koeppen)的研究小组分别给出了这种关系的具体描述，简述如下：

达尔基尔的研究结果认为，发生室颤的危险性与能量的累积有关，并提出以下公式作为划分室颤界限的依据：

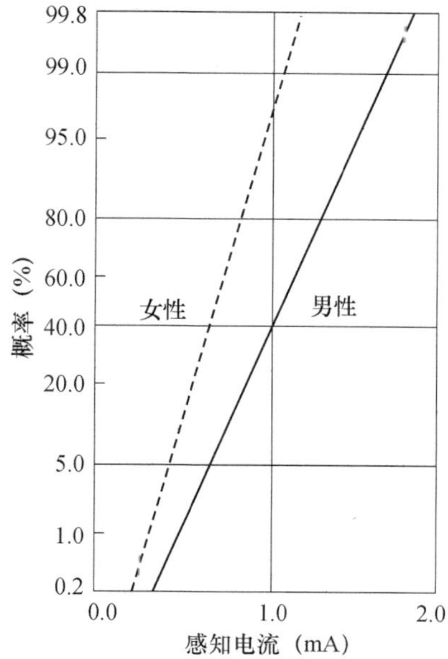

图 6-1　感知电流概率曲线

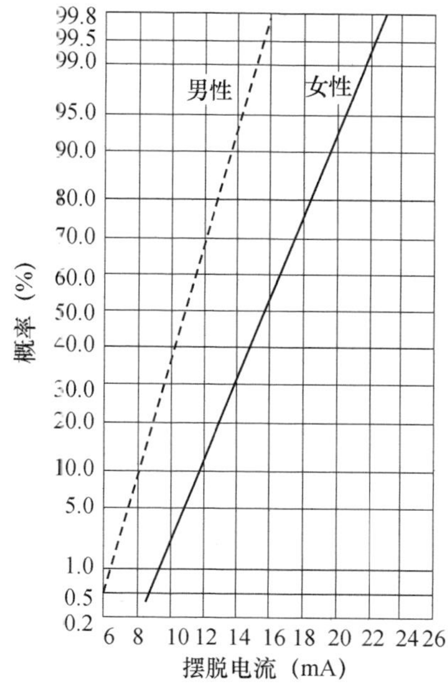

图 6-2　摆脱电流概率曲线

$$I^2t=K_D \tag{6-1}$$

式(6-1)在电流持续时间为 0.01～5 s 有效；系数 K_D按 0.5%最大不引起室颤电流得出为116^2 mA^2 · s。即电击发生时 I^2t 小于116^2 mA^2 · s，则发生室颤的可能性在 0.5%以下。

柯宾的研究结果认为，室颤危险性与电流大小和电流作用持续时间之积有关，并提出室颤界限公式：

$$It=K_K \tag{6-2}$$

式中：K_K 是系数，取为 50 mA · s；t 小于 1 s。

6.1.3　人体阻抗

虽然流过人体的电流是表征电击强度的最恰当电气参量，但对于低压系统来说，工程上更方便运用电压这一电气参量，它们之间的转换，需要人体阻抗参量。

1. 人体阻抗的构成

人体阻抗由皮肤阻抗和人体内阻抗构成，其总阻抗呈阻容性，人体阻抗的等效电路如图 6-3 所示。

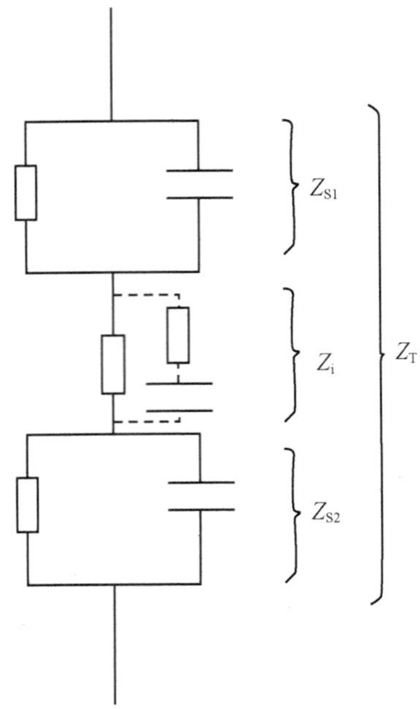

图 6-3　人体阻抗的等效电路

Z_i：体内阻抗；Z_{S1}、Z_{S2}：皮肤阻抗；Z_T：体内总阻抗

皮肤阻抗 Z_{S1}、Z_{S2} 是由半绝缘层（表皮及皮下脂肪）和许多小的导电体（毛孔及其内电解质等）组成的电阻电容并联阻抗。皮肤阻抗随电流、频率的增加而下降，且与接触面积、湿度、压力、是否受伤等因素关系较大。

体内阻抗 Z_i，主要由体内电解质构成，基本上是阻性的，其量值由电流通路决定，接触面表面积所占比重较小，但当接触面表面积小至数个平方毫米时，体内阻抗会增大。

2. 人体阻抗量值及其特性

图 6-4 表示了正常条件下、接触电压工频交流 700 V 以下时，活人的人体阻抗与接触电压关系的统计曲线。电流通道是从手到脚，大的接触面积（100 cm^2 量级，基本上表示整只手掌）及正常压力接触，手脚无水湿润或盐水湿润。从图中可见，当接触电压为 220 V 时，只有 5％的受试者人体阻抗小于 1000 Ω，而同一电压下阻抗小于 2125 Ω 的人占受试总人数的 95％。即有 90％的受试者人体阻抗在 1000～2125 Ω。

人体阻抗与电流通路、接触电压、通电时间、电流频率、皮肤湿度、接触面积、施加压力和温度等因素密切相关，总体上是非线性阻容性。

人体阻抗与接触电压呈负相关性。当接触电压在 50 V 以下时，由于皮肤阻抗 Z_S 的变化很大（即使对同一个人也如此），人体阻抗 Z_T 随之出现很大变化；随着接触电压的升高，皮肤阻抗的变化对人体阻抗的改变越来越小；当皮肤被击穿破损后，人体阻抗

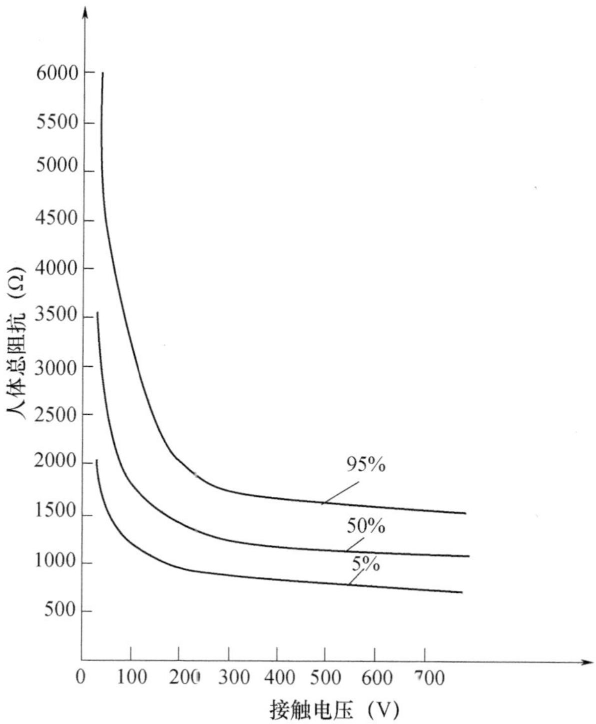

图 6-4　接触电压 700 V 以下适用于活人的人体阻抗的统计图

值接近于内阻抗 Z_i。

人体阻抗值与频率呈负相关性，这可能是因为皮肤容抗随频率增加而下降，从而导致了总阻抗降低。

人体阻抗与皮肤潮湿程度总体呈负相关性。潮湿状态下，水湿润阻抗大于盐水湿润阻抗，且盐水湿润条件下人体阻抗与接触电压相关性明显弱化。

人体阻抗还与接触压力、接触面积及接触时间呈负相关性。

6.1.4　工程标准及典型量值

以上研究成果一定程度上揭示了电击伤害的规律。从电击防护工程应用的角度看，需要在研究成果和工程应用之间建立桥梁，使工程实践能够明确有效地利用这些成果，这座桥梁就是工程标准。尽管工程标准是依据这些研究成果制定的，但它具有很强的可操作性和明确的法律意义，这对于涉及安全问题的工程实践来说尤为重要。

国际电工委员会电气装置与电击防护技术委员会（IEC/TC 64）制定的 IEC 60479 技术文件，是有关电击防护的一部基础性标准，该标准通用名为 IEC 60479《电流通过人体和家畜的效应》，由以下 5 个部分组成：

IEC/TS 60479-1《第 1 部分：通用部分》。

IEC/TS 60479-2《第 2 部分：特殊情况》。

IEC/TS 60479-3《第 3 部分：电流通过家畜躯体的效应》。

IEC/TR 60479-4《第 4 部分：雷电流通过人体和家畜躯体的效应》。

IEC/TR 60479-5《第 5 部分：对于生理学效应的接触电压限值》。

以上“/”下标有“TS”的为技术规范，共 3 个；标有“TR”的为技术报告，共 2 个。

TS 和 TR 都表示技术文件尚不能完全达到国际标准的条件。其中，TS 表示该技术文件不能获得出版一项国际标准所需要的支持，或所讨论的项目仍处于技术发展阶段，在将来而不是立即有可能对一项国际标准达成一致的意见；TR 则表示技术委员会所收集到的数据不是来源于正式出版的国际标准。由此可见，有关电流通过人体和家畜躯体效应的研究，还处在不断深入的过程中。

国家标准 GB/T 13870.3—2003《电流通过人体和家畜的效应》等同采用了 IEC 60479 技术文件，但第 4 部分和第 5 部分的转化工作尚未完成。本书重点对与供配电系统关系密切国家标准 GB/T 13870.3—2003《电流通过人体和家畜的效应》中的 15～100Hz 交流电部分进行介绍，同时也简介直流电的情况，以便比对。

1. 人体效应的约定时间/电流区域

如图 6-5 所示，综合考虑电击危险程度与电流量值和持续时间的关系，划分了电流对人体作用的区域范围，该图中各区域所产生的电击生理效应如表 6-1 所示。

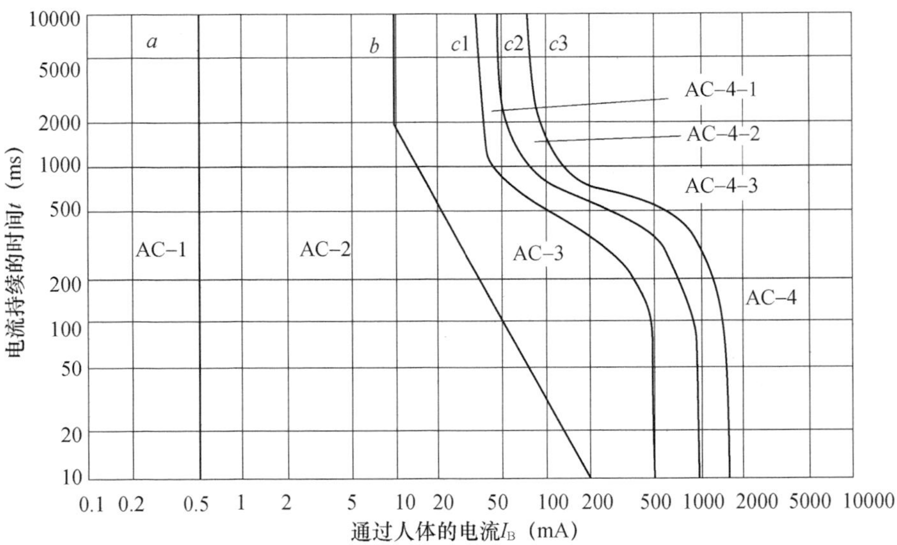

图 6-5　电流路径为左手到双脚的 15～100 Hz 正弦交流电流人体效应的约定时间/电流区域

表 6-1　15～100 Hz 正弦交流电的时间/电流区域

区域代号	区域界线	生理效应
AC-1	0.5 mA 直线 a 左侧	有感知的可能性，但通常不会被“吓一跳”
AC-2	直线 a～折线 b	通常无有害的电生理效应，但可能有感知和不自主的肌肉收缩
AC-3	在曲线 $c1$ 以右	通常不会发生器质性损伤，可能发生肌肉痉挛似的收缩和呼吸困难。随着电流量和通电时间增加，使心脏内心电冲动的形成和传导发生可恢复的紊乱，包括心房纤维性颤动和心脏短暂停搏。但不发生心室纤维性颤动
AC-4	在曲线 $c1$ 以右	可能发生心跳停止、呼吸停止以及绕伤或其他细胞破坏等病理生理效应。心室纤维颤动的概率随电流增大和时间加长而增加
AC-4-1	$c1$～$c2$	心室纤维性颤动概率可增加到 5%
AC-4-2	$c2$～$c3$	心室纤维性颤动概率可增加到约 50%
AC-4-3	超过曲线 $c3$	心室纤维性颤动概率超过 50%

从图 6-5 中可以看出，由直线 a、折线 b 和曲线 c（为一簇曲线，分别为 $c1$、$c2$、$c3$）将平面划分为 AC-1～AC-4 共 4 个区域，其中 AC-4 又根据发生室颤的概率分为 AC-4-1～AC-4-3 等 3 个区域。可以认为，发生在 AC-4 区域内的电击，都是致命的。

从图 6-5 中还可以看出，以 $c1$ 曲线为依据，超过 500 mA 的电流，即使在 10 ms 内被切断，都是致命的。而现有的开关电器几乎没有能在 10 ms 内切断电路的，仅限流型熔断器或带能量脱扣器的低压断路器在极大电流倍数下开断时间有可能小于 10 ms。因此，对 500 mA 以上的电流，靠切断电源对已经触电的人实施保护是不可靠的。另外，对于约 35 mA（工程上取值约 30 mA）以下的电流，作用时间长达 10 s 以上都是不致命的，而 10 s 已经可以认为是长时间接触。

室颤电流与电流在人体中流通的路径有关系。图 6-5 中室颤电流对应于“左手到双脚”通道，是较为不利的一种情况，若电流从别的通路流通，则室颤电流值可能有所不同，这种差别由心脏电流系数 F 表征：

$$F=\frac{\sigma_h}{\sigma_{ref}} \tag{6-3}$$

式中：σ_h 是电流通过某一通路在心脏内所产生的电流密度（A/m^2）；σ_{ref} 是同一电流从左手到双脚时在心脏内产生的电流密度（A/m^2）。

不同电流通路的心脏电流系数如表 6-2 所示。

表 6-2　不同电流通路的心脏电路系数

电流通路	心脏电流系数 F
左手到左脚、右脚或双脚	1.0
双手到双脚	1.0
左手到右手	0.4
右手到左手、右脚或双脚	0.8
后背到右手	0.3
后背到左手	0.7
胸部到右手	1.3
胸部到左手	1.5
臂部到右手、左手或双手	0.7
左脚到右脚	0.04

应用心脏电流系数，可推算出某一通路的室颤电流 I_h，这个电流与从左手到双脚通路的电流有相同的室颤危险性，即：

$$I_h=\frac{I_{ref}}{F} \tag{6-4}$$

式中：I_h 是表 6-2 中某一通路的室颤电流（A）；I_{ref}是图 6-5 中左手到双脚的室颤电流（A）；F 是表 6-2 中某一通路相应的心脏电流系数。

直流电流通过人体效应的约定时间/电流区域如图 6-6 所示，各区域含义与工频交流情况类似，可参考表 6-1。人体能承受的直流电流大于交流电流。

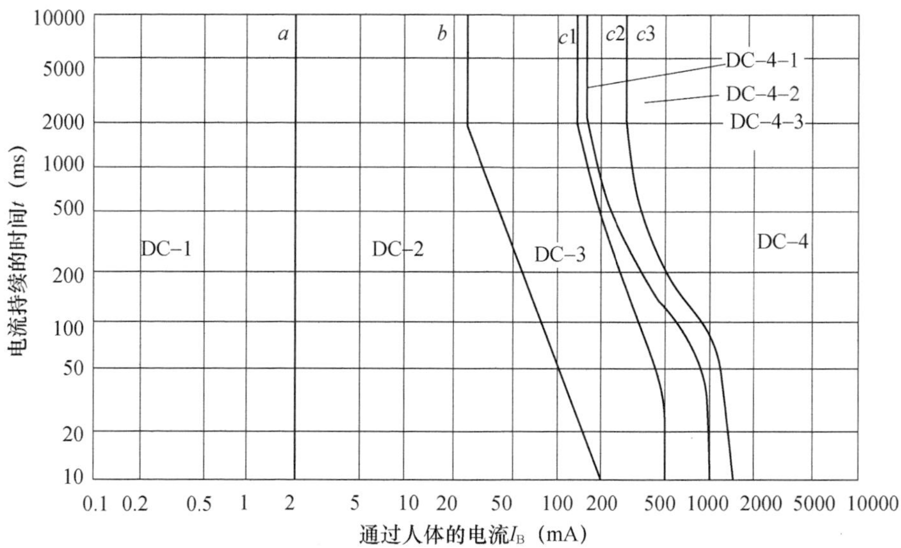

图 6-6　直流电流通过人体效应的约定时间/电流区域

2. 人体效应的约定时间/电压区域及故障防护安全电压

根据图 6-5 所示的约定时间/电流区域曲线和人体阻抗特性，可得出相应的约定时间/电压区域曲线。但人体阻抗与接触面积、压力、湿润情况等诸多因素有关，需规定相关条件，才能确定对应的人体阻抗。规定的条件不同，所得出的时间/电压区域曲线也不相同。工程实践现状中对 50 Hz 工频交流电所用曲线如图 6-7 所示，两条曲线 L1 和 L2 分别代表正常和潮湿环境条件下的电压—时间关系，发生在曲线右侧区域的触电被认为是致命的。从图上可知，正常环境条件下，50 V 以下电压不论接触时间多长，都不致发生致命电击。因此，将 50 V 电压作为正常环境条件下故障防护的安全电压。

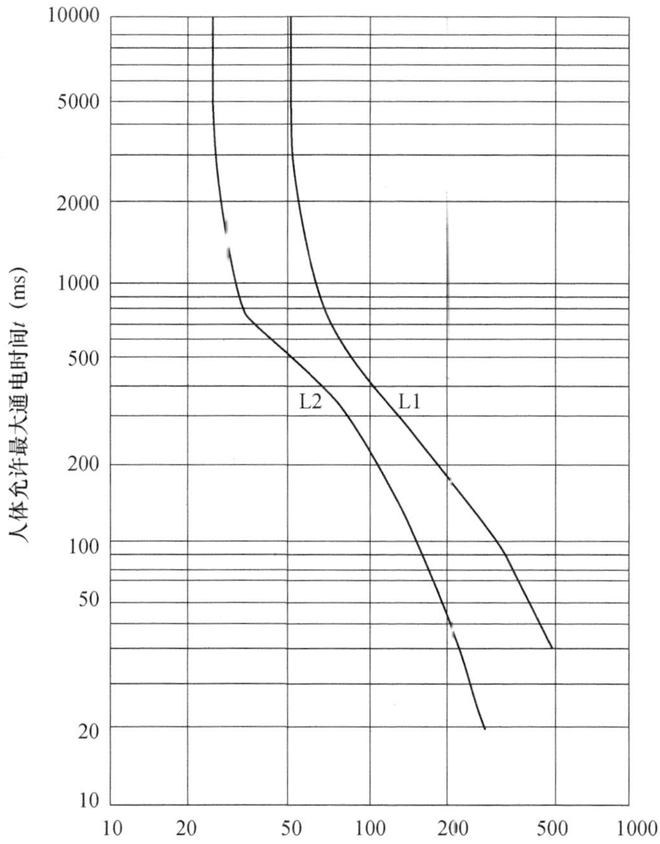

图 6-7　不同接触电压下人体允许最大通电时间

L1：正常环境条件；L2：潮湿环境条件。

同理可查出潮湿环境条件下故障防护的安全电压为 25 V。以上两个电压量值是对大多数故障条件下电击防护措施的效果进行评价的依据性数据。

《电流通过人体和家畜的效应第5部分：对于生理学效应的接触电压限值》给出了若干不同于图6-7的“约定时间/电压区域”曲线，其对电流路径、湿润条件和接触面积的规定更加细致，且数据有所不同。虽然工程实践现状中尚未大规模引用该技术报告，但已经有国家标准采用与该报告相同的数据，如国家标准GB/T 3805—2008《特低电压(ELV)限值》中部分数据就与该报告对应。为便于对比和了解技术发展过程，摘录IEC/TR 60479-5—2007的部分数据列于表6-3中，供参考。

表6-3 心室纤维颤动交流接触电压阈值(摘引自IEC/TR 60479-5—2007，第4.7条，表2c)

电流路径	心室纤维颤动阈值(mA)	长持续时间交流接触电压阈值(V)								
		干燥			水湿润			盐水湿润		
		大接触面积	中接触面积	小面积接触	大接触面积	中接触面积	小接触面积	大接触面积	中接触面积	小接触面积
双手到双脚	45	33	82	149	24	71	149	20	36	94
手到手	100	99	165[1]	260	98	165	260	90	160	257
单手到臀部	57	65	100	100	31	65	100	27	49	99

注：1. 该量值在IEC/TR 60479-5—2007原文表2C中为99 V，但从原文第5条的图12中查曲线得该值约为165 V。由于表2C数据系查取自图12，本书取曲线量值。

2. 大、中等和小接触面积大致分别指100 cm²、10 cm²和1 cm²数量级面积，分别代表整个手接触、掌心部分接触和手指接触。

3. 工程计算中正常环境条件下人体阻抗取值

尽管人体阻抗与诸多因素有关，且个体差异显著，但在一般的工程设计计算中，正常环境和50 Hz工频交流电作用下，可忽略5%以下人群更小的人体阻抗，人体阻抗的典型值可取为1000 Ω，近似按纯电阻考虑。

6.2 电气设备装置的电击防护措施

一般来说，设备指工厂生产的具备特定功能的完整单元，作为整体提供给用户。装置则指一系列相关设备及零、部件组合而成的整体，具备更完整、复杂的功能，通常在工作现场组装完成，也不排除在工厂(部分)组装。

电气设备及装置采取的电击防护措施，主要技术实现途径有电气绝缘、机械阻隔和空间间距阻隔等。这些措施的共同之处是力图消除接触到带电导体的可能性，是正常工作条件下的基本防护措施，是预防而非补救措施。

6.2.1 绝缘措施

基本绝缘用作基本防护。电气设备和装置对基本绝缘的要求是带电部分被绝缘完全覆盖，这一绝缘只有被破坏才能完全除去。在低压系统中，基本绝缘主要指固体绝缘。

附加绝缘用作故障防护。双重绝缘是基本防护与附加防护措施的组合，加强绝缘属于加强防护措施。

6.2.2　机械阻隔类防护措施

机械阻隔类措施又称为屏护，在国家标准 GB/T 17045—2020《电击防护装置和设备的通用部分》不再出现屏护这一术语，但在电力行业中仍采用这一术语。它是指通过固体屏障的阻拦防止接触危险带电部分的措施，工程体系中属于基本防护措施，技术原理上主要依赖于自然的空气绝缘，靠机械阻隔维持流体（主要是自然存在的空气）绝缘的有效性防止电击。主要有以下三种形式：

1. 外壳

外壳（或外护物，Enclosure）是一个含义较为广泛的术语，指能提供与预期目的相适应的防护类型和防护等级的外罩。根据预期目的的不同，防护类型也不一样，如防水、防固体异物、防机械冲击等，其中防止可预见到的电气危险的外壳称为电气外壳。

防护等级指防护的程度，与防护类型有关。此处要讨论的外壳是电气外壳中的一种（电气）保护外壳。它是指能防止人员从任何方向无常或有意接近危险带电部分并围住设备内部部件的外壳。为叙述方便，本书约定将术语外壳（外护物）默认为专指电气保护外壳，有特别说明处除外。

电气设备外壳的材料和形式由制造厂商确定，电气装置工作现场的外壳常称为外护物，通常采用金属板、金属网、金属栅栏等形式。

外护物主要应用于不便于绝缘（如变压器接线桩头、隔离开关的触头）的场合。

外护物的技术要求为：有足够的机被强度并防火；金属外护物须接地；开孔外护物应根据孔的大小，在带电侧留出足够的安全净距。

外护物不能被随意打开、绕过或翻越，即它们应具有一定的防止有意识接近带电部分企图的功能。这主要是为了防止无（完全）行为能力者（如儿童、精神病人等）或无电气知识者因任何原因产生的故意接近带电体的行为。

2. 保护遮拦

保护遮拦（Protective barrier）指为防止从任一通常接近方向无意或有意触及危险带电部分而设置的机械阻隔物。为叙述方便，本书将保护遮拦简称遮拦。遮拦的主要技术要求与外护物类同。

注意遮拦与外护物的区别。遮拦只需防止从某一通常方向接近危险带电部分，如车间行车滑触线，因其处于厂房上方，对一般人员只产生从下方接近的危险，遮拦只设在下方即可。但如果行车大梁上有移动司机仓，则还需在侧面设置遮拦以防止司机接触。外护物则需完全罩住设防对象，避免从任一方位接近危险带电部分，如干式变压器的金属外罩、封闭式开关柜的柜体等。

3. 保护阻挡物

保护阻挡物(Protective obstacle)是指通过机械阻挡的提醒，防止人员无意识接近危险带电部分的技术措施。为叙述方便，本书将保护阻挡物简称阻挡物。

阻挡物与遮拦相似，只提供通常接近方向的防护，但不具备防止故意接近的功能，主要起提醒作用。常见的有半高的护栏、挡板、拦绳等。

保护阻挡物只能用于特定人员才能接近的装置，特定人员指熟练技术人员或受过培训的人员，或在他们监督下的人员。因此，在不能限定人员特征的一般场所，不适宜采用阻挡物防护。

6.2.3　空间间距分隔类防护措施

在低压配电系统电击防护领域，空间间距分隔措施的名称叫作置于伸臂范围以外。我国电力行业采用的与之对应的术语叫间距，间距的适用范围还要更广泛一些。置于伸臂范围以外是指通过保持带不同电位可导电部分间的空间距离，使人不能同时触及二者，以避免电击事故的技术措施。

伸臂范围指人在通常站立或活动表面上的任一点，不借助任何手段，手所能达到的最大空间范围。如图 6-8 所示，可根据该范围来确定不能布置带电部分的区域。一般作业场所，2.5 m 是伸臂范围一个比较重要的数据。

图 6-9 示出了两个通过置于伸臂范围以外实现保护的例子。图 6-9a 中人站在大地上，大地被看作装置外界可导电部分，因此要求电气装置的带电部分距地 2.5 m 以上，这时人只要脚站在地上，手就不可能触及带电部分。图 6-9b 中地面为绝缘地板，人一手触及带电部分是没有危险的，但应防止人的左、右手同时触及带不同电位的可导电部分，因此，可能带不同电位的可导电部分间的净距应大于 2.5 m。

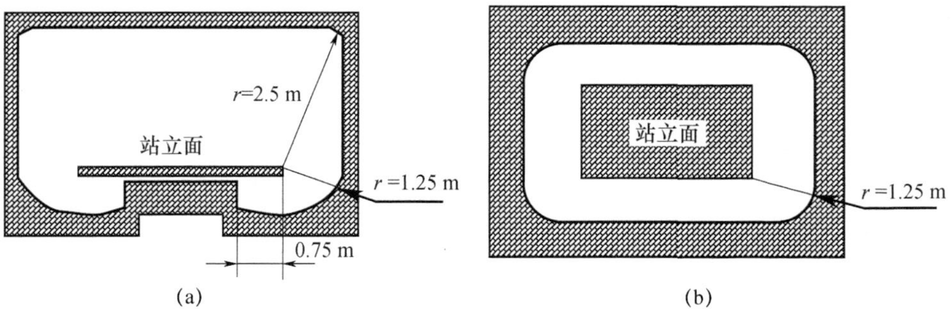

图 6-8　手的活动范围

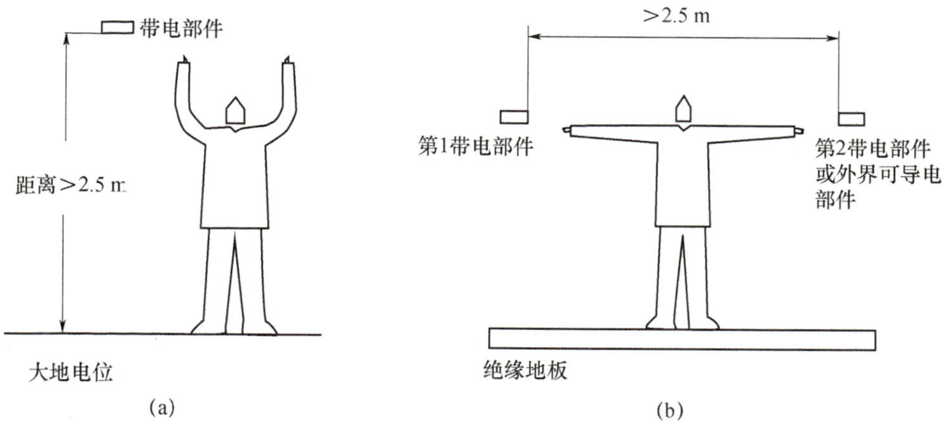

图 6-9 通过置于伸臂范围以外实现保护

与阻挡物防护措施类似，置于伸臂范围以外的措施也只适用于熟练技术人员或受过培训的人员以及在他们监督下的人员才能接近的电气装置。

6.2.4 外壳防护等级

1. 外壳防护形式

外壳防护是设备和装置安全的一项重要措施，但必须明确的是，它不仅仅是电击防护措施。外壳防护既有保护人身安全的目的，又有保护设备自身安全的目的，还可能有保护环境安全的目的等。对于前两者，相关标准规定了外壳的两种防护形式。

第一种防护形式：防止人体触及或接近壳内带电部分和触及壳内的运动部件(光滑的转轴和类似部件除外)，防止固体异物进入外壳内部。

第二种防护形式：防止水进入外壳内部而引起有害的影响。

对于机械破坏、易爆、腐蚀性气体或潮湿、霉菌、虫害、应力效应等条件下的防护等级，在其他一些相关标准中有专门规定，比如对于防爆电器，就有隔爆型、增安型、充油型、充砂型、本质安全型、正压型、无火花型等多种形式。在这些形式中，外壳是作为因素之一被考虑进去的，但不是唯一因素。也就是说，这些形式是否成立，不是由外壳因素单独确定的。而此处讨论的电气设备外壳的这两种防护形式，则是完全由外壳的机械结构确定的。

2. 外壳防护等级的代号及划分

表示外壳防护等级的代号由表征字母“IP”和附加在后面的两个表征数字组成，记作 IPXX。其中第一位数字表示第一种防护形式的各个等级，第二位数字则表示第二种防护形式的各个等级，表征数字的含义分别如表 6-4 和表 6-5 所示。

表 6-4　第一位表征数字表示的防护等级

第一位表征数字	防护等级	
	简述	含义
0	无防护	无专门防护
1	防止大于 50 mm 的固体异物	能防止人体的某一大面积(如手)偶然或意外地触及壳内带电部分或运动部件,但不能防止有意识的接近这些部分。能防止直径大于 50 mm 的同体异物进入壳内
2	防止大于 12 mm 的固体异物	能防止手指或长度不大于 80 mm 的类似物体触及壳内带电部分或运动部件。能防止直径大于 12 mm 的固体异物进入壳内
3	防止大于 2.5 mm 的固体异物	能防止直径(或厚度)大于 2.5 mm 的工具、金属线等进入壳内。能防止直径大于 2.5 mm 的固体异物进入壳内
4	防止大于 1 mm 的固体异物	能防止直径(或厚度)大于 1 mm 的工具、金属线等进入壳内。能防止直径大于 1 mm 的固体异物进入壳内
5	防尘	不能完全防止尘埃进入壳内,但进尘量不足以影响电器正常运行
6	尘密	无尘埃进入

注:1. 本表"简述"栏不作为防护形式的规定,只能作为概要介绍。

2. 本表第一位表征数字为 1～4 的电器,所能防止的固体异物系包括形状规则或不规则的物体,其相互垂直的尺寸均超过"含义"栏中相应规定的效值。

3. 具有泄水孔和通风孔等的电器外壳,必须符合于该电器所属的防护等级"TP"号的要求。

表 6-5　第二位表征数字表示的防护等级

第二位表征数字	防护等级	
	简述	含义
0	无防护	无专门防护
1	防滴	垂直滴水应无有害影响
2	15°防滴	当电器从正常位置的任何方向倾斜至 15°以内任一角度时,垂直滴水应无有害影响
3	防淋水	与垂直线成 60°范围以内的淋水应无有害影响
4	防溅水	承受任何方向的溅水应无有害影响
5	防喷水	承受任何方向的喷水应无有害影响
6	防海浪	承受猛烈的海浪冲击或强烈喷水时,电器的进水量应不致达到有害影响
7	防浸水影响	当电器浸入规定压力的水中经规定时间后,电器的进水应不致达到有害的影响
8	防潜水影响	电器在规定压力下长时间潜水时,水应不进入壳内

例如，某设备的外壳防护等级为 IP30，就是指该外壳能防止大于 2.5 mm 的固体异物进入，但不防水。当只需用一个表征数字表示某一防护等级时，被省略的数字应以字母 X 代替，如 IPX3、IP2X 等。

3. 外壳防护等级与电击防护的关系

外壳防护等级不仅适用于外壳或外护物，也可用于遮拦。就外壳防固体异物等级而言，不同的等级对应于人身体的不同部位。如 IP2X 表明外护物或遮拦的开孔大小能伸进人的手指，但不能伸进手臂。此种情况下，空间间距阻隔的防护措施就不需要置于伸臂范围以外，而只需将危险带电部分与外护物或遮拦的距离保持在伸指范围以外，就可以避免直接接触。这个伸指范围，包括前面的伸臂范围，减去手指或手臂的规定长度，在我国电力行业中称为安全净距，该净距与电气装置电压等级有关，相关规范有明确的要求。有水环境条件下的电击防护，与外壳防水等级有关，主要是避免通过水产生漏电，继而引发电击伤害。

6.2.5　用电设备电击防护形式分类

用电设备是低压系统发生电击事故的主要部位之一，因此对用电设备的电击防护性能有明确的要求。综合技术、经济、应用场所和使用功能等多方面因素，国家标准对用电设备的电击防护形式作了明确规定，简介如下：

1. 类别划分

相关标准对低压用电设备规定了四种电击防护形式，分别称为 0、Ⅰ、Ⅱ、Ⅲ类设备，如表 6-6 所示。

表 6-6　用电设备电击防护形式类别

类别	0 类	Ⅰ类	Ⅱ类	Ⅲ类
设备主要特征	有基本绝缘，无保护联结条件	基本绝缘，有保护联结条件	双重绝缘或加强绝缘，无须保护联结条件。若有保护联结条件，只是考虑可将其作为Ⅰ类设备使用而设置	额定电压不高于特低电压限值，设备任何情况下不会产生高于特低电压限值的电压
安全措施	基本绝缘作为基本防护措施，无故障防护措施	基本绝缘作为基本防护措施，保护联结作为故障防护措施	基本绝缘作为基本防护措施，附加绝缘作故障防护措施	以规定的低电压值连同其他安全条件作故障防护，其中部分条件下可作基本防护
应用限制	用于非导电环境或单独电气分隔系统			用于 PELV 或 SELV 系统

(1)0 类设备

仅依靠基本绝缘作为基本防护手段的设备，称为 0 类设备。这类设备的基本绝缘一旦失效，是否会发生电击危险，完全取决于设备所处的场所条件。所谓场所条件，主要是指人操作设备时所站立的地面及人体能触及的墙面，或其他装置外界可导电部分等的情况。

由于 0 类设备的电击防护条件较差，在一些国家已逐步淘汰。比如我国常见的金属外壳灯具，过去大多数是 0 类设备，现已不允许使用 0 类形式。

(2)Ⅰ类设备

Ⅰ类设备靠基本绝缘提供基本防护，设备外露可导电部分设置有连接端子或连接线，可与接地装置或场所中固定布线系统的保护导体相连，形成保护联结，以作为故障条件下的电击防护。

在日常使用的电器中，Ⅰ类设备占了很大部分。上一章所介绍的 TT、TN、IT 等系统，设备的保护联结方式都是针对Ⅰ类设备而言的。自带电源线的Ⅰ类设备，与设备外露可导电部分连接的 PE 线一般与相线和中性线配置在一起，由电源护套线一起引出。比如家用电器的三杆插头，其中一杆就是 PE 线插杆，它通过电源护套线内的 PE 芯线在设备内部连接着设备外露可导电部分，外部通过插座与室内固定配线系统中的 PE 线相连。而只有接线端子的Ⅰ类设备，设备外露可导电部分已经通过机内 PE 导体连接至 PE 接线端子。

(3)Ⅱ类设备

Ⅱ类设备指采用双重绝缘或加强绝缘的用电设备。Ⅱ类设备即使有金属外壳，也不设置保护联结条件。

Ⅱ类设备一般用绝缘材料做外壳，也有采用金属外壳的，但其金属外壳不视为设备外需可导电部分，不应被有意连接到保护导体上。

(4)Ⅲ类设备

Ⅲ类设备指采用 EEV(特低电压)供电的用电设备。这类设备要求在任何情况下，设备内部都不会出现高于特低电压限值的电压。

以上四类设备，以 0、Ⅰ、Ⅱ、Ⅲ进行分类而不是分级，因为分类只是表示电击防护的形式不同，而并不表明设备运行时的安全水平等级。

2. 电击防护形式类别与电击防护的关系

以上各类设备均具有直接电击防护能力，但间接电击防护途径和性能各有不同，分述如下：

(1)0 类设备只能用于非导电环境或单独的电气分隔系统，无法通过配电系统附加其他间接电击防护措施。

(2)Ⅰ类设备用于正常电网电压供电的 TT、TN、IT 系统，一旦发生碰壳漏电故障，则需通过实施于系统或环境上的其他措施进行间接电击防护。

(3) Ⅱ类设备用于正常电网电压供电的系统，其电击防护既不依赖于系统，也不依赖于使用场所的环境条件，而是完全依靠设备自身绝缘的可靠性，工程应用中不考虑该类设备发生漏电的可能性。

(4) Ⅲ类设备用于安全特低电压(SELV)或保护特低电压(PELV)系统，必须同时满足一系列的相关条件，才可以不考虑间接或直接电击发生的可能性。

6.3　电气环境安全管理

环境安全需要全社会共同参与，这其中自然包括电气工程领域的参与。目前的情况，从减轻对环境的危害这一角度来看，电气工程领域主要涉及两个问题：一个是电气火灾问题，它属于公共安全问题，是灾害防治的一项重要内容；另一个是电磁污染问题，它涉及各电磁系统间的相互关系，以及各种电磁现象与自然和人之间的关系。电气环境安全是一个广义的概念，它除了传统意义上与生命和财产有关的安全含义以外，更深一层的含义是防止对任何对象的任何形式的伤害，如影响其他系统的正常工作，造成公共秩序混乱等。电气环境安全问题目前还不是一个高度成熟的领域，很多问题的研究尚不够深入和完整，甚至可能有更多的问题尚未被发现。因此，本节的目的是通过对目前建筑电气工程实践中常见的电气环境安全问题的列举，使读者得以管窥这个领域的一些情况。

6.3.1　电气火灾概述

在时间和空间上失去控制的燃烧称为火灾。电能通过设备及线路转化成热能，并成为火源所引发的火灾，以及雷电和静电引发的火灾，统称为电气火灾。我国电气火灾在整个火灾中所占的比例，从 20 世纪 80 年代初的百分之十几，上升到 20 世纪 90 年代初的百分之三十以上，并一直维持在这个高比例附近，情况十分严重。因此，正确分析电气火灾产生的原因，采取有针对性的预防措施，减少电气火灾的发生，具有十分紧迫的现实意义。

1. 电气火灾的火源

一场火灾得以发生，火源、可燃物、助燃剂是三个必要条件。电气火灾是从火源的角度命名的。电气火灾的火源主要有两种形式：一种是电火花与电弧；另一种是电气设备或线路上产生的危险高温。下面分别予以介绍。

(1)电火花与电弧

电火花与电弧主要在气体或液体绝缘材料中产生。在固体绝缘材料中，因各种原因产生的缝隙或裂纹间也可能发生电弧，但因电弧被绝缘材料包裹，除了损坏绝缘外，一般不会直接引发电气火灾。但固体绝缘外表的沿面放电会直接引发火灾。

使两导体间空气被击穿而建立电弧的静电场场强约为 30 kV/cm，电弧会产生很高的温度，如 2～20 A 的电弧电流就可产生 2000～4000 ℃的局部高温，0.5 A 以上电弧电流就可以引发火灾。由于电弧本身阻抗较大，它限制了短路电流的大小，常使过电流保护电器拒动或不能在规定时间内动作，为引燃近旁的可燃物提供了充分的时间。

电火花可以看成是瞬间的电弧，其温度也很高，且极易产生。

电弧与电火花除直接引发火灾外，还可能使金属融化、飞溅，飞溅到远处的高温融溶金属又成为火源。它虽然是由电火花或电弧产生的次生火源，但其火灾危险性并不小，在有些场所可能更危险。

电弧或电火花的能量，都是由电能转化而来的。在故障条件下，短路所产生的电弧能量最大。在正常工作条件下，以切断感应电路时，被切断部分电感中储存的磁场能量部分通过电弧或电火花释放，断口处的电弧或电火花能量较大。当场所内有可燃或爆炸性气体时，若电火花能量超过最小引燃（爆）能量，就可引起燃烧或爆炸。

电弧除了可引起火灾以外，还有另一种严重的危害，就是对人体产生电弧（也称弧光）灼伤。这种事故在实际工作中屡有发生，受害对象多为电气操作人员。因此，电弧也是电热效应的热源，是电热效应防护中一个重点防范对象。

（2）高温

电气设备和线路在运行时总会发热，发热的原因主要有以下几种：

1）导体电阻损耗产生的热量：这是电能转化成热能最直接的途径。

2）铁芯损耗产生的热量：按电磁感应原理工作的电气设备，常使用铁芯磁路。交变电流会在铁芯中产生磁滞和涡流损耗，即所谓的铁损。铁损大小与工作频率、磁通密度等运行参数有关，也与铁芯的电磁特性和机械结构等本构参数有关。一般工频电工设备的铁芯损耗，在磁通密度为 1 T 时为 1～2 W/kg。

3）绝缘介质损耗产生的热量：电能也会在绝缘介质中转化成热能，称为介质损耗。

介质损耗大小与绝缘介质的电气性能、制造质量、工作电压、工作频率等有关，一般在高电压下介质损耗较为明显。当绝缘介质局部受损时，可能在局部产生超常的热量。

以上是电气设备和线路产生热量的几种途径。应当明确，发热是温度升高的原因（或动力），但温度升高多少还与散热有关。稳定的温度是发热与散热达到动态平衡的结果。设计、制造、安装正确的设备和线路，在正常运行条件下，发热与散热能在一个较低的温度下达成平衡，这个温度不会超过电气设备的长期允许工作温度，故不会有危险高温出现。只有当正常运行条件或设备、线缆本身遭到破坏，使发热增大而散热不及，才可能出现温度的异常升高，以至出现危险的高温，这种危险的高温在条件恰当的时候就会引发火灾。

2. 电气火灾的起因、特点与危害

(1)电能引发火灾的途径

1)电弧或电火花

电弧与电火花均属于明火，其引发火灾的途径是直接点燃。一般电弧的持续时间较长，不仅能引燃气体和液体可燃物，还能引燃固体可燃物；电火花的持续时间较短，能量相对较小，通常只能引燃(爆)易燃(爆)气体、液体或粉尘。电弧或电火花由于本身温度极高，常使金属因高温熔融而产生飞溅，飞溅出去的熔融金属作为火源又可能引发火灾。

2)高温

高温引发火灾的途径比较复杂，它的效应主要有：软化绝缘、分解物质产生可(易)燃气体、直接烤燃物质。下面分别介绍：

绝缘介质多为高分子材料。当温度高到一定程度后，其物理性状会发生变化，最明显的变化就是软化和炭化。一旦绝缘发生软化，导体间在机械压力作用下发生接触短路的可能性增大。短路一方面导致发热加剧，使导体温度急剧升高而烤燃绝缘介质，另一方面可能产生电弧直接引发燃烧。因此，这种途径引发的火灾，高温是根本原因，但不一定是直接原因。直接原因有可能是高温，也可能是短路热量或电弧。

很多绝缘介质如聚氯乙烯、聚乙烯、氯丁橡胶等都会因受热而分解出可燃气体。当温度高到一定值(典型值如三百多摄氏度)时，这些可燃气体便会与氧气产生氧化反应，释放出大量热量，从而引起燃烧。这种途径引发的火灾，高温不仅充当了火源的角色，还充当了可燃物制造者的角色。

大多数绝缘介质本身就是可燃的，如 PVC 塑料绝缘的自燃温度为 355 ℃。因此，即使没有因绝缘软化造成短路，也没有分解出可燃气体造成燃烧，当温度高到一定值以后，绝缘材料本身也会燃烧，这时高温就是火灾的直接原因。

(2)电气火灾的具体起因

以上介绍了电气火灾发生的原理，在实际工程中，到底有哪些情况会造成电弧、电火花或产生高温呢？根据事故统计和资料分析，对电气火灾的具体起因归纳如下。

1)接触不良

在线路与线路、线路与设备端子、插头与插座、开关电器的触头间等导体相互接触处，或多或少都有一定程度的氧化膜存在。由于氧化膜的电阻率远大于导体的电阻率，所以会在接触处产生较大的接触电阻。当工作电流通过时，会在接触电阻上产生较大的热量，使连接处温度升高，高温又会使氧化进一步加剧，导致接触电阻进一步加大，形成恶性循环，可能产生很高的温度，可高达数千摄氏度以上。该高温可能使附近的绝缘软化，造成短路而引发火灾，也可能直接烤燃附近的可燃物而引发火灾。

还有一种接触不良是连接处的松动，在电磁力作用下形成机械振动，时而断开时而连通，产生打火现象，也可能引发火灾。

2)过电流

最典型的过电流类型包括过负荷和短路，还有谐振过电流、涌流过电流等。从程度上看，过负荷是较轻的过电流，短路是最为严重的过电流。过电流产生的热效应是电气火灾的直接或间接原因。

以聚氯乙烯绝缘导线为例，从空载到正常负载，再到过载和短路，其热效应及后果如表 6-7 所示。常见可燃物的燃点如表 6-8 所示。

表 6-7　过电流的热效应及后果

空载	正常负载	过电流			
		过负荷		短路	
绝缘温度同环境温度	绝缘温度不超过允许的长期最高工作温度，绝缘能保证其规定的使用寿命	温度升高，但不足 360 ℃，绝缘老化加速，使用寿命缩短	温度升高到 160 ℃以上，绝缘软化，老化加速，使用寿命更加缩短，可能烤燃周围可燃物	温度急剧升高，但小于 355 ℃，烤燃周围可燃物	温度急剧升高到 355 ℃以上、绝缘本身开始燃烧

表 6-8　常见可燃物的燃点(单位:℃)

纸	棉花	布	麦草	木材	媒
130	150	200	200	250	280

从表 6-7 和表 6-8 可知，塑料绝缘导线在发生过负荷但绝缘尚未软化时，可引燃的物质不多，只有纸、棉等易燃物，这时的火灾危险性不大；当过负荷达到发生绝缘软化时，通常的后果首先是发生短路，再因短路热效应引发火灾。因此，只要过电流达到绝缘软化的程度，火灾危险性便大为增加。

3)异常电压升高

电力系统在运行过程中，运行电压异常升高会从两个方面产生火灾危险性。

由于负载阻抗的发热与电压平方成正比，在带电导体间电压升高的情况下，用电设备的发热会超过正常值，而用电设备的散热是按额定发热条件设计的，因此产生的额外温升可能使用电设备的温度达到危险值，从而引发火灾。

当相线对地电压升高到 250 V 以上(即超过了与低压单相电器爬电距离相对应的电压值)时，因环境污染或潮气冷凝在电器绝缘表面留下的盐分所形成的导电膜上可能发生漏电，漏电可能出现火星使绝缘表面炭化，炭化的绝缘表面在超过 250 V 的电压作用下很易发生闪络，可以引发火灾。这种火灾不乏案例，如我国某城市一地铁机车就曾因这种原因而起火燃烧。

低压系统异常电压升高在本章已作过介绍，如中性点位移、高压系统故障转移电压等，此处不再赘述。

4）不稳定的短路或接地故障

不稳定短路或接地指故障导体并未完全金属性牢固连接，这种故障常有电弧产生，故有时又称电弧短路或弧光短路。弧光短路的特点是有较大的电弧阻抗，这个阻抗限制了短路电流的大小，常使过电流保护电器拒动，或不能在规定时间内动作，从而使得电弧持续较长时间，给引燃周围可燃物创造了有利条件。

5）绝缘的局部缺陷或受损

当绝缘局部受损时，该处的泄漏电流增大，而增大的泄漏电流产生的温升会使绝缘进一步受损。当泄漏电流大到一定程度时，就会拉起电弧或爆出电火花，从而引发火灾。

6）铁损过大

电气设备的铁芯中，磁通密度或频率过高时，会使铁损过大而产生较大的温升。正确设计制造的设备在正常工作时是不会出现这种情况的，但故障时这种情况有可能发生，如谐波成分过重、电流互感器二次侧开路等。

7）电动机正常的机械运动受到阻碍

如正常运行的电动机发生堵转，或电动机启动失败等，这时本应转化成机械能的电能全部转化成热能，很可能使电动机及相应的回路因高温而着火。

8）误操作

如带负荷开断隔离器，或维修电工钳断通有电流的导线等，都可能拉起电弧。

9）设计选型或施工安装错误

如将单根相线穿金属管敷设，使得金属管壁因磁滞和涡流损耗而产生温升；或将发热量大的用电电器安装在易燃物上，如将白炽灯具安装在纸质吊顶上等。另外，工程上也见到过将用于直流系统的单芯金属铠装电缆用于交流系统且不降容的事例。更有甚者，还有用耐压较低的电话线代替电力电线连接电源插座的情况，这些错误做法造成的火灾隐患是十分严重的。

10）雷电与静电

雷电的弧光和高温可能直接引发火灾，防雷系统可能因为反击或感应电火花引发火灾，在本书第 5 章中已经详述。静电主要通过静电放电电火花引发火灾，详见本章 6.3.3。

（3）电气火灾的特点与危害

1）特点

既然是火灾，则不论起因是什么，火灾形成后的特征主要与可燃物和环境有关。因此，这里所说的电气火灾的特点，严格地说应是电气火患的特点。由于电气系统分布广泛，且长期持续运行，电气火患的特点就是火患的分布性、持续性、隐蔽性。分布性指建筑物中到处都有电线、电具或设备，都可能成为火源；持续性是因为电网总是连续不断地持续工作，若非故障或检修不会停歇；隐蔽性是因为电气线路通常敷设在隐蔽处（如吊顶、电缆沟内等），火灾初期不易被火灾报警系统发现，也不易被现场人员所察觉。另外，电气火灾的危险性还与用电情况密切相关，当用电负荷增大时，容易因过负荷而造成电气火灾。

2)危害

火灾是一种严重的灾害，它所造成的人员伤亡、财产损失和社会震荡都是巨大的。电气火灾主要发生在建筑物内，建筑物内人员密集、疏散困难且排烟不畅，极易造成群死群伤的重大事故。在我国已发生多起歌厅、商场、电子游戏室和礼堂等人员密集场所的电气火灾，造成重大的人员伤亡，产生了恶劣的社会影响。另外，在居民住宅、中小学学校、医院、图书馆等建筑中，近年来用电设备大量增加，用电负荷急剧上升，在这些场所一旦因电气故障发生火灾，后果不堪设想。因此，各有关部门除了大力加强消防灭火力量外，还制定了各种技术和行政法规来控制火灾隐患，甚至以立法的形式对消防问题提出了强制性的要求。作为电气工程领域的技术工作者，从技术的角度去尽量减少火灾隐患，是一种义不容辞的社会责任，也是职业责任的一种具体体现。

6.3.2 电气火灾预防及电热效应防护

电气火灾的预防是一项系统工程，它涉及设备制造、工程设计、施工安装及运行维护等诸多环节，又涉及电气、化学、材料、热力、燃烧与消防等诸多学科。因此，它需要一系列的综合配套措施来进行有效防范。以下主要从设计和施工安装的角度，提出一些预防电气火灾的措施。

1. 在设备和线缆形式选择上采取的火灾预防措施

(1)设备选择

1)在火灾危险性大或扑救困难的场所，尽可能选用无油或少油电气设备。不管油是用来作为绝缘介质、灭弧介质还是冷却介质，因其在高温下会分解成气体，即使自身不会燃烧，也有爆炸的危险；另外，油一旦着火，会因液体的流溢而使燃烧蔓延，给控制火势增加了困难。我国的建筑设计防火规范就明确规定，设在高层建筑主体内的变配电所，不能选用油浸式电力变压器和油断路器，在这种场所中，一般选用干式变压器，真空或 SF_6 断路器，电流和电压互感器也常选择树脂浇注形式，这些介质本身就是难燃甚至不燃物质，可从根本上消除火灾隐患。

2)开关电器及成套配电装置的选取，应考虑开关电器在操作时的飞弧问题，这一问题属于产品制造的范畴，严格地讲，只要是合格的产品，就应该没有问题。另外，应选择有防误操作的成套配电设备，我国的成套开关柜都要求有“五防”功能，可以避免因误操作产生电弧而引发火灾。

(2)线缆选择

线路火灾占整个电气火灾的60%以上,线路又是整个配电系统中分布最广、隐蔽部位最多的部分。因此,有效预防线路着火对减少电气火灾有重要意义。

在建筑物低压配电系统中,电线电缆一般都是在导管或电缆槽盒、电缆托盘等配线附件中敷设。在线路着火点处正好存在可燃物质是很偶然的情况,一般是在线路的某一点着火后,火沿着线路延燃,至某一处遇到可燃物后才发展成火灾。因此,阻止绝缘燃烧沿线路的延伸就显得十分重要。根据这一要求,生产厂商开发出了阻燃绝缘材料,并生产出了阻燃电线电缆可供选用。

阻燃绝缘材料主要是在传统绝缘材料中添加一些物质,使其燃烧时所需的氧气量大为提高,该性能用氧指数来衡量。高氧指数材料使燃烧不易持续,燃烧最后因缺氧而自熄。过去我国的电线电缆只区别阻燃与非阻燃,现在有些产品已经对阻燃性能进行了分级,在不同的场所可选用不同级别的阻燃线缆,选择范围更加灵活。

对电线电缆的选择还应考虑着火后是否产生有毒气体的问题。据统计,在高层建筑火灾中死亡的人员,绝大部分是因窒息而死亡的。窒息的原因是着火时产生的浓烟中含刺激性有毒气体,这些气体刺激人体呼吸道发生严重水肿,使呼吸道变细,甚至完全封闭呼吸道。含卤族元素的高分子材料是产生这种气体的元凶,而电气线路中常用的绝缘介质聚氯乙烯便是一种含卤族元素的高分子材料。因此,在高层建筑中应尽量避免选择使用这类绝缘材料的电气线路。现已有无卤低烟类电线电缆,是一种很好的替代品。

2. 在配电系统构造上采取的火灾预防措施

(1)线缆规格的选择

1)线路应具有足够的耐压水平和绝缘水平,防止绝缘被击穿而发生短路。这是一个常被忽视的问题,尽管在很多情况下这一条件都能满足,但并不是在所有情况下都是如此,举例如下:

通常对于220/380 V的TT或TN系统,要求电缆的额定电压U_0/U(相地电压/相间电压)不小于300/500 V。因为系统在正常情况下,相地电压为220 V,而相间电压(即线电压)为380 V。但对于中性点不接地的IT系统,当某一相接地时,其他两相的对地电压会升高为线电压380 V。这种情况下系统仍可继续运行,这时300/500 V的电缆显然是不符合要求的,应选择额定电压450/750 V及以上的电缆。另外,若有不同额定电压的回路在同一管、槽中敷设,则所有线路都应按最高电压回路的电压来选择。

线路的绝缘电阻也很重要,它决定了泄漏电流的大小,而泄漏电流引起的发热又是损害绝缘的因素之一。一般可按这样的规则来估算对绝缘电阻的最低要求:每伏线路额定电压应具有不小于1000 Ω的工频绝缘电阻,如220 V线路不小于0.22 MΩ,380 V线路不小于0.38 MΩ等。精确的数据应遵循相关的验收规范。

2)正确计算线路载流量,勿使线路因过载而产生高温。电线电缆长期允许载流量的选取是一个复杂的问题,长期允许载流量是由绝缘介质的长期允许工作温度限定的,在这一温度以下运行,绝缘介质能达到它的设计使用寿命。由于给定导体截面积的线缆通过给定电流时其发热量是确定的,因此绝缘的温度会达到多高就取决于散热条件,而散热条件又与环境温度、敷设部位(空气中还是地下土壤中等)、敷设方式(穿管、线槽或不穿管敷设等)、相邻有无其他管线等多种因素有关。在确定电线电缆长期允许载流量时,应注意以下几点:

a)环境温度不等于载流量表给定的温度时,应进行温度校正。

b)若用电设备接线端子有工作温度限制,或环境中有温度敏感物质,其最高温度限值又低于线缆的长期允许工作温度,则应按设备端子或温度敏感物质最高温度确定允许载流量。

c)埋地电缆敷设处土壤热阻系数不同时,应按热阻校正系数修正载流量,热阻校正系数可从各种手册查知。

d)穿管电线多管并列敷设,电缆在地中或托盘内多根并列敷设时,应按并敷校正系数修正允许载流量,以计入线缆发热对相互间散热条件的影响,并敷校正系数可以从各种手册中查知。

在实际工程中,以上校正最易疏忽的是并敷校正。如有多根电缆在电缆沟中敷设时,校正系数通常很小,很多时候都在0.6左右甚至更低。这种疏忽所造成的载流量数据的误差常高达40%以上,已足以形成隐患。

3)当有严重不平衡电流和三的倍数次谐波电流时,应特别注意中性线截面积的选取。

中性线截面积过小的火灾危险性有二:一是其因自身过热引发火灾;二是一旦中性线被烧断,三相不平衡负荷上会产生中性点位移,使电压升高相在负载阻抗上产生过热,可能引发火灾。

4)线路的短路热稳定校验不可忽视。满足短路热稳定要求,说明短路对线路的绝缘没有形成不可逆的改变。这既保证了本次短路没有短路点以外的绝缘损坏,也避免了线路恢复运行后新的短路隐患。

5)应考虑末端单相短路的保护灵敏性问题,这对于小负荷长线路尤为重要。如高层建筑电梯供电线路、屋顶空调冷却塔供电线路以及市政路灯线路等。线路末端单相短路电流过小,可能导致保护不动作,单相短路长时间持续,引发火灾的可能性增加。若仅靠加大导线截面积还不能满足末端单相保护灵敏度要求,则应考虑采取改变系统结构等其他措施。

(2)合理设置系统保护

1)过负荷保护设置常见问题

整定合理的过负荷保护,图6-10示出了动作特性与被保护元件允许过负荷特性的关系，保护装置一定要在被保护元件被损坏以前动作，保护才可靠。对电气设备过负荷保护的整定一般不易出错，常见的错误出现在对线路过负荷保护的整定上。

如图 6-11a 所示，由一路变截面的母线槽作楼层配电干线，设计者考虑到干线负荷逐层减少，故在第五层将允许载流量为 630 A 的母线槽改为 400 A。但整条干线的过负荷保护都由干线首端电源断路器的长延时脱扣器负责，动作其整定值为 500 A。这显然不能保护载流量为 400 A 的线路的过载，因此是一错误设计。

如图 6-11b 所示配电箱系统图中，AL-W2 回路的计算电流为 I_c 等于 21 A，2.5 mm^2 导线在该设计的敷设条件下允许载流量为 23 A。低压断路器长延时脱扣器整定电流为分档选择，20 A 上一档是 25 A。选 20 A 显然是错误的，因它小于计算电流，可能造成正常工作下误动作，故设计者选择了 25 A。但 25 A 的过负荷不能可靠保护允许载流量仅为 23 A 的线路的过载，因此设计是错误的。在这种情况下，尽管线路已经允许载流量，但为了配合过负荷保护，应选择更大截面积的导线。

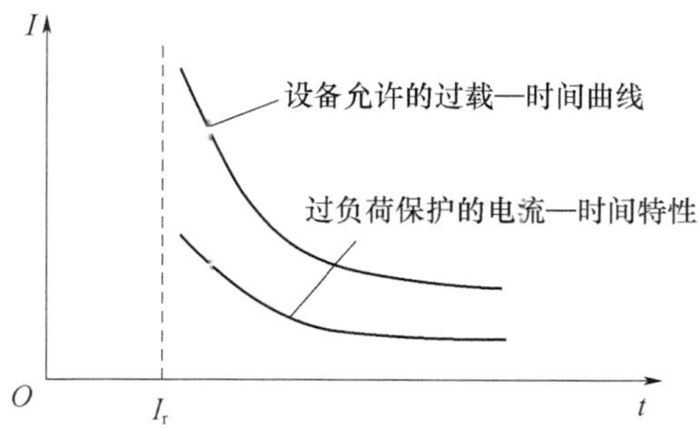

图 6-10　过负荷保护动作特性的选取

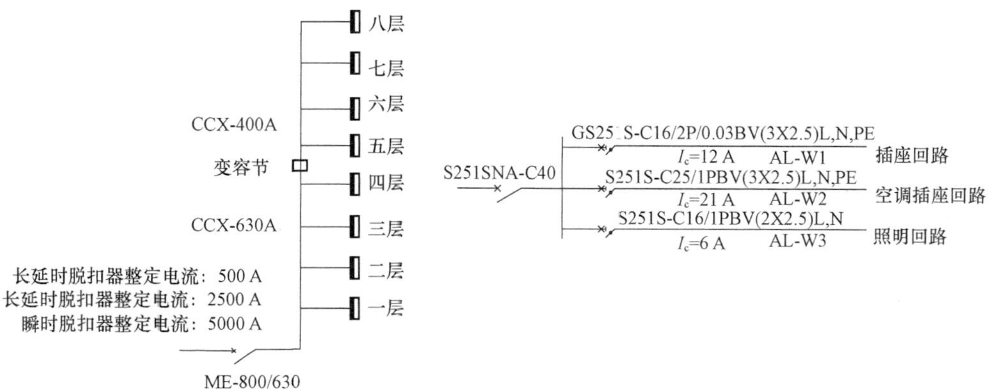

(a)　　(b)

图 6-11　不正确的线路过负荷保护示例

2)短路保护设置存在的问题

在建筑物内低压配电系统的短路保护设置中,从防范电气火灾的角度来看,主要存在两个问题:一是单相短路的保护灵敏度不够,线路的零序阻抗较大。对于较长的线路,其末端单相短路电流较小,常不能满足保护灵敏度要求。二是保护的整定都是按金属性短路计算的,当发生非金属性短路如弧光短路时,较大的电弧阻抗使短路电流小于计算值,保护可能拒动。因此,短路保护的设置对防范电气火灾是有用的,但防护能力可能还不够,还需要配合其他措施来加以完善。

3)剩余电流保护的应用

剩余电流保护电器(RCD)除了用于电击防护外,还广泛用于电气火灾的防范。RCD主要用于对单相接地故障引起的火灾进行防范,尤其是对绝缘缺陷产生泄漏电流和电弧性接地故障,过电流保护装置对绝缘泄漏电流引发的火患的防护。通常情况下,当绝缘受损产生泄漏电流时,若泄漏电流通道截面积为几个平方毫米,则60～100 W的泄漏功率就能引燃绝缘。如图6-12所示,泄漏通道等效电阻为R,通过该泄漏通道的接地故障电流为I_{1k} k,在线路首端或者装设有过电流保护电器,或者装设有RCD。表6-9列出了在保护动作前泄漏电阻R上可能达到的最大功率,从表中可看出,额定剩余动作电流300 mA及以下的RCD能较可靠地防止绝缘燃烧。

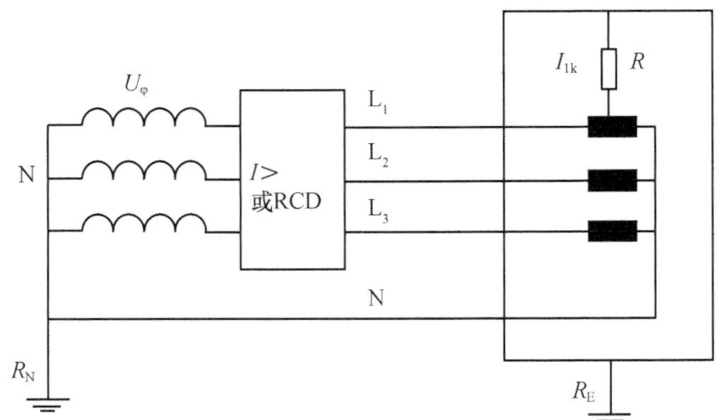

图6-12　绝缘泄漏电流

表6-9　应用不同保护装置时可能产生的最大绝缘泄漏发热功率

保护装置	最大可能持续的电流(A)	在220 V时的发热功率(W)
熔断器(10 A)	15.00	3300.00
小型熔断器(B、C特性,16 A)	18.00	3960.00
RCD($I_{\Delta n}$=500 mA)	0.50	110.00
RCD($I_{\Delta n}$=300 mA)	0.30	66.00
RCD($I_{\Delta n}$=3 mA)	0.03	606.00

从表 6-9 可知，RCD 动作电流越小，引发火灾所需能量得以出现的可能性越小。因此，整定较小的动作电流是有好处的，但前提是不能因动作电流太小而产生误动作。另外，动作时间也是能量累积的一个因素，动作时间越长，同样功率下所累积的能量越大，越容易引发火灾。在保证级间动作配合的前提下，动作时间越快越好。

对电弧性接地引发的火灾的防护。大于 0.5 A 的电弧能量就能引发火灾，对于如此小的电流，一般的过电流保护电器无法保护。用 RCD 进行保护是有效的，因为此时的电弧电流就是剩余电流，使用额定剩余动作电流为 0.3 A 的 RCD，就可有效切除能引起火灾的接地电弧。

工程实践现状中，住宅要求在电源总进线处装设防接地故障的 RCD，一般设计为延时动作，以便与住户插座回路的防电击 RCD 配合，其主要目的就是防电气火灾。其他情况下可根据需要在配电回路首端装设。另外，在有专业人员管理的一些公共场所，可将防火用 RCD 动作于信号。因为从电弧性接地或绝缘泄漏电流出现，到最终火灾发生，通常有一段不短的时间，在这期间管理人员有充分的时间寻找故障点，这样可减少停电的时间和次数。

但是，对于应急照明、消防设备、防盗系统、安防中心等负荷，一般不应设置动作于跳闸的 RCD，在这些场所，采用动作于信号的 RCD 是恰当的。

4)电弧故障保护器的应用

电弧故障保护器(Arc Fault Detection Devices，AFDD)是一种主要针对电气火灾预防的新型保护电器。电弧可能出现在带电导体与地之间，也可能出现在带电导体相互之间。因此，有电弧产生时，不一定有足够大的过电流出现，也不一定有剩余电流出现，这就是还需要 AFDD 进行保护的原因。

国家标准 GB/T 31143—2014《电弧故障保护电器(AFDD)的一般要求》于 2015 年实施，但之前已经有工程中采用了 AFDD。AFDD 通过对电流的特征分析推算系统中是否有电弧出现，一般对应于单条支路设置。目前的情况是误判率还较高，只用于额定电流不大于 25 A 的回路，且相关的应用标准尚未出台。

5)绝缘监视装置的应用对于敷设路径上存在容易使绝缘受损或老化加速因素的线路，可装设绝缘监视装置，监视线路的绝缘状况，一旦发生异常，由监视装置发出警报，通知管理人员检修。

(3)防止异常电压升高

低压系统最常见的异常电压升高为中性点位移。中性点位移大小与三相负荷不平衡的程度和中性线是否完好两个因素有关，最严重的情况是三相负荷严重不平衡时发生中性线断线。因此，在系统设计时，应尽量使三相负荷平衡，并且应谨慎使用四级开关，因为中性线上开关触点若接触不良，等同于中性线阻抗过大或断线。由于中性线开关触点设计要求为无电流断、合，没有电弧来清除触头上的氧化膜及油污等，长时间运行发生接触不良的可能性是不能忽略的。与单相二线制系统不同的是，三相四线制系统中性线接触不良并不影响对负荷的供电，因而不易及时被发现，这种隐患就显得尤为危险。

3. 施工安装环节应注意的火灾预防事项

电气系统的施工安装，有后面的规范规定。一般说若严格地按照规范要求安装，则因安装造成的火灾隐患是很少的，这里仅针对施工安装中容易出问题的地方做一重点强调。

(1)电气连接一定要紧固牢靠。接头与端子之间的连接，除了受到导线本身的应力作用外，还受到电流产生的磁场的电磁力作用，因电流是交变的，作用力引起机械振动。若连接处螺栓压力不够，则长期运行后容易松动打火，成为火灾隐患。另外，对于中性线的连接要给予足够的重视，中性线接触不良，不论对电击防护、电气设备安全还是电气火灾预防都是极为不利的。

(2)一定要严格保证 TN-S 系统中 N 线与 PE 线在系统中性点以外的电气绝缘。这既是电击防护的要求，也是电气火灾防范的要求。因为一旦 N 线与 PE 线混用，RCD 将误动作，在这种情况下使用者通常会取消剩余电流保护功能，这就使得防火剩余电流电保护这一有效措施失效。

(3)在工作中发热较大的电器，不应安装在易燃或可燃材料上。如白炽灯具因发热较重，不能直接安装在纸质天花吊顶上等。

(4)电气安装中使用的辅助材料，如绝缘胶带、穿线塑料管、塑料线槽等，一般应选用阻燃类型。

4. 电热效应防护

电气设备产生的热和热辐射，可能造成以下危害：〈1〉降低设备功能，损坏或烧毁设备；〈2〉灼伤人员；〈3〉引发火灾。关于第〈3〉条，前面已作了详细论述；第〈1〉条与第〈2〉条本不属于电气火灾防范的内容，但它仍属于电气安全问题，在此附带介绍。

(1)灼伤保护

灼伤保护的基本原则如下：

1)将伸臂范围以内的电气设备可接近部分的温度设计控制在不可能造成灼伤人员的程度，如表 6-10 所示。该表规定了伸臂范围内的设备可触及部分在正常运行中的最高温度，这实际上是避免灼伤的通用性要求，而不只是针对电热效应产生的灼伤，因此可作为一般设备的最高温度限值。

表 6-10　在伸臂范围内的设备可触及部分在正常运行中的最高温度

可触及部分	可触及表面的材料	最高温度(℃)
手握式操作工具	金属	55
	非金属	65
规定要接触,但非手握的部分	金属	70
	非金属	80
正常操作中不需要接触的部分	金属	80
	非金属	90

2)在正常工作条件下,当伸臂范围以内的电气设备的可接近部分,其表面温度哪怕只有短时间超过表 6-10 规定的限值时,都必须采取防止意外接触这些部分的措施,例如设置圈护或警戒。

(2)过热保护

为防止热和热辐射对设备及其部件的损坏,或导致设备功能的下降,可采取以下措施进行防护:

1)从结构设计和安装方面保证电气设备及其组成部分所产生的热或热辐射,不致达到或超过致使设备损坏或功能下降的程度。

2)对产生有害的电热效应的电气设备或部件(设备或部件本身不以产热为其基本功能),应采取相应的散热措施。例如在变压器或静止变流器中采用的散热片、强迫风冷、循环水冷却措施等。在采用强迫冷却时,应采取措施,监测其冷却效果。若冷却不足则应发出报警信号,必要时切断装置的供电,降低设备的负载,或采取其他措施确保安全。

对于热水或蒸汽发生设备,应考虑过热安全释放装置。

6.3.3　静电防护

构成物质的基本单位——原子,是电中性的。原子中原子核带正电荷,电子带负电荷,其电荷量大小相等。但在一定的条件下,原子可能得到或失去电子,使原子不再具有电中性,而是整体对外呈现出正或负电荷的特征。局部有暂时失去平衡的相对静止的正、负电荷的累积,就是工程上所称的静电。

静电广泛存在,它可能产生于电气系统的某一环节或部位,也可能完全是一种自然现象。因此,即使在一些与电气完全无关的工艺过程中,也可能有大量的静电产生。从静电的量值大小来看,小至粉尘、大至雷云,所带静电电荷及能量的差距可达天文数字。静电对环境的影响是多样的,本节主要从安全的角度讨论静电与环境的关系。

1. 静电的产生与危害

(1)静电产生的机理

除了广为人知的摩擦生电以外,静电还有很多生成途径。简介如下:

1)接触—分离起电

两种物质相互接触,当其间距小于 2.5 mm 时,由于构成两种物质的原子得失电子的能力不同,界面间会因外层电子的能级不同而发生电子的转移,于是在接触界面的两侧,会出现大小相等、极性相反的两层电荷,称为双电层。这两层电荷间存在电位差,称为接触电位差。接触电位差的大小与物质类别和表面状况有关,其量值一般为毫伏级,最大可达 1 V 左右。

以上解释接触—分离起电的理论称为双电层和接触电位差理论,用这一理论可合理解释摩擦生电现象。因两层物质接触形成双电层后再分离,转移的电子可能没有或没有全部回到原来的物质中,使得分离后的表面有净电荷的积聚,而摩擦正是两种物质持续的接触—分离的过程,因此能使参与摩擦的两种物质带上不同的电荷。

不同导体之间也会产生双电层和接触电位差。但由于电荷在导体内能迅速运动,当两导体分开时,由于相互接触的各点不可能同时分离,后分离的点就成了双电层电荷在接触电位差作用下产生电流的通道,使累积的电荷迅速消失,最终导体上无净电荷累积。

由于不同物质得失电子的能力不相同,某两种物质相互接触时谁得电子、谁失电子可由实验确定。对不同的物质两两配对重复实验,可得到一个得失电子能力的排序,这个排序称为静电起电序列。在这个序列中,排序靠前的物质与排序靠后的物质摩擦,总是排序靠前的带正电荷,排后的带负电荷,而且两种相互摩擦的物质在排序中相距越远,摩擦生电的能力越强。以下是一些常见物质的静电起电序列:

玻璃—头发—尼龙—绸—纸张—黑色橡胶—维纶—聚酯纤维—聚乙烯—玻璃纸—聚氯乙烯—聚四氟乙烯。

2)破断起电

无论材料破断前其内部电荷是否均匀,破断后都可能在各部分产生净电荷累积,这种现象叫作破断起电。破断起电与接触—分离起电不同,因为材料在破断前是同一种物质,故不能用双电层和接触电位差理论来进行解释。就实际情况来看,粉尘、液体分离过程的起电都属于破断起电。

3)感应起电

严格地说,静电感应不是静电的原始生成方式,它是在已经有静电存在的前提下,通过静电感应产生出新的静电。如图 6-13 所示:带负电荷的带电导体 A 接近导体 B,B 与接地装置相连,这时在 B 上靠近 A 一端感应出正电荷,而负电荷被排斥到远离 A 的一端。由于大地可看成有无穷大的电容量,因此这些负电荷通过接地装置泄入大地,这时断开B与接地装置相连的开关Q,导体B上就会有净正电荷累积,这就是感应生成的静电。

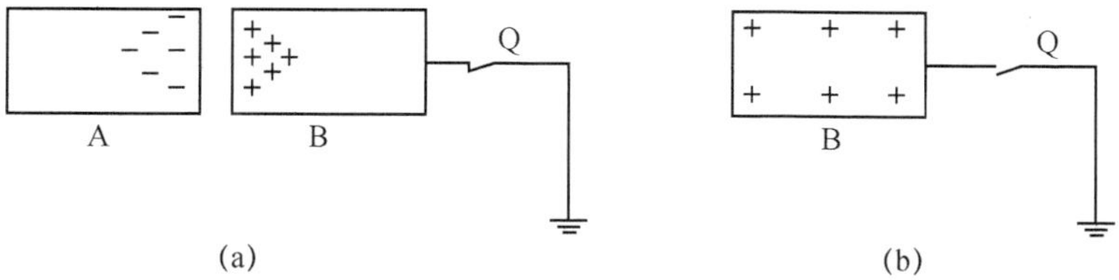

图6-13　感应起电

4)电荷迁移

当一个带有电荷的物体与一个不带电荷的物体接触时,电荷会在两个物体间重新分配、发生电荷迁移而使非带电体带电。电荷迁移只是静电的一种重新分配,静电的总量并未发生变化。

5)其他方式

静电产生的方式还有很多,如压电带电、电解带电、热电带电等,在此不再一一介绍。

(2)常见的静电形式

这里介绍几种可能引发安全问题的静电形式。

1)人体静电:这里所说的人体,不仅指人的肉体,还包括人身上的衣裤鞋袜等穿着物,以及操作时所携带的工具等。人在各种活动,如穿衣、坐、行走中,都可能因摩擦产生静电,而人体本身既有导体又有介质,且具有一定的电容量,因此可能被感应出静电,也有可能从带电荷的物体上分得部分电荷。

人体静电与衣着的材料、毛发皮肤的洁净状况、相对湿度等因素有关。由于人体活动范围大,又通常是各种过程的参与者,人体就成了一个移动的静电源,而人体静电又常常被人们所忽视。因此,人体静电成为静电危害的重要源头之一。

2)固体及粉体静电:固体物质大面积的接触—分离或大面积摩擦,以及固体物质的粉碎等过程中,都可能产生强烈的静电,其静电产生的机理,既有接触—分离起电,也有破断起电。固体静电的特征是电压高,可高达数万伏,其原因不在于静电量值大,而在于电容的量值可能很小。以平板电容为例,在电荷量Q一定的情况下,两极板间的电压为:

$$U=\frac{Q}{C}=\frac{Qd}{\varepsilon S} \tag{6-5}$$

式中:U是电容器两极板间的电压(V);ε是极板间电介质的介电常数(F/m);S是极板面积(m^2);d是极板间距(m);C是电容器的电容值(F);Q是极板上存储的电荷(C)。

可见，U 与间距 d 成正比，与面积 S 成反比。尽管这是从平板电容器推导出的公式，但对于一般情况也有参考意义。即在 ε、S、Q 不变的情况下，U 与 d 至少可以说呈正相关性。

假设静电是因接触—分离产生的，则按前面介绍，双电层间距为 2.5 nm 以下，接触电位差为豪伏级，假设为 10 mV，当将两接触面分开至 1 cm，即距离增大了$(1\times10^{-2})/(2.5\times10^{-9})=4\times10^{6}$倍，则电压会升高到$(10\times10^{-3}\times4\times10^{6})\ \text{V}=4\times10^{4}\ \text{V}$。

粉体可看作是处于一种特殊状态下的固体群。粉体在混合、搅拌等加工过程中，颗粒与颗粒之间、颗粒与器壁和空气之间的碰撞摩擦和颗粒的破断，都会产生静电。粉体的静电电压很高，可高达数万伏。

由于粉体具有分散性和悬浮状的特点，粉体的表面积可比同等质量的同种固体大很多倍。由于表面积大，静电更容易产生。另外，由于粉体处于悬浮状态，颗粒间、颗粒与金属器皿之间、颗粒与大地之间是通过空气绝缘的，这使得粉体是否产生静电与组成粉体的材料关系不大。一些金属粉体如镁粉、铝粉等也能产生静电。

固体和粉体由于产生的静电电压都很高，若不采取措施，很容易引发火灾或爆炸。很高的电压还对一些电子设备的正常工作造成干扰，乃至威胁这些电子设备的安全。因此，在橡胶、塑料、纤维等行业的生产工艺过程中都有消除静电的措施，而在计算机房、通信机房等处也会采取防止产生或者消除静电的措施。

3)液体静电：液体在流动过程中会产生静电，其产生静电的机理较为复杂。简单地说，在液体与固体的交界面上会出现双电层，在液体本体中的电荷不只是集中在一层，而是以一定密度分布的体电荷。当液体内部液体与液体间有相对运动时，这些电荷有一部分就会随液体流走，形成流动电荷。由于流动电荷现象的存在，管道的终端容器里将会有静电荷的净累积。

流动电荷产生流动电流，流动电流与管道长度有关，当管道很长时，流动电流基本上不再随管道的长度变化而趋于稳定，这个稳定值叫作饱和流动电流 I_∞，I_∞ 的计算公式为：

$$I_\infty=\frac{\tau}{4}Dv^2\rho_{m\infty} \tag{6-6}$$

式中：D 是管道内直径(m)；v 是流速(m/s)；$\rho_{m\infty}$ 是液体饱和密度(C/m^3)；τ 是体静电时间常数(s)。

通过 I_∞ 的大小，可推算出单位时间内流入终端容器的电荷量的大小，这对计算静电泄放装置的容量是有用处的。

4)蒸汽和气体静电：蒸汽在管道内高速流动以及由阀门、缝隙高速喷出时会产生静电。蒸汽产生静电的原理与液体产生静电类似，也是由于接触—分离或破断等原因产生。完全纯净的气体是不会产生静电的，但由于体内往往含有固体或液体杂质颗粒，这些颗粒的碰撞、摩擦、分裂等过程照样会产生静电。

有些工艺过程会产生薄雾，它从物态来说仍属于液体，但以微粒状呈分散分布，它们与液体的差异，就像粉体与固体的差异一样。如涂料的喷涂就是一个最典型的例子。薄雾的喷射可能会产生强烈的静电，是一种较危险的静电源。

蒸汽和气体的静电比固体和液体的静电要弱一些，但也可高达万伏以上。

(3)静电的特点

1)能量小

除了雷云的静电积聚了巨大的能量以外，一般生产生活活动中所产生的静电能量都很小，一般不超过毫焦级。

2)电压高

生产过程所产生的静电电压示例如表 6-11 所示。

表 6-11　生产过程中产生的静电电压

设备类型	已观测的静电电压(kV)
带传送	60～100
纤维织物输送	15～80
造纸机械	5～100
油槽车	最高达 25
谷物皮带输送	最高达 45

3)感应性静电

可在邻近的对地绝缘导体上感应出电荷，并可能产生出很高的电压。

4)积聚性静电

电荷可以累积，如果没有异性电荷的中和或电荷的泄漏，可积聚较大的电量。接触面积越大，则累积越多。

(4)静电的危害

静电产生的静电场，其物理特性已为大家所熟知，其中场强是一个重要的物理参量。当场强过大时，会使绝缘击穿放电。另外，静电场产生的静电力有时也会是一个危险的因素。

具体来说，静电的危害体现在以下几个方面：

1)引发燃烧或爆炸

静电产生的高场强引发的放电，是燃烧或爆炸的起因。

静电的能量一般很小，但其所产生的场强并不一定小，尤其在小曲率半径部位可能产生很高的场强并将空气击穿，典型的如尖端放电。放电产生的火花对易燃、易爆的气体或液体是极为危险的。表 6-12 是一些易燃气体与蒸汽混合物的最小引燃能量。从表中可以看出,引燃能量都在毫焦级,与大多数静电的放电能量处于同一数量级。当一些易燃物质混合在空气中时,就很易为静电引燃,如汽油在空气中的体积浓度在 $1.4\times10^{-6}\sim7.6\times10^{-6}$ 时,只要 1 mJ 的火花能量就可点燃;医院手术室中常用的乙醚,当体积浓度在 $1.85\times10^{-6}\sim36.55\times10^{-6}$ 时,0.45 mJ 的火花能量就能点燃。因此,在火药、火箭燃料、有机溶剂仓库、医院手术室等处都要严防静电放电。

表 6-12　气体和蒸汽混合物的最小引燃能量(单位:mJ)

名称	最小引燃能量	名称	最小引燃能量	名称	最小引燃能量
甲烷	0.280	环己烷	0.220	乙醚	0.190
乙烯	0.096	丁烷	0.250	氨	6.800
乙炔	0.019	苯	0.200	氢	0.019
丙烷	0.260	丁酮	0.290	戊烷	0.280

2)静电电击

静电电击作为一种人为的手段,用得最多的是警用电警棍,但这里所说的静电电击是指非人为的。与工频电击不同,静电电击时人体只是承受放电瞬间的冲击电流。已有工程技术人员从电击能量的角度对其伤害性做了研究,但尚未形成标准性的文件。

研究认为,冲击电流引起心室纤维颤动使人致命的能量界限为 $0.054\ \mathrm{A^2\cdot s}$。尽管至今尚未有静电电击致命的报道,但静电电击造成二次伤害的可能性是存在的。如对于有心脏病人员,可能会诱使病情发作或加重其病情,有些国家就明文规定心脏衰弱者不得从事静电喷漆等工作;又如对于高空作业的人员,可能导致人员从高空跌落而造成伤害。

3)损坏电子元件或设备

集成电路中广泛采用的金属氧化物场效应管,由于其栅极与源、漏极间有很高的绝缘电阻,因而极易因静电感应电压而造成击穿,一般 100 V 的感应电压就足以使场效应管损坏。大家常见的计算机内的各种板卡、硬盘等通常都用抗静电包装袋包装,而安装时工作人员会不时将手放到幅面或金属桌面上按一下,就是为了防止人体静电对元件的损坏。

4)影响正常的工艺过程或破坏正常的工作状态

静电产生的电场力,会使很多工艺过程受到影响。如纤维加工工艺中,由于橡胶轴辊与丝、纱等摩擦产生静电,可能导致乱纱、挂条、缠花、断头等现象而妨碍工艺流程;又如在粉体加工工艺中,由于静电电场力吸附粉体,常使筛分粉体的筛目变细,降低工作效率,而计量器具还会因附有粉体而使精度降低。

静电放电也会使一些工艺过程受到影响。如在冲洗胶片的暗室中,由于胶片与辊轴之间的高速摩擦产生火花放电,会使胶片曝光而报废。频繁放电产生的干扰,会对无线通信、信号录制等产生不良影响。

静电产生的电位差还可能使一些电子设备工作出错。如因静电使电子设备的逻辑参考电平发生变化，会使计算机运算出错、继电器误动作等。由此带来的次生差错或损失，有时也是相当大的。

另外，当室内有大量电子电气设备频繁发生静电放电时，还可能在空气中产生臭氧，污染环境，使人员健康受到影响。

2. 静电危害的防护

静电危害防护的思路：一是抑制静电的产生；二是以无害的方式使已经产生的静电得以消除；三是提高受害对象或场所对有害静电效应的耐受能力。以下就对这些思路的具体措施作一一简介。

(1)抑制静电的产生

主要是在材料选用和工艺制定等方面采取措施，使静电产生的可能性降低。

1)采用导电性能良好的材料

例如皮带传动时，因皮带的绝缘性而使其摩擦生电。若工艺允许，可采用齿轮传动或连杆传动，因传动件都是金属件，就不会产生静电；若工艺不允许取消皮带传送，则可选用由导电材料制成或涂有导电涂料的皮带。在有两种材料产生摩擦的工艺中，尽量不要选取静电起电序列中相距较远的两种物质，如易燃液体用的搅拌器，其材料就应根据液体的性质恰当选择。另外，粉体生产中所用的粉筛滤网，最好用碳素纤维一类的导电材料制作。

2)减小摩擦

减小摩擦的途径通常有两种：一种是降低压力和摩擦系数；另一种是降低速度。

以输送燃油的管道为例，首先应保证管道内壁光滑，粗糙的管壁或管壁上有附着物都会使摩擦系数加大；其次应加粗管径，减少弯头，增大弯头的转弯半径等，可在保证流量的同时降低压力，从而减小摩擦。燃油在管道中的流速与管径应满足以下关系：

$$v^2 D \leqslant 0.64\ \mathrm{m^3/s^2} \tag{6-7}$$

式中：v 是流速(m/s)；D 是管径(m)。

除满足上式以外，允许流速的上限值还与液体的电阻率相关。当电阻率分别为小于 $1\times10^5\ \Omega\cdot\mathrm{m}$、$1\times10^5\sim1\times10^9\ \Omega\cdot\mathrm{m}$ 和大于 $1\times10^9\ \Omega\cdot\mathrm{m}$ 时，允许流速的上限分别为 10 m/s、5 m/s 和更小值，该更小值应根据液体性质、管道直径、管道内壁光滑程度等条件确定。

3)合理的工艺安排

如将油注入贮油罐的工艺过程，若将注油口设置在远离罐壁和罐底的位置，则由于注油时流体的喷射和分裂，以及原有流体的搅动，会产生气泡、气体及相互摩擦，很容易产生大量静电。而将注油口按图 6-14 设置(图中 A、B、C 分别代表三种不同的设置方式,实际只采用其中一种),则产生静电的可能大为降低。另外,注油口的形状对静电的产生也有很大的影响,因为流体在注油口处产生的破断、飞溅、冲击等都是静电的起因,一般采用 T 形、锥形、斜口形等抑制静电的效果较好。再有就是应定期清除罐底的水分和杂质,它们也构成静电产生的条件。

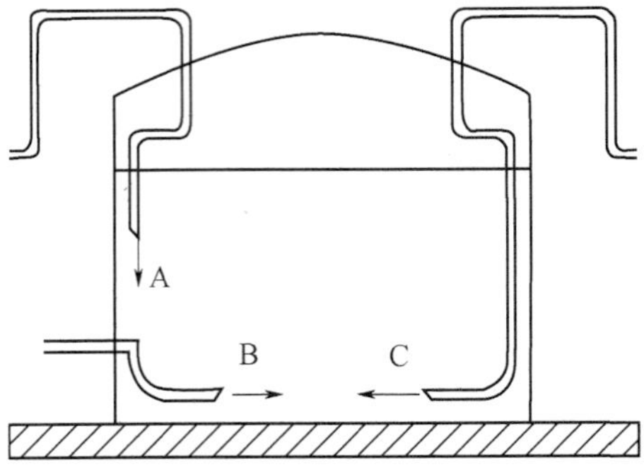

图 6-14 合理的注油工艺

(2)恰当的静电消除措施

静电的产生和消失在实际工程中往往是两个同时存在的过程。当静电的产生大于消失时,静电加强,反之则静电减弱。只有当两者达到动态平衡时,静电才趋于稳定。静电的消失方式,有些是有危险性的,有些则没有危险。恰当的静电消除措施能避免危险性。

1)使静电消失

使静电消失主要有两种方式,即中和与散失。

a)静电中和:静电的中和是指被分离的净正、负电荷之间重新结合,对外呈电中性的过程。静电的中和主要通过以下几种方式进行:

①火花放电:带异性电荷的物体之间将空气击穿而发生放电,使正负电荷重新结合,这种中和方式是静电危害的主要途径之一。在有火灾或爆炸等危险环境条件下不能被用来作为静电危害防护的手段。

②导体联通:将带有异性电荷的两个物体通过导体连接,使两个物体上的电荷因电位差而在导体上产生电流,从而使正负电荷重新结合。这种方式对金属带电体效果显著,但对电阻率大的物体效果缓慢且不明显。

③电荷注入:用电荷发生源强行向带电体注入异性电荷造成中和。

④泄漏:两带电导体间有绝缘相隔,但绝缘表面和内部因种种原因产生一定的导电性,使两导体的电荷缓慢中和。泄漏中和符合指数衰减规律,衰减时间常数 τ 与材料性质和表面污损受潮等状况有关,τ 越大,对静电中和越不利。

b)静电散失:尽管正、负电荷总是同时等量出现的,似乎不会出现除中和以外的其他静电消失方式。但实际上,只要电荷不再存在于危险的区域,从工程角度来看,就相当于静电已经消失。静电的散失主要有以下一些途径。

①电晕放电:它主要发生在场强很强的部位。强场强将空气电离后,静电荷向电离层运动,与电高层中异性粒子结合,而被电离粒子中与静电荷同性的粒子和未被结合的粒子则在空气中散失。

②静电转移:将带有电荷的物体与不带电荷的物体接触,不带电荷的物体会分得一定的电荷,分得电荷的比例与两者材质、质计、形状等有关。对于原本不带电的物体,相当于有静电生成。而对原本带电的物体,相当于有静电消失。原本不带电的物体体积越大,导电性越好,则分得的电荷比例就越大。我们能够找到的最大物体就是地球,所以接地是转移静电荷的最有效办法。

2)通过增加泄漏消除静电

增湿:增加湿度可以增加静电沿绝缘体表面的泄漏量,特别适合于容易被水湿润的醋酸纤维素、硝酸纤维素、纸张、橡胶等。但对于不能形成水膜的纯涤纶和聚四氟乙烯等效果不明显。增湿的方法可以采用加湿器、喷雾器等,但不应超过工艺过程的允许值。增湿的程度大致如下:为防止大量带电,相对湿度应在 50%以上;为增加消除静电的效果,相对湿度应提高到 65%～70%;对于吸湿性很强的聚合材料,为了保证降低静电的效果,相对湿度应提高到 80%～90%。

在材料中使用抗静电添加剂材料的电阻率对静电泄漏有很大影响。对固体材料,电阻率在 1×10^{7} Ω·m 以下者,属于不易积累静电的范围;电阻率在 1×10^{9} Ω·m 以上者,容易积累静电造成危害。对于液体,情况有所不同,电阻率在 1×10^{10} Ω·m 左右的液体最容易产生静电;电阻率为 1×10^{8} Ω·m 以下和 1×10^{13} Ω·m 以上的液体,都不易产生静电。

因此,采用适合的添加剂以改变材质的电阻率,对抗静电大有裨益。

抗静电添加剂是特殊的化学制剂,具有良好的导电性或较强的吸湿性。对于固体材料,若能通过添加抗静电制剂使其体电阻率降至 1×10^{7} Ω·m 以下,或将其表面电阻率降低至 1×10^{8} Ω·m 以下,即可消除静电危险。对于液体,通过添加抗静电制剂将电阻率提高到 1×10^{13} Ω·m 以上是不现实的,一般通过添加剂将电阻率降低至 1×10^{8} Ω·m 以下,即可消除静电危险。

常见的添加剂有炭黑、石墨、油酸盐、铬盐、金属粉末等。应该注意的是,不应因添加剂的使用而影响材料本身的使用性能。

3)接地

地球是一个质量和体积极为巨大的导体,是我们能够又很容易找到的最大的导体。通过接地,可以使带电物体上的电荷在物体与地球之间重新分配。考虑如图 6-15 所示的两个导体球，导体球之间用导线相连，因此两个导体具有相同电位。导体球 1 的表面电位为 $Q_1/4\pi\varepsilon_0 R_1$，导体球 2 的表面电位为 $Q_2/4\pi\varepsilon_0 R_2$，因此有：

$$\frac{Q_1}{4\pi\varepsilon_0 R_1}=\frac{Q_2}{4\pi\varepsilon_0 R_2} \tag{6-8}$$

于是有：

$$\frac{Q_1}{Q_2}=\frac{R_1}{R_2} \tag{6-9}$$

若令 $Q_1+Q_2=Q$，则：

$$Q_1=\frac{R_1}{R_1+R_2}Q \tag{6-10}$$

$$Q_2=\frac{R_2}{R_1+R_2}Q \tag{6-11}$$

若把球 1 设想为带静电物体，球 2 设想成地球，则 $R_2 \gg R_1$，$R_1+R_2 \approx R_2$，于是有：

$$Q_1=\frac{R_1}{R_1+R_2}Q\approx 0 \tag{6-12}$$

$$Q_2=\frac{R_2}{R_1+R_2}Q\approx Q \tag{6-13}$$

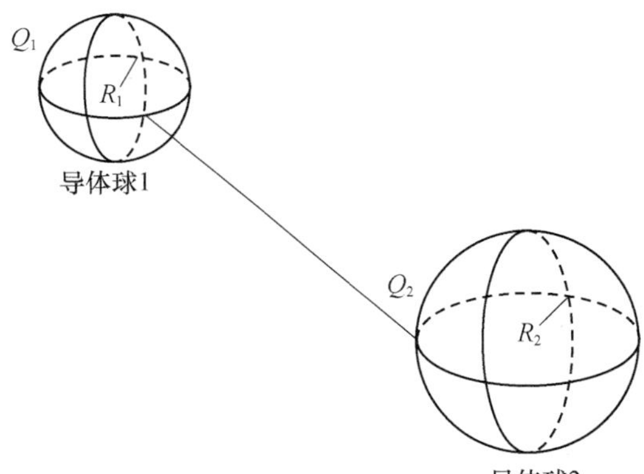

图 6-15　两个相连导体球的电荷分配

由式(6-12)和式(6-13)可知，几乎所有的电荷都被分配给了地球，原本带静电的物体上的电荷消失殆尽。

但接地并不是对所有类型的静电都有效，如图 6-16 所示的感应静电，若未能将物体 A 接地而是将物体 B 接地，则物体 B 的 b 端正电荷被释放到大地，但 a 端电荷受物体 A 的异性电荷束缚仍然保留，使 A 与 B 的 a 端间仍有静电场存在。

对于介质带电体，采取接地措施应慎重。因为对于电阻率为 $1\times10^9\ \Omega\cdot m$ 以上的

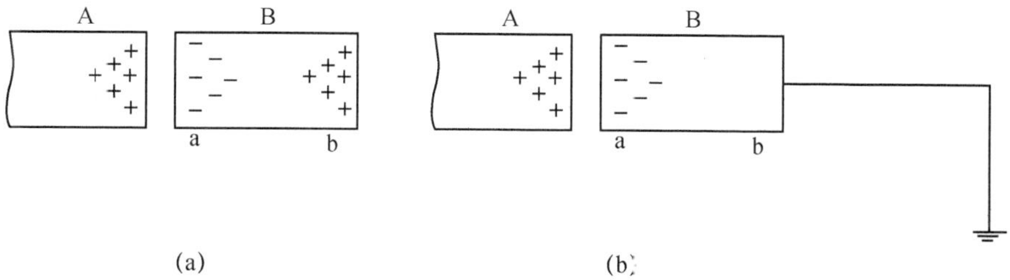

图 6-16　接地对感应静电的作用

固体材料和电阻率为 $1\times10^{10}\ \Omega\cdot m$ 以上的液体材料，即使与接地导体接触，其上静电变化也不大，这是因为静电在介质材料中运动困难。若将高电阻率介质材料直接接地，相当于在绝缘材料上产生了一点地电位，反而增大了火花放电的危险。对这类介质材料，可通过添加抗静电制剂使固体介质的电阻率降至 $1\times10^{7}\ \Omega\cdot m$ 以下或液体介质的电阻率降至 $1\times10^{8}\ \Omega\cdot m$ 以下，再通过 $1\times10^{6}\ \Omega$ 或稍大一些的电阻接地。

4)应用专用中和器

中和器是能通过某种途径，将与带电体电荷相异的电荷引入带电体，从而使净电荷减少的设备，常见的有以下几类：

a)感应中和器

图 6-17 为一感应中和器的原理图。在一根金属棒上排列有一系列金属针，形成静电梳或静电刷。将其靠近带静电的物体时，物体上的静电荷在静电梳或静电刷上感应出相反的电荷。根据尖端产生强场强的原理，针尖附近空气被电离，产生正负离子，正离子在电场作用下向带电体移动使带电体的负电荷被中和，负离子则移向中和器与针尖正电荷中和。由于中和器接地，所以只要带电体还有负电荷，移至中和器的负离子便被泄放入地，则针尖总能保持正电荷，这一过程得以持续。感应式中和器的优点是不需电源，缺点是当电荷减少到一定程度时，电场强度不足以使空气电离，这时中和过程便中止，因此难以彻底消除静电。

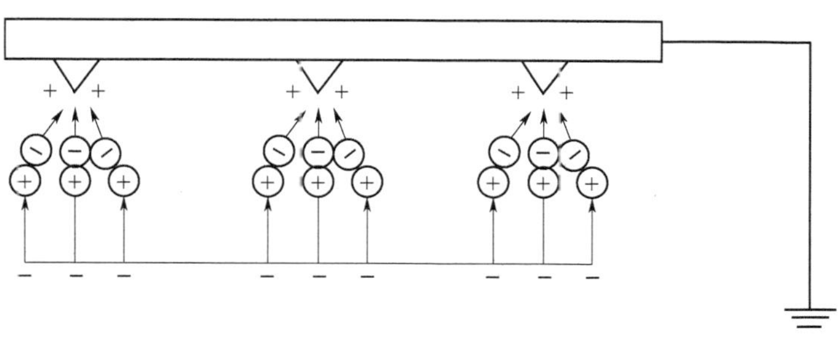

图 6-17　感应中和器原理

b)外加电源中和器

如图 6-18 所示,就是将感应中和器的接地改为接一个电源,使静电中和加速。不管带电物体上电荷多少,都可通过电源的高压使空气电离,使中和过程持续进行,静电消除较为彻底,但有火花放电的危险,故一般不适合用于易燃易爆场所。

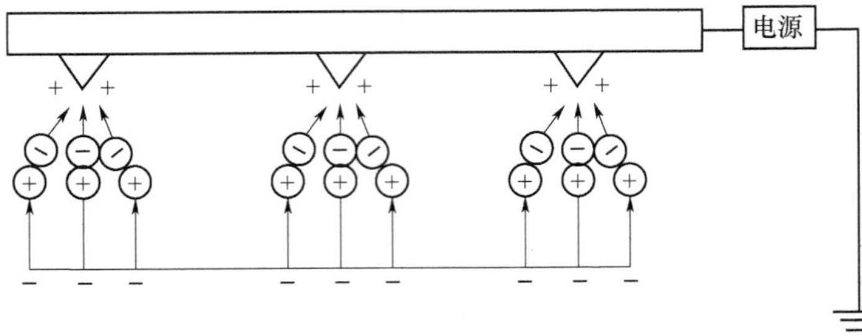

图 6-18　电源式中和器原理

c)其他类型的中和器:如放射线中和器和离子流中和器等

放射线中和器使用镭、铝等放射性同位素轰击空气分子产生电离,使带电离子去中和物体所带静电,缺点是有放射性污染源存在。

离子流中和器是由离子流发生器将电离的空气送至带电体使物体静电消除。

(3)静电屏蔽

静电屏蔽有两重含义:一是对静电场源电荷进行屏蔽,使静电场被限制在给定的范围内;二是对工作场所进行屏蔽,使静电场不能到达给定的区域。

静电场屏蔽是靠金属空腔实现的。如图 6-19 所示,金属空腔存在于静电场中。假设在腔内有静电场电力线存在,由于电力线不可能形成闭环,而腔壁是封闭面,所以每根电力线都与腔壁有两点相交。电力线是指向最大电位降方向的,其与腔壁的两个交点间一定会有电位差,但金属腔壁又一定是等位面,这两者显然是矛盾的。由此反证金属腔内不可能有静电场。

图 6-20 是另一种情况,是用金属空腔对静电荷进行屏蔽,这时腔内有电荷存在,如图 6-20a 为不接地的情况,根据高斯定理,有:

$$\int_S E \cdot \mathrm{d}S = \frac{Q}{\varepsilon_0} \tag{6-14}$$

S 为金属空腔的外表面,很显然外表面的电场都是指向腔外的,故 $E \cdot \mathrm{d}S = E\mathrm{d}S$,因此 E 肯定不会处处为零,屏蔽效果无法保证。而图 6-20b 中将金属外壳接地,则金属外壳电位为参考地电位,也就是说将电荷从无穷远处移至金属腔体外壳不做功,因此金属外壳以外不会有电场,屏蔽效果显现。

图 6-19 与图 6-20 均以球体腔为例,是为了作图方便,其结论对任意形状的腔体都

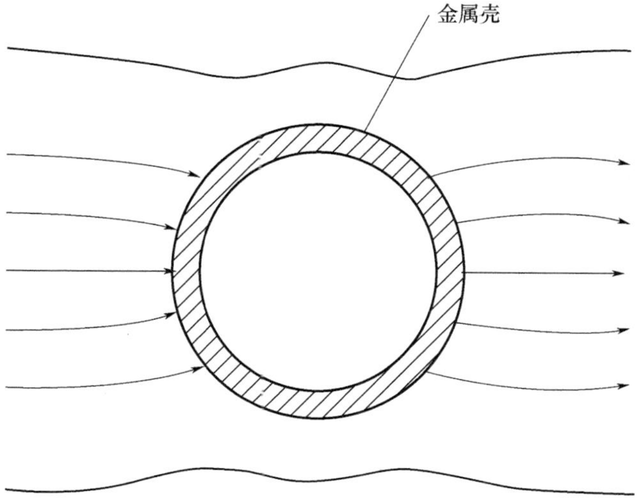

图 6-19　金属空腔的屏蔽效应

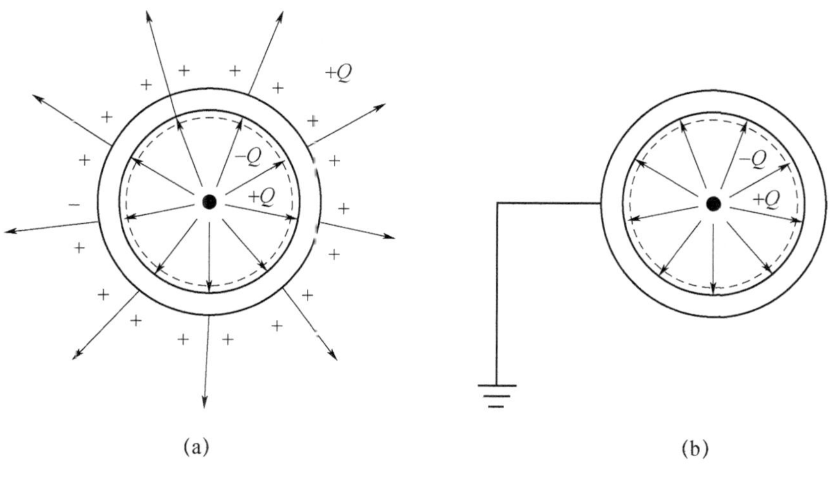

图 6-20　金属腔体对电荷的屏蔽

成立。因为论证过程并未用到球体这一特性。

工程上常月金属空腔这一原理进行静电防护，如常见的各种计算机板卡、内存、硬盘等，通常都是装在一个镀有金属膜的塑料袋内，金属镀膜塑料袋其实就是一个金属腔体。屏蔽也不一定都是以金属腔体的形式出现。例如将一接地导体靠近带静电物体放置，也能产生一定的屏蔽作用。同时由于带电体与大地的距离变成了与屏蔽导体的距离，距离减小，电容 C 增大，根据关系 $V=Q/C$ 可知，在电荷量相同的情况下，对地电压得到了降低。

屏蔽不仅在防静电中有效,在防电磁干扰中也同样有效。

(4)减少人体静电的积累

人体对地是有电容存在的,典型值如表 6-13 所示,因此人体也会有静电积聚。当人体操作对静电敏感的仪器设备,或处于对静电高度敏感的场所中时,可穿着用高导电纤维编织成的静电工作服饰或佩戴高导电纤维纺织的静电手腕带并接地,一是可泄放漏静电,二是有屏蔽作用。

表 6-13　人体对地电容典型值(单位:pF)

	地面			
	水泥	红橡皮	木板	铁板
帆布橡胶底鞋	450	200	60	1000
棉布鞋	1100	220	53	3500

6.3.4　爆炸与火灾危险性场所电气安全简介

爆炸和火灾危险性场所的电气安全是一个专门的技术领域,本节仅对这一领域的基本情况作一简介。

1. 危险性物质

(1)关于危险性物质的一些术语和参量

1)燃点

燃点指物质在空气中点燃并移去火源后,燃烧仍能持续下去所需的最低温度。

2)闪燃与闪点

易燃液体在其表面上方产生蒸汽时,如果在蒸汽处点火,蒸汽可能会发生一闪而灭的燃烧,称为闪燃现象。闪燃不是一定会发生的,这主要取决于蒸汽的浓度,而蒸汽的浓度又与温度密切相关,温度越高,液体蒸发量越大,浓度越高。闪点指能引燃易燃液体蒸汽所需的最低温度值,是按规定的标准化试验测定的。

燃点是针对液体和固体物质的一个参量,闪点只针对液体易燃物。对于闪点在 45 ℃ 及以下的易燃液体,燃点仅略高于闪点,一般只标示闪点。但对于闪点较高的液体易燃物,或固体易燃物,则应标示燃点。

3)引燃温度

又称自燃温度,指在规定条件下,可燃物在没有外来火源情况下即自行发生燃烧所需的最低温度。

4)爆炸极限

指在规定条件下,易燃气体、蒸汽、薄雾、粉尘、纤维等在空气中形成爆炸性混合气体的最低和最高浓度,分别称为爆炸下限和上限。浓度过低,爆炸所需能量不够,不能引爆；浓度过高，爆炸所需氧含量不够，也不能引爆。

5)最小点燃电流比 MICR

指在规定条件下，易燃气体、蒸汽、薄雾、粉尘、纤维等在空气中形成爆炸性混合气体的最小点燃电流与甲烷爆炸性混合物的最小点燃电流之比。

矿井甲烷是单独的一类爆炸性物质，很多时候将其作为其他爆炸性物质参数的基准。

6)最小引燃能量

指在规定条件下，使爆炸性混合物发生爆炸所需的最小电火花能量。

(2)危险性物质分类

1)爆炸危险性物质分类：爆炸危险性物质指点燃后燃烧能迅速在整个范围内传播的空气混合物。主要可分为以下三类：

爆炸性危险物质
- Ⅰ类：矿井甲烷
- Ⅱ类：爆炸性气体、蒸汽、薄雾
- Ⅲ类：爆炸性粉尘、纤维

矿井甲烷从物态上看也属于气体，因此有时在叙述时为了简洁，也将其归属于爆炸性气体类。

2)火灾危险性物质分类：火灾危险性物质主要指易燃物，在有的情况下也泛指可燃物。在火灾危险性场所中主要指以下一些类别：

火灾危险物质
- 可燃液体
- 可燃粉尘
- 固体状可燃物
- 可燃纤维

(3)爆炸危险性物质分组、分级

爆炸危险性物质根据其引燃温度可分为不同的组别，其中爆炸性气体、蒸汽等按 $T_1 \sim T_6$ 分组；爆炸性粉尘、纤维等按 $T_{11} \sim T_{13}$ 分组。数字越小，引燃温度越高。爆炸危险性物质根据其引爆所需能量大小，又可分为若干等级，分别为 A、B、C 级，字母序号越靠前，引爆所需能量越大。

2. 危险性环境

根据危险性物质出现的频繁程度和持续时间，可将爆炸危险性环境划分成不同的危险区域；根据火灾事故发生的可能性和后果，以及危险程度和物质状态的不同，可将火灾危险性环境划分成不同的区域。划分结果如下：

- 爆炸和火灾危险物质
  - 爆炸性气体环境
    - 0 区——连续、长时间或频繁短时间出现爆炸性气体
    - 1 区——可能(周期性)出现爆炸性气体
    - 2 区——可能偶尔短时间出现
  - 爆炸性粉尘环境
    - 10 区——连续、长时间或频繁短时间出现爆炸性气体
    - 11 区——可能偶尔短时间出现
  - 火灾危险环境
    - 21 区——有可燃液体区域
    - 22 区——有可燃粉尘区域
    - 23 区——有可燃固体区域

以上危险性环境和区域的划分有一套详尽的规则，国家标准 GB 50058—2014《爆炸和火灾危险性环境电力装置设计规范》中有明确规定，此处不予详述。

3. 爆炸危险性场所电气设备选择

(1)防爆电气设备类型

防爆电气设备指能防止设备本身的高温、电弧、电火花等引爆外部危险物质的设备。按防爆结构形式，防爆电气设备主要有以下类型：

1)隔爆型 d：

这类设备能通过外壳阻止其内部爆炸引起外部危险性物质发生爆炸，也能防止设备内部电弧、电火花等引发外部危险物质爆炸。

2)增安型 e：

对在正常运行条件下不会产生电弧或火花的电气设备进一步采取措施，提高其安全程度，尽可能杜绝电气设备产生危险温度、电弧和火花的可能性的防爆型式。

3)充油型 o：

这类设备将可能产生电弧、电火花和危险高湿的带电部件浸在绝缘油中，使其不能点燃油面上方的爆炸性混合物。

4)充砂型 q：

这类设备将细粒状物料填充到设备外壳内，使壳内出现的电弧、电火花、高温不能引爆壳外危险物质。

5)本质安全型 i：

这类设备在正常和故障情况下产生的电弧、电火花或危险高温均不足以引爆危险性物质。

6)正压型 p：

这类设备向壳内充入清洁的空气或惰性气体，使壳内气压高于壳外，以阻止壳外爆炸性气体进入壳内。

7)封浇型 m：

整台设备或其中部分浇封在浇封剂中，在正常运行和认可的过载或认可的故障下不能点燃周围的爆炸性混合物的电气设备。

8)无火花型 n：

在正常运行条件下，不会点燃周围爆炸性混合物，且一般不会发生有点燃作用的故障的电气设备。

9)气密型 h：

具有气密外壳的电气设备。

10)特殊型：

由上述以外的或上述两种以上形式组合成的电气设备。

另外，按应用场所，防爆电气设备又可分为Ⅰ类和Ⅱ类两种。其中Ⅰ类指煤矿用电气设备，Ⅱ类指煤矿以外的其他爆炸危险性场所用电气设备。对于Ⅱ类设备，按其表面所允许出现的最高温度，又可分为 T_1～T_6 共六组，如表 6-14 所示。

表 6-14　Ⅱ类电气设备的最高温度分组

温度组别	最高表面温度(℃)
T_1	450
T_2	300
T_3	200
T_4	135
T_5	100
T_6	85

(2)防爆电气设备的选择

防爆电气设备应根据其使用环境的危险性等级、设备本身的种类和工艺条件等因素选择。作为示例，可参见表 6-15～表 6-19 的推荐。以下表中符号，○表示适用，△表示尽量避免，×表示不适用，空格表示一般不用。

表 6-15　旋转电机防爆结构

电气设备类别	爆炸性气体环境						
	1 区			2 区			
	隔爆型	正压型	增安型	隔爆型	正压型	增安型	无火花型
笼型感应电动机	○	○	△	○	○	○	○
绕线转子感应电动机	△	△		○	○	○	×
同步电动机	○	○	×	○	○	○	
直流电动机	△	△		○	○	○	
电磁滑差离合器(无刷)	○	○	×	○	○	○	△

注：1. 绕线转子感应电动机及同步电动机采用增安型时，其主体是增安型防爆结构，发生电火花的部分应该是隔爆型或正压型防爆结构。

2. 无火花电动机选型只适用于具有比空气轻的介质的场所。对于比空气重的介质通风不良的场所或户内，应慎重考虑。

表 6-16　变压器防爆结构选型

电气设备类别	爆炸性气体环境						
	1 区			2 区			
	隔爆型	正压型	增安型	隔爆型	正压型	增安型	无火花型
变压器(含启动用)	△	△	×	○	○	○	○
电感线圈(含启动用)	△	△	×	○	○	○	○
仪用互感器	△		×	○		○	○

表 6-17　低压开关和控制器类设备防爆结构选型

电气设备类别	爆炸性气体环境										
	0 区	1 区					2 区				
	本安型	本安型	隔爆型	正压型	充油型	增安型	本安型	隔爆型	正压型	充油型	增安型
刀开关、断路器			○					○			
断路器			△					○			
控制开关及按钮	○	○	○		○		○	○		○	
电抗启动器和启动补偿器			△				○				○
启动用金属补偿器			△	△		×		○	○		○
电磁阀用电磁铁			○			×		○			○
电磁摩擦制动器			△			×		○			△
操作箱、柱			○	○		×		○	○		
控制盘			△	△				○	○		
配电盘			△					○			

注:1. 电抗启动器和启动补偿器采用增安型时,是指将隔爆结构的启动运转开关操作部件与增安型防爆结构的电抗线圈或单绕组变压器组成一体的结构。

2. 电磁摩擦制动器采用原隔爆型,是指将制动片、滚筒等机械部分也装入隔爆壳体内的结构。

3. 在 2 区内电气设备采用隔爆型时,是指除隔爆型外,也包括主要有火花部分为隔爆结构而其外壳为增安型的混合结构。

表 6-18　照明灯具类设备防爆结构选型

<table>
<tr><td rowspan="3">电器设备类别</td><td colspan="4">爆炸性气体环境</td></tr>
<tr><td colspan="2">1 区</td><td colspan="2">2 区</td></tr>
<tr><td>隔爆型</td><td>增安型</td><td>隔爆型</td><td>增安型</td></tr>
<tr><td>固定灯式</td><td>○</td><td>×</td><td>○</td><td>○</td></tr>
<tr><td>移动灯式</td><td></td><td></td><td>○</td><td></td></tr>
<tr><td>携带式电池灯</td><td>○</td><td></td><td>○</td><td></td></tr>
<tr><td>指示灯类</td><td>○</td><td>×</td><td>○</td><td>○</td></tr>
<tr><td>镇流器</td><td>○</td><td>△</td><td>○</td><td>○</td></tr>
</table>

表 6-19　旋转电机防爆结构选型

<table>
<tr><td rowspan="3">电气设备类别</td><td colspan="7">爆炸性气体环境</td></tr>
<tr><td colspan="3">10 区</td><td colspan="4">11 区</td></tr>
<tr><td>尘密型</td><td>正压型</td><td>充油型</td><td>尘密型</td><td>正压型</td><td>IP65</td><td>IP54</td></tr>
<tr><td>变压器</td><td>○</td><td>○</td><td></td><td>○</td><td></td><td></td><td></td></tr>
<tr><td>配电装置</td><td>○</td><td>○</td><td></td><td></td><td></td><td></td><td></td></tr>
<tr><td>笼型电动机</td><td>○</td><td>○</td><td></td><td></td><td></td><td></td><td>○</td></tr>
<tr><td>带电刷电动机</td><td></td><td></td><td></td><td></td><td>○</td><td></td><td></td></tr>
<tr><td>固定安装电器和仪表</td><td>○</td><td>○</td><td>○</td><td></td><td></td><td>○</td><td></td></tr>
<tr><td>移动式电器和仪表</td><td>○</td><td>○</td><td></td><td></td><td></td><td>○</td><td></td></tr>
<tr><td>携带式电器和仪表</td><td>○</td><td></td><td></td><td></td><td></td><td>○</td><td></td></tr>
<tr><td>照明灯具</td><td>○</td><td></td><td></td><td>○</td><td></td><td></td><td></td></tr>
</table>

4. 火灾危险性场所电气设备选择火灾危险性场所电气设备选择，如表 6-20 所示

表 6-20　火灾危险环境电气设备防护结构选型

<table>
<tr><td rowspan="2" colspan="2">电气设备类别</td><td colspan="3">火灾危险性环境</td></tr>
<tr><td>21 区</td><td>22 区</td><td>23 区</td></tr>
<tr><td rowspan="2">电机</td><td>固定安装</td><td>IP44</td><td rowspan="2">IP54</td><td>IP21</td></tr>
<tr><td>移动式和便携式</td><td>IP54</td><td>IP54</td></tr>
<tr><td rowspan="2">电器与仪表</td><td>固定安装</td><td>充油型、IP44、IP54</td><td rowspan="2">IP65</td><td>IP22</td></tr>
<tr><td>移动式和便携式</td><td></td><td>IP44</td></tr>
</table>

续表

<table>
<tr><th colspan="2" rowspan="2">电气设备类别</th><th colspan="3">火灾危险性环境</th></tr>
<tr><th>21 区</th><th>22 区</th><th>23 区</th></tr>
<tr><td rowspan="2">照明灯具</td><td>固定安装</td><td>保护型</td><td rowspan="4">防尘型</td><td>开启型</td></tr>
<tr><td>移动式和便携式</td><td>防尘型</td><td>保护型</td></tr>
<tr><td colspan="2">配电装置</td><td rowspan="2">防尘型</td><td rowspan="2">保护型</td></tr>
<tr><td colspan="2">接线盒</td></tr>
</table>

注:1. 在 21 区内安装的 IP44 电机正常运行时有火花的部分(如滑环)应装在全封闭的章子内。在 21 区内固定安装的电器和仪表,在正常运行有火花时,不宜采用 IP44。

2. 在 23 区内固定安装的正常运行时有火花的电机(如滑环电机)不应采用 IP21,而应采用 IP44。

3. 移动式和携带式照明灯具的玻璃罩应有金属护网。

6.4 雷电安全管理法规

安全生产事关人民福祉,事关经济社会发展大局。

重特大突发事件,不论是自然灾害还是责任事故,其中都不同程度存在主体责任不实、隐患排查治理不彻底、法规标准不健全、安全监管执法不严格、监管体制机制不完善、安全基础薄弱、应急救援能力不到等问题。

根据简政放权、放管结合、优化服务、协同推进的改革要求,为减少建设工程防雷重复许可、重复监管,切实减轻企业负担,进一步明确和落实政府相关部门责任,加强事中事后监管,保障建设工程防雷安全,国务院关于优化建设工程防雷许可现作出如下决定:

1. 整合部分建设工程防雷许可

将气象部门承担的房屋建筑工程和市政基础设施工程防雷装置设计审核、竣工验收许可,整合纳入建筑工程施工图审查、竣工验收备案,统一由住房城乡建设部门监管,切实优化流程、缩短时限、提高效率。

油库、气库、弹药库、化学品仓库、烟花爆竹、石化等易燃易爆建设工程和场所,雷电易发区内的矿区、旅游景点或者投入使用的建(构)筑物、设施等需要单独安装雷电防护装置的场所,以及雷电风险高且没有防雷标准规范、需要进行特殊论证的大型项目,仍由气象部门负责防雷装置设计审核和竣工验收许可。

公路、水路、铁路、民航、水利、电力、通信等专业建设工程防雷管理,由各专业部门负责。

2. 清理规范防雷单位资质许可

取消气象部门对防雷专业工程设计、施工单位资质许可;新建、改建、扩建建设工程防雷的设计、施工，可由取得相应建设、公路、水路、铁路、民航、水利、电力、通信等专业工程设计、施工资质的单位承担。同时，规范防雷检测行为，降低防雷装置检测单位准入门槛，全面开放防雷装置检测市场，允许企事业单位申请防雷检测资质，鼓励社会组织和个人参与防雷技术服务，促进防雷减灾服务市场健康发展。

3. 进一步强化建设工程防雷安全监管

气象部门要加强对雷电灾害防御工作的组织管理，做好雷电监测、预报预警、雷电灾害调查鉴定和防雷科普宣传，划分雷电易发区域及其防范等级并及时向社会公布。

各相关部门要按照谁审批、谁负责、谁监管的原则，切实履行建设工程防雷监管职责，采取有效措施，明确和落实建设工程设计、施工、监理、检测单位以及业主单位等在防雷工程质量安全方面的主体责任。同时，地方各级政府要继续依法履行防雷监管职责，落实雷电灾害防御责任。

中国气象局、住房城乡建设部要会同相关部门建立建设工程防雷管理工作机制，加强指导协调和相互配合，完善标准规范，研究解决防雷管理中的重大问题，优化审批流程，规范中介服务行为。

建设工程防雷许可具体范围划分，由中国气象局、住房城乡建设部会同中央编办、工业和信息化部、环境保护部、交通运输部、水利部、国务院法制办、国家能源局、国家铁路局、中国民用航空局等部门研究确定并落实责任，及时向社会公布，完成相关交接工作。相关部门按程序修改《气象灾害防御条例》，对涉及的部门规章等进行清理修订。

参考文献

陈彤，王增尧，2020. 电击防护 装置和设备的通用部分：GB/T 17045—2020[S]. 北京：中国标准出版社.

刘江，曾雁鸿，方晓燕，等，2008. 特低电压(ELV)限值：GB/T 3805—2008 [S]. 北京：中国标准出版社.

刘金琰，周积刚，岑国训，等，2014. 电弧故障保护电器(AFDD)的一般要求：GB/T 31143—2014[S]. 北京：中国标准出版社.

秦蓉庭，贺湘琨，2003. 电流对人和家畜的效应 第 3 部分：电流通过家畜躯体的效应：GB/T 13870.3—2003 [S]. 北京：中国标准出版社.

杨岳，2017. 电气安全(第 3 版)[M]. 北京：机械工业出版社.

周伟，熊延，刘汉云，等，2014. 爆炸危险环境电力装置设计规范：GB 50058—2014[S]. 北京：中国标准出版社